Ludwig Tieck's

Schriften.

Dritter Band.

Fortunat.

In zwei Theilen.

Berlin,
bei G. Reimer,
1828.

An den

geheimen Kabinetsrath

R e h b e r g

in Hannover.

Es war meinem Alter vorbehalten, einem so wissenden, vielseitigen, edlen Manne näher zu treten, und ihn Freund nennen zu dürfen. Ihr Aufenthalt in Dresden, verehrter Mann, gehört zu den erfreulichsten Begegnissen meines Lebens. Dieses ist durch Sie um so vieles reicher geworden, daß ich niemals wußte, wie ich meine Dankbarkeit zeigen könnte. Auch dieses Denkmal, was ich hier unsrer Freundschaft errichten möchte, kann nur wenig von dem aussprechen, was ich für Sie fühle, und wie viel Sie mir gewesen sind. Daß ich Ihnen manche Stunde erheitern konnte, daß wir uns mehr und mehr verstanden, ward mir mit jedem Tage erfreulicher. Auch in der

Ferne bleiben wir verbunden. Daß Sie als Philosoph und Staatsmann an diesem bizarren und ausschweifenden Gedicht des Fortunat so viele Freude haben konnten, daß Sie den Scherz und Ernst so schnell und geistreich auffaßten, veranlaßt mich, Ihnen diese phantastische Geburt zuzueignen. Mögen Sie im heitern Alter Kraft und Laune behalten, die Sammlung Ihrer lehrreichen Schriften fortzusetzen und zu vollenden.

L. Tieck.

F o r t u n a t.

Erster Theil.

Ein Mährchen in fünf Aufzügen.

1815.

Prolog.*)

Ein Gerichtssaal.

Zwei Räthe, ein Schreiber.

1. Rath.

So haben wir nun heute das Protokoll ohne unsern Herrn Präsidenten schließen müssen.

2. Rath.

Die Reise, die der Herr gemacht hat, war nicht länger aufzuschieben, er mußte bei der Visitation gegenwärtig seyn.

1. Rath.

Dazu ist es so schönes und warmes Frühlingswetter, daß es zugleich eine Lustreise wird: die Aussichten sind unterwegs vortrefflich, die Chausseen ausgebessert, die Wirthshäuser unvergleichlich, und sein neuer Wagen der bequemste auf der Welt; da ist es nicht zu verwundern, wenn man die Geschäfte willig übernimmt, und einen ziemlichen Diensteifer sehn läßt.

2. Rath.

Herr College, der Mann ist ein würdiger Mann, und es ist ein Glück für uns, daß er unserm Departe-

*) 1816.

ment vorgesetzt ist: hätte einer von uns das Glück, künftig einmal diesen Posten zu bekleiden —

1. Rath.

Daran kann keiner von uns denken, dergleichen Fortun, dergleichen Carriere macht kein anderer.

2. Rath.

Glück? Verdienst, mein Lieber; das, was man Glück nennt, giebt es in so wohleingerichteten Staaten nicht.

1. Rath.

Nun, so nennen Sie es Zufall.

2. Rath.

Noch weniger. Zufall? Bester, wie vertrüge es sich mit der gesunden Philosophie, diesen zu statuiren?

1. Rath.

Je nun, leben und leben lassen: seien wir tolerant, damit andre uns auch unser bischen Talent und Verdienst gönnen. Eins nicht ohne das andere. — Doch welch ein Getümmel draußen? Neue Partheien? Die Leute wissen ja doch, daß die Session vorüber ist. Nun, das Trappeln, das Rufen, das Streiten wird warlich immer ärger. Hören Sie nur die Ungezogenheit! Herr Sekretär, bedeuten Sie doch einmal den Leuten. Sekretär ab. — Meine Frau wird schon zu Hause mit dem Essen warten.

2. Rath.

Herr College, Sie sollten sich unmaßgeblich vor dem jungen Menschen nicht so bloß geben: er ist ja im Stande, und trägt dem Präsidenten alles wieder zu.

1. Rath.

Menschenfurcht, Herr College, ist mir unbekannt: ich verläumde, ich verfolge nicht, ich lasse dem Verdienst Gerechtigkeit widerfahren, aber das Glück ist doch am Ende das, was die Welt regiert. Doch Sie gehören zu den Aengstlichen, Sie sind allzu milde, auch zu fromm, und meinen gleich, man thut dem Schicksal und der Religion zu nahe, wenn man dem Glück seine Rechte einräumt.

2. Rath.

Nur, ums Himmels Willen, klare Begriffe —

1. Rath.

Ich kann kaum mehr hören, so lärmet das Gesindel draußen. — Nun, Herr Sekretär?

Der Sekretär kömmt zurück.

Sekretär.

Meine Herren Räthe, — ich bin außer mir, — so etwas ist hier auf unserm Saal, in diesem Rathhause noch nie erhört worden — ich dachte erst, es wäre ein Comödienspiel, oder ein allegorischer Aufzug, aber es ist die Wirklichkeit. —

1. Rath.

Was ist es denn?

Sekretär.

Ich komme hinaus — und sehe, — und erstaune — und weiß mich nicht zu fassen.

2. Rath.

Sie wollen ohne Noth unsre Neugier spannen. —

Sekretär.

Es giebt Augenblicke im Leben, wo sich unser Dasein

und unsre Seele wie zum Traum verflüchtigen, wo wir einen Blick thun in die Räthsel des Universums; uns die Silbe schon wie auf der Zungenspitze schwankt, und wir in Ahndung die Auflösung schon heraus kosten und schmecken möchten, die die Charade, die uns hienieden ängstigt, in ihrer nackten Blöße darlegen würde — und diesen Zustand hab' ich jezt erlebt.

1. Rath.

Herr Belletrist, zur Sache! Lassen Sie die neumodischen Aufstutzungen für Ihre gelehrte Gesellschaft.

Sekretär.

Sie werden nicht glauben, ja Ihren Augen selbst nicht trauen — — —

2. Rath.

Lieber, wir verlieren die Geduld.

Sekretär.

Ich komme hinaus, und sehe, — was? halb schwebend, halb wandelnd, halb bekleidet, halb nackt, halb freundlich, halb ernst, auf einer rollenden Kugel, fliegend den Schleier, mit entblößten Schultern und Bein, ein weiblich Gebild, in dem ich zu meinem Erstaunen erkenne, auch sie von allen Umstehenden so nennen höre, die Fortuna, die weltbekannte, die allgesuchte, die allerwünschte.

1. Rath.

Die Fortuna? Ist es möglich?

2. Rath.

Das Glück? Personifizirt? Albernheit! Der junge Mensch ist dumm, abgeschmackt und abergläubisch geworden.

Sekretär.

Und um sie her stehn sechs Kläger, sechs wunderliche Figuren, die sie mit Gewalt ins Haus geschleppt haben, und hier von einer hohen Obrigkeit Recht und Gerechtigkeit gegen die nichtsnutzige Person, wie sie sie im Zorne nennen, verlangen und begehren. Dies ist das Schreien und Lärmen draußen.

1. Rath.

Aber wir leben doch in einem merkwürdigen Jahrhundert, das muß man gestehn.

2. Rath.

Lieber, es wird die fremde Schauspielerin sein, die um Concession anhält: halb bekleidet, halb nackt, halb lächelnd, halb ernst, halb schwebend, halb wandelnd, alles paßt aufs Haar, und der Phantast weiß nicht, was er spricht.

Sekretär.

Verdutzt, angepflöckt, stand ich am Treppengeländer, als ich von neuem das Gerümpel hörte, das vorher die Herren störte und betäubte; und, was wars? Ein kleiner dicker Kerl, mit groben Gliedern, schlecht gekleidet, mit starken Stiefeln und tüchtigen Absätzen, der sich damit abgiebt, nicht anders zu gehn, als indem er Rad schlägt; dieser poltert zum Zeitvertreib die Treppe auf und ab: die Dame Fortuna rief nach ihm, als nach ihrem Bedienten, der dumme Kerl rappelt herauf, bald Kopf oben, bald unten, schlägt so gegen mich, der ich hingerissen oben lehne, wirft mir die harten Absätze gegen das Haupt, und mich selbst eiligst die Treppe hinunter, die ich, wie mir es schien, im raschen anapästischen Maß abpurzelte, und noch von den langen

Anschlagssilben die Beulen am Kopfe habe. Die Göttin sagte, der Zufall habe mich hinabgestürzt, und ich verwunderte mich still über die unverschämte Lüge.

2. Rath.

Da haben wir's, der Mensch ist auf den Kopf gefallen, und spricht im Wahnsinn.

Sekretär.

Ich will die Dame herein lassen, so können Sie sich selbst überzeugen.

(Es treten ein die sechs Kläger, Fortuna, ihr Diener, der im Hereintreten ein Rad schlägt.

1. Rath.

Ums Himmels Willen, was ist das? Wer sind Sie? Wo kommen Sie her? Was wollen Sie?

Die Kläger.

Hier bringen wir endlich —

1. Kläger.

Schweigt! laßt mich reden. — Wir bringen hier vor Ihren Richterstuhl das falsche Weib, welches mich, so wie alle jene Menschen, durch ihre Bosheit unglücklich gemacht hat.

2. Kläger.

Immer will er noch kommandiren und herrschen. Diese Gewohnheit scheint tief im Menschen zu wurzeln, und schwer auszurotten.

1. Rath.

Wir wissen immer noch nicht, wen wir vor uns haben.

1. Kläger.

Diese Frau heißt Fortuna, die Göttin des Glücks, die uns aber alle, wie wir hier sind, höchst elend gemacht hat; es ist uns gelungen, sie einzufangen, und wir übergeben sie hiermit dem löblichen Magistrat, um sie abzustrafen.

1. Rath.

Ganz wohl. Herr Sekretär, führen Sie das Protokoll.

1. Kläger.

Vor vielen Jahren schon war ich genannt, gerühmt, und in allen Unternehmungen glücklich, man gab mir Gewalt und hob mich höher und höher, ich ward der Herrscher des Volks, und nun, als mein Glück beginnen sollte, als ich die Früchte aller meiner Anstrengungen genießen und mich als Monarch fühlen wollte, ward ich gestürzt, und mir wieder aus den Händen gerissen, was ich kaum errungen hatte; nun bin ich das Sprichwort der Welt, das Gelächter der Thoren, der Spott des Volks.

Fortuna.

Er spricht die Wahrheit, aber er vergißt zu sagen, daß er mir wohl seine Erhebung zu danken, doch mich nicht wegen seines Sturzes zu beschuldigen hat. Hätte er mit Weisheit meine Gunst gebraucht, sich nicht durch Willkühr und Tyrannei verhaßt gemacht, durch Treulosigkeit die Freunde entfernt, durch Hochmuth und Falschheit sich Feinde erweckt, hätte ihn sein Glück, statt ihn weise und vorsichtig zu machen, nicht zum wahnwitzigen Dünkel geführt, so daß er die Klugheit von sich stieß, sich sein eigner Götze ward, und so selbst seinen Untergang herbei rief, so glänzte er noch mit meinen Gaben, und meine freigebige Güte umkleidete ihn noch. — Seht, er steht stumm und weiß nichts zu sagen.

2. Rath.

Das läßt sich hören.

Sekretär.

Liegt Moral in dieser Antwort, die Frau zeigt Belesenheit und Bildung.

1. Kläger.

Kein Wort werde ich gegen Euch Elende verlieren.

geht ab.

2. Kläger.

Was aber soll ich sagen? Welche Bestrafung des bösen Weibes soll ich begehren? Denn in mir hat sie sich nicht bloß an einem einzelnen Wesen, sondern an der ganzen Menschheit versündigt. Doch, was sage ich? Immer wieder behaupte ich, daß sie gar nicht existirt, oder daß ich ihr nichts zu danken habe, sondern alles mir selbst und meinem großen Genie.

1. Rath.

Machen Sie sich deutlich: worüber klagen Sie denn?

2. Kläger.

Freund, ich war der größte, der berühmteste Weltweise und Denker, mein Name flog von Pol zu Pol, meiner Schüler waren unzählige, meiner Verehrer so viel es Menschen gab; Journale, Zeitungen waren voll von meinem Lobe, man nahm meinen Namen zum Motto, mein Bildniß zum Aushängeschild, — ich dachte und dachte, untersuchte, unterschied, bis endlich durch einen unglücklichen Zufall —

Diener.

Holla! ho! was soll das nun wieder?

2. Rath.

Warum mengt Er sich denn hinein?

Diener.

Ich? Weil ich keine Schuld daran trage, und meinen ehrlichen Namen nicht so will verlästern lassen.

1. Rath.

Sprech Er mit, wenn Er gefragt wird.

Diener.

Mit einem Wort, der gute ehrliche Herr, den Fortuna mit einem unvergleichlichen Ingenium ausgestattet hatte, ließ sich nicht genügen, er strebte über sein und das Ziel der Menschen hinaus, ward hoffärtig, leugnete Gott und Welt, am Ende sich selbst, schnappte richtig über, ward Schwärmer und Zweifler, ging alle Narrheiten durch, und kommt nun, da ihm das Rädlein im Kopf abgelaufen ist, und sagt, der Zufall habe gethan, was er allein verschuldet hat.

Fortuna.

Eigendünkel hat ihn verleitet, die Mäßigkeit zu verachten, die auch im Sinnen und Dichten nur die rechte Bahn findet; aus Hochmuth hat er selbst die Spiegel in seinem Innern zerschlagen, in denen er das Verhältniß der Welt und sich selbst betrachten konnte; was seine Sünde gethan, soll ich büßen, die ich ihn mit Wohlthaten überschüttet habe.

1. Rath.

Diese Untersuchung gehört nicht vor unser Forum,

hier mangeln die Thatsachen, dies psychologische Problem muß auf andre Art aufgelöst werden.

2. Rath.

Ist der Herr Weltweise denn wirklich toll und unbrauchbar geworden? Kann er keine Vorlesungen mehr halten? Schreibt er nicht mehr?

Diener.

Ganz ruinirt ist er, manchmal rasend, immer dumm: also zu gar nichts mehr zu brauchen.

Sekretär.

Sehr merkwürdig, daß sich der Geist, oder so zu sagen die inwendigen Springfedern und Ressorts so anstrengen können, daß sie vor zu gespannter Elasticität diese ganz verlieren. Sie sind also jezt ohne alle Einsichten, Herr Philosoph?

2. Kläger.

Dummkopf! Ich ohne Einsichten? Ich, der tiefsinnigste der Menschen?

Sekretär.

Warum klagen Sie denn also?

2. Kläger.

Weil, — weil, — Bester, wer sizt gern im Narrenhause? Dahin hat man mich unter dem Vorwande geliefert, ich sei nicht bei mir selber, — und wenn ich auch dunkle Augenblicke haben sollte —

Sekretär.

Ah so! Treten Sie mir nicht so nahe, ich fürchte mich vor tollen Menschen. Es steckt außerdem an, wie

Sie werden gelesen haben, und wer weiß, ob ich nicht jezt gerade sehr reizbar und empfänglich bin.

Zwei Wächter treten herein.

1. Wächter.

Nichts vor ungut! wir suchen unsern Narren, der uns entsprungen ist. — Ei, da steht er ja und spekulirt. — Kommen Sie nur im Guten, lieber Mann.

2. Kläger.

Gern, die ganze Welt ist ja ein Narrenhaus.

2. Wächter.

Richtig, darum gehn so vernünftige Leute wie Sie gleich vor die rechte Schmiede, um nicht lange vergeblich anzufragen.

sie führen ihn ab.

3. Kläger.

Hören Sie mich an, meine Herren, und lassen Sie sich nicht mit Verrückten ein. Was mich betrifft, so werden Sie gewiß einsehen, daß mich die falsche Frau unglücklich gemacht hat. Sie hat mich reich gemacht, das ist wahr, aber wie elend neben meinem Reichthum? Kannst du es läugnen, du Falsche, daß ich mit der innigsten Dankbarkeit deine Gaben annahm? Bewillkommte ich nicht den ersten Goldhaufen wie einen Gott in meinem Hause? Kniete ich nicht vor dem Glanz? Schloß ich ihn nicht in mein innerstes Herz? Kann ein Mensch, können Geschwister, Verwandte, Freunde sagen, daß ich ihrer seitdem gedacht, einen geachtet und geliebt? Hat noch ein andres Gut der Erde meine Seele an sich gezogen? Nein, ganz und ausschließend ergab ich mich diesem; er war mein Herr, ich sein

Knecht. Aber hat dieser Herr mich, so treu ich ihm war, gütig behandelt? Half es mir, daß ich vor ihm kniete und ihn anbetete? Nein, er gönnte mir keine Ruhe in der Nacht, keine Freude am Tage, ja keinen Bissen Brod; seht selbst, wie ich zum Gerippe geworden bin. Nun hab' ich nicht Frau noch Kinder, keine Geschwister, noch Verwandte, nicht Freunde und Theilnehmende, und dieses Geld selbst quält und martert mich, und ist mein Verfolger, so sehr ich es auch liebe.

1. Rath.

Es scheint, Bester, Sie haben keinen guten Gebrauch von den Reichthümern gemacht, die Ihnen das Schicksal gönnen wollte; nach Ihrer eignen Beschreibung sind Sie äußerst geizig, und dafür kann dann freilich die gute Göttin nicht.

2. Rath.

Wenn Sie aber mit Wohlhabenheit so gesegnet sind, wie Sie selbst sagen, so könnten Sie viel für das Vaterland und diese unsre gute Stadt in ihren Bedrängnissen thun, wenn Sie zu billigen oder gar keinen Zinsen ein Capital uns anvertrauen wollten.

3. Kläger.

Ist das das Ende vom Liede? Ich empfehle mich, da kein Recht noch Gerechtigkeit hier zu finden ist.

geht ab.

1. Rath.

Sonderbare Menschen! Was giebt es denn noch zu klagen?

4. Kläger.

Seht mich an, meine Herren! Nicht wahr, ich bin

ein Schauspiel zum Erbarmen? Ein Bein verloren, einen Arm zu wenig, den Kopf bepflastert und voll Wunden, die Nase lädirt, ein Auge ausgestoßen, und mein ganzer noch übriger Leichnam so dick vernarbt, wie die Rinde einer alten Eiche. Bei jeder Wetteränderung spüre ich meine Wunden. Ist's nicht kläglich?

1. Rath.

Warum sind Sie aber so zerhackt und fragmentirt worden?

4. Kläger.

Richtig, ein Auszug, ein Epitome eines Menschen bin ich nur noch, eine abgekürzte Uebersicht, eine philosophische Reduktion, denn was ich nur irgend habe entbehren können, was nicht zum äußersten Bedarf war, hat man mir abgenommen: und wer ist Schuld, als jene böse Sieben, die mir Stärke und Tapferkeit verlieh, mich aber dafür so wie eine gestutzte Weide hat behauen lassen.

Fortuna.

Nicht ich! dieser Mann konnte sich begnügen mit dem Ruhm seines Muthes; aus vielen Gefechten war er glücklich und unbeschädigt gekommen, er war ein geliebter Anführer; aber er konnte nicht ruhen, wo er nur von Händeln und Kriegen hörte, mußte er zugegen seyn, er selbst stritt und zankte mit jedem, es war nicht anders, als fiele sein eigner Körper ihm zur Last, und so hat er dem Glück und Schicksal Trotz geboten, und nur er selbst sich beschädigt.

1. Rath.

Dies läßt sich hören —

4. Kläger.

Was läßt sich hören? Ein Narr ließ sich eben hören, und wenn ich nicht mehr bedächte — Teufel! ich wollte Euch mit dem Degen so um die Ohren schlagen, — hätt' ich nur noch meinen ehemaligen rechten Arm, so solltet Ihr andre Dinge sehn. geht ab.

5. Kläger.

Sehen Sie in mir einen sehr alten, alten Mann; ich bin nun schon über die Maßen alt, und habe die traurige Aussicht, noch viel älter zu werden, denn das ist die elende Gabe, die ich von jener Frau erhalten habe, ein unenendlich langes Leben zu führen. Ich kann ihr nicht dafür danken, denn ich habe nie gewußt, wie ich meine Zeit zubringen soll: sehn Sie, es ist doch eigentlich sehr langweilig, so zu leben und immerfort zu leben, es fällt genau genommen nicht viel Neues vor, ja genau besehn, ist das, was die Leute etwas Neues nennen, immer schon etwas Altes. Wie soll man nur ein so langes Leben hinbringen? Alles ermüdet mich, alles ekelt mich an. Ich weiß nicht, wie so viele ein hohes Alter ein Gut nennen können. Und doch will ich freilich auch nicht gern sterben. gähnt. Nicht wahr, ich bin recht unglücklich?

1. Rath.

Lieber, alter, langweiliger Mann —

5. Kläger.

Sagen Sie nichts, ich bitte Sie recht sehr, schon vorher hat mich alles das Sprechen herzlich gelangweilt, ich habe es auch nur vergessen fortzugehen; aber jezt soll mich nichts mehr aufhalten, vielleicht ist draußen, oder auf der Straße etwas, das mir besser gefällt. geht.

6. Kläger.

Alle sind fortgegangen, und es scheint wohl, daß wir hier kein sonderliches Recht finden werden. Wenn Sie mich ansehen, so werden Sie noch jezt die Spuren finden, daß ich ein sehr schöner Mann gewesen bin, aber gerade diese Gabe der Dame Fortuna hat mich unglücklich gemacht, denn alle Menschen sind mir aufsässig geworden, die Weiber haben mich gehaßt, die Männer verachtet, die häßlichsten erbärmlichsten Geschöpfe machten neben mir Glück, meine Verdienste wurden nie bemerkt, darüber bin ich ein Menschenfeind und Verächter aller Geschöpfe geworden, stehe einsam und verlassen im Alter da, und fluche dem Geschenk, welches mir die Frau zu meinem Verderben zugetheilt hat.

1. Rath.

Aber, mein Herr, vielleicht haben Sie durch Eitelkeit und Hoffart die Menschen von sich gestoßen —

6. Kläger.

Recht so! das ist auch so eine Nase, solche platte Physiognomie, die mitsprechen, die sich etwas herausnehmen will, wo unser eins auftritt, die wir doch den Stempel des Ueberirdischen, des hohen Menschlichen wenigstens empfangen haben; aber solch pockengrübiges, verzacktes und schief ausgeschnittenes Gesicht, wo die Gartenscheere beim Silhouettiren ausgefahren ist, weil ein boshafter Geist den Bildner an den Ellenbogen gestoßen hat; solch gekrümmtes, versessenes, verstudirtes Wesen —

1. Rath.

Ich weiß nicht, mein Herr, warum ich diese Grobheiten dulde, und den veralteten, mit Moos überzogenen Herrn Antinous nicht —

6. Kläger.

Sie sind unter mir, ich entferne mich, um mich nicht zu vergessen, denn man soll immer nur mit seines Gleichen streiten. ab.

1. Rath.

Grobes Gesindel —

Fortuna.

Sie sehn selbst, mit welchem Unrecht ich geschmäht bin, und ich danke Ihnen für den geleisteten Beistand.

schwebt hinweg.

Sekretär.

Sehn Sie, sehn Sie doch die artige Tournure, den allerliebsten Pas, die graziöse Wendung, mit der die Holdselige zur Thür hinaus schwebt.

Diener.

Leben Sie wohl. will gehn.

Sekretär.

Wer ist Er denn eigentlich?

Diener.

Der Diener, der Begleiter, der lustige Gesellschafter der Dame. Wollte ich klagen, so fände ich gar kein Ende, denn wie ich auf Erden verlästert und verläumdet werde, ist nicht mit Worten auszudrücken. Fällt einer auf die Nase, so hat es der Zufall verursacht, brennt ein Haus ab, stürzt ein Mensch aus dem Fenster und bricht den Hals, geht ein Schiff zu Grunde, platzt einem Soldaten das Gewehr: wer hat alles dies veranstaltet? der Zufall! Am auffallendsten war es mir neulich, als ich hörte, einem sei durch einen Zufall das Maul aufstehn geblieben; Unsinn und kein Ende! Täglich hört man: durch einen Zufall ging die Thür auf: nein, wenn sie zugeschlagen wird, meine Herren, wenn das Maul zusammenklappt, dann ist es ein Zufall, anders nicht; der Fuchs und Wolf werden in den Eisen nur durch einen Zufall gefangen, wenn es der Jäger auch noch so künstlich veranstaltet hat; die Maschinerie der Mausfallen beruht einzig auf einem Zufall: darauf bitte ich in Zukunft Rücksicht zu nehmen.

Sekretär.

Bester, Er spricht Unsinn, für den vernünftigen Menschen giebt es gar keinen Zufall.

Diener.

So? Weg da! Platz da! er schlägt Rad, wirft die Tische um, und kollert zur Thür hinaus.

Sekretär.

Himmel und Erde! Sehn Sie, Herr Rath, alle Scripturen, meine saubern Abschriften, die großen Tintenfässer drüber und hinein gegossen, die Tintenflaschen zerbrochen, alles ein schwarzes Meer, in welchem alle Buchstaben, alle Beweise, alle Protokolle, wie Pharao mit seinem Gefolge ersoffen sind.

1. Rath.

Der Bösewicht!

2. Rath.

Was soll man denken? Soll man dies einen Zufall nennen?

Sekretär.

Ich bin ganz dumm geworden und irre an mir selbst; und nun alles wieder ins Reine zu schreiben! Und wer es nur lesen könnte! Wir müssen die Akten aus allen Fenstern hinaus hängen, daß die Sonne sie wieder trocknen kann.

Der Präsident tritt herein.

Präsident.

Was giebt es hier für Verwirrung, meine Herren?

1. Rath.

Wir hatten hier das sonderbarste Verhör von der Welt, Herr Präsident; sechs Kläger brachten in diesen Saal Niemand anders herein, als die Göttin des Glücks, die berühmte Fortuna, ihr folgte ein wilder fataler Kerl als Diener, der Zufall, der hier auch alles durch einander geworfen hat, so daß wir viele Mühe werden anwenden müssen, um die alte Ordnung wieder herzustellen.

Präsident.

Wie? Und Sie haben die Leute wieder fort gelassen? Himmel! festhalten hätten Sie sie müssen; die Frau hätte uns Weisheit abgeliefert für ewige Zeiten, bis zu den letzten Kanzellisten hinab wären Sie alle Salomo's geworden, und Geld, Geld, welches wir alle so höchst nöthig brauchen, um unsre Verbesserungen in den Gang zu bringen: eine lebendige, unerschöpfliche Münze hätte sie uns werden müssen. Und den Zufall, den verderblichen, der oft die besten, klügsten Plane vernichtet, der so oft aller Weisheit spottet, der schon so viel Unheil über die Welt gebracht hat, ihn hätten wir bei Wasser und Brod dort im tiefsten Loch des Thurmes festgesetzt, man hätte ihn so nach und nach verkommen und verderben lassen, daß kein Hahn darnach krähte. Denken Sie doch, welchen Ruhm! Welchen Nutzen wir unserm Vaterlande, ja der Menschheit gestiftet hätten! Das vergebe ich Ihnen niemals, meine Herren: war keine Wache da, so mußten Sie zum allgemeinen Besten selber zugreifen.

2. Rath.

Wir dachten nicht daran, wir haben nicht den praktischen Blick, das schnelle Genie, welches den Herrn Präsidenten vor allen Staatsbeamten so sehr auszeichnet.

1. Rath.

Der Herr Präsident tragen ja den Arm in einer Binde? Ihnen ist doch kein Unglück begegnet.

Präsident.

Eine kleine Verletzung, die nichts zu bedeuten haben wird. Hier draußen vor der Stadt, nahe am Thore, ist mir etwas höchst Seltsames begegnet: indem ich herein fahren will, erhebt sich vor mir ein weibliches schönes Gebilde, es schien, als wollte sie in den Wagen zu mir herein schweben, ich hätte sie halten können, aber sie flog über die Chaise hinweg, und, indem ich ihr erstaunt nachsehe, wälzt sich radschlagend ein dicker plumper Kerl in den Weg, zwischen die Pferde hinein, schlägt im Purzelbaum den Kutscher vom Sitz, macht die Pferde scheu, poltert zu mir herein, verletzt mich am Kopf, der Wagen wirft um, und indem wir uns besinnen, aufraffen, den Wagen richten, Bediente und Kutscher wieder ihre Stellen einnehmen, sind schon beide Gespenster weit weg entschwunden. Der Arm aber ist mir ausgerenkt.

Sekretär.

Das war sie, das war sie, Ihr Gnaden, Fortuna und der Zufall. Ach, hätten Sie sie doch gegriffen und festgehalten, die Bösewichter.

Präsident.

Höchst sonderbar. Ja, ich hätte sie nur am langen Haupthaar, am Schleier fesseln sollen, sie war mir so nahe, so, — doch, gehn wir, meine Herren, schweigen wir von der ganzen Geschichte, um nicht seltsame Gerüchte und albernes Geschwäz in der Stadt zu veranlassen. Alles nährt jezt leider die Vorurtheile und den Aberglauben, man kann nicht behutsam genug verfahren. Kommen Sie. Alle gehn ab.

Erster Akt.

Erste Scene.

Zimmer.

Gratiana, Lucie.

Lucie.

Wie ich sage; wenn die gnädige Herrschaft so viele Dinge verlangt, so ist es auch wohl billig, daß sie den Lohn erhöht.

Gratiana.

Bekömmst du nicht, wie immer? Wird dir etwas abgezogen?

Lucie.

Seh ein Mensch! Als ich ins Haus kam, waren Bediente hier, Köche, Stubenmädchen, Kammerjungfern; und jezt, da ich allein Köchin, Wäscherin und Stubenmädchen bin, und alle Aufwartung habe, alle Gänge zu thun, soll ich nicht mehr kriegen, wie damals?

Gratiana.

Geh an deine Arbeit und mach mir den Kopf nicht warm.

Lucie.

Mir ist der Kopf schon längst zu warm; schmale

Bissen, elenden Lohn, und alle Hände voll zu thun, keine Minute für sich, und so Sonn- und Werkeltage: das ist schlimmer, wie in der Sklaverei! — Wie ich es nur durch meine Sünden verdient habe, daß ich bei den Großthuern hier Noth und Kummer leiden muß. geht ab.

Gratiana.

Das ist ein Elend mit dem Gesinde! Und vollends, wenn sie Recht haben.

Theodor tritt ein.

Gratiana.

Nun, mein geliebter Gatte?

Theodor.

Wieder nichts!
Wohin ich komm', ist jedes Haus verschlossen.
Armuth wird mehr als Ansteckung vermieden:
Dieselben, die mich sonst geherzt, geküßt,
Die mir Vermögen, Blut und Leben boten,
Sind jezt mit: geht's Euch wohl? — es thut mir leid,
Ein andermal — und solchen Reden fertig.
Noch andre thun, als kennen sie mich nicht;
Bediente müssen jenen ganz verläugnen;
Der reiste über Land und der ist krank:
Graf Mimian, der so oft an diesem Tisch,
In diesem Armstuhl saß, und sich recht gut
Den Wein und meine Tafel schmecken ließ,
Ist jezt ein hoher fremder Moralist;
Es thut mir leid, daß man nicht besser haushielt,
Man wollt' es stets dem höchsten Adel gleich thun,
Verließ die Sphäre, flog den falschen Flug,

Der Hänfling ist für Adler nicht geboren — —
O ich bin müd', gieb mir 'nen Becher Wein.

Gratiana.

Das sind die Tischfreund', unsre theuren Freunde,
Die manches tausend Mark, manch Landgut zehrten!
Die Wichte, die mit unserm Glück erkauft sind!
O wär' uns doch der Himmel nur so gütig,
Daß wir den Uebermuth, den Hohn, die Falschheit,
Einst ihnen eben so vergelten könnten!

Theodor.

O ja, mein Herz! Wenn ich durch Glück und Fügung
Doch gleich in unserm Garten Schätze fände,
Uraltes Gold, daß wir's mit Scheffeln mäßen!
Und gegen über mir der Herr Graf Nimian,
Verarmt, voll Schulden, wüßt' nicht aus und ein,
Getraute mir nicht ins Gesicht zu sehn,
So nähm' ich denn so hundert tausend Mark,
Ging' zu ihm, sagte: kann Euch das hier retten?
Da ist's! Und somit fort, ohn' Dank und Quittung,
Daß er sich schämen und bereuen müßte.

Gratiana.

Du bleibst der Alte. Sahst du nicht die Vettern?

Theodor.

Zum letztenmal; das ist noch schlimmer Volk;
Den Blick, den so ein reicher Kaufmann hat,
Wenn er verarmte Borger wittert! jedes Zwinkeln
Des Auges ist Dukaten-schwer Gewicht,
Jedwede Mien' ist groß wie Beutel Golds,
Der Athem klingt nach Münze, und man fühlt
Daß die Gedanken nur von Silber sind:

Nein! tausendmal die schlimmer, als der Adel!
Da liegen bei dem Schwager Haufen Golds,
Man wechselt, tausend Stück sind abgewogen —
Was mich der Bettel doch inkommodirt!
So ruft er — fort! daß andre kommen können!
Und hundert mir, und funfzig, zwanzig, zehn,
Verweigert er mit dürftgem Achselzucken.
Das sind die Deinen, deine Blutsfreundschaft!

Fortunat kömmt herein.

Theodor.

Woher, Landstreicher?

Fortunat.

Von der Beize komm' ich.

Theodor.

Ging's gut?

Fortunat.

Der Wind war fast zu stark, der Falk
Ist noch was jung. Dann war ein wildes Pferd,
Das ritt ich für den Grafen Eglamor.

Theodor.

Der auch ist von den alten sonst'gen Freunden.

Fortunat.

Man spricht davon, daß bald Turnier und Rennen
Gehalten wird, der König kommt zurück.

Theodor.

O meine Hengste! meine Hengste! hätt'
Ich nur ein einzig, einzig Pferd behalten!

Fortunat.

Ja, Vater, fast sollt' man bereuen, daß
Man lebt, 's ist warlich nicht der Mühe werth.

Theodor.

Schweig still, ich habe schon Verdruß genug.
Am Ende — ja, um dich thut's mir nur leid —
Groß ist er, stark, nicht ohne Witz und Sinn —
Und bleibt doch immer nur ein Tagedieb.

Fortunat.

Still, Vater, Cypern ist ja nicht die Welt,
Da draus ist's groß und frei, wer weiß, wo noch
Mein Glück mir blüht; ich fühle Muth und Kraft,
Ich bleibe nicht wie Ihr, so heimisch, still
Auf einem Flecke sitzen; und dann giebt sich's
Wohl noch einmal, daß ich mit meinem Zuge,
Mit schönen Pferden, Dienern, Falkenjägern
Einreit'; Ihr steht dann vor der Thür, begrüßt mich,
Ich tret' in's Haus, Ihr ladet mich zu Tisch,
Und haltet mir beim Waschen selbst das Becken.

Theodor giebt ihm einen Backenschlag,

Da nimm vorerst den Handschlag drauf du Bube!
Dein eigner Vater dir, du Unverschämter,
Das Silberbecken halten, sich vergessen?

Fortunat.

Schon gut, noch ist nicht aller Tage Abend,
Und über Nacht blüht manchem wohl sein Glück.

geht ab.

Theodor.

Bei alle dem recht adliche Gesinnung.
Ihm's Becken halten? Hm, so übel nicht,

Wenn er als Graf, als Herzog mal so käme —
Ein hoher Geist ist in dem dummen Jungen.
Er kennt die Welt noch nicht, wird schon einmal
Die wilden Hörner sich vom Kopfe rennen.

Lucie tritt ein.

Ich habe drin das Essen aufgetragen.

Theodor.

Komm, Frau, 's ist angerichtet.

Gratiana.

Doch, der Sohn —

Theodor.

Laß ihn, er wird schon kommen, wenn ihn hungert.

sie gehn ab.

Zweite Scene.

Marktplatz.

Hieronimus, Valerio.

Hieronimus.

Nochmals vielen Dank für Eure Höflichkeiten, die ich von Euch und Euren Freunden hier in Cypern genossen habe. Wenn Ihr einmal nach London kommt, will ich es Euch zu vergelten suchen. Die Galeere, die mich nach Venedig bringt, will absegeln, der Graf von Flandern ist zur Fahrt bereit, er wird gleich kommen, wenn er seine Geschäfte mit Eurem Freunde Ridolfo beendigt hat.

Valerio.

Werdet Ihr Euch vielleicht in Eurem Vaterlande, der Lombardei, einige Zeit verweilen?

Hieronimus.

Ich habe diesmal keine Zeit, ich bin länger in Palästina zurück gehalten worden, und jezt hier in Famagusta, als ich vermuthet hatte, und darum muß ich um so schneller nach London eilen. Hier kommt der Graf.

Der Graf von Flandern mit Gefolge. Ridolfo.

Graf.

Lebt wohl, mein Freund. Sieh da, Meister Hieronimus, der Wind hat sich gedreht, wir lichten in einer Stunde die Anker. Ich gehe jezt, um nur einige Worte mit des Königs Marschall zu sprechen, und bin dann bereit. ab mit Gefolge.

Valerio.

War der Handel gut?

Ridolfo.

Nicht so gar, der Graf will die meisten Dinge in Venedig einkaufen, das einmal den Ruf vor allen Städten in kostbaren Waaren hat.

Valerio.

So beherrscht das Vorurtheil die Welt, denn vieles könnte er hier doch besser und wohlfeiler haben.

Hieronimus.

Es geht die Mode hin und her, und der Kaufmann muß von ihrer Wandelbarkeit Gewinn ziehn. Fängt doch Brabant an, mit Tüchern Genua und Venedig den Preis abzugewinnen, wollen doch sogar die Engländer manches selbst fabriziren, was sie sonst nur von Italien bezogen. Der Geldumsatz ist drum immer der sicherste Gewinn.

Valerio.

Und Geld ausleihen, und auf Pfänder borgen, nicht wahr? Wie Ihr Lombarden es zu thun pflegt.

Hieronimus.

Sacht, sacht, mein Herr Valerio. Man hat mir hier in Famagusta gesagt, daß Ihr und noch andre diese Künste auch verstehn. Das Zwölf und Zwanzig vom Hundert ist durch die ganze Welt verbreitet. — Wer ist der stattliche Herr, der dort herschreitet?

Ridolfo.

Graf Nimian, ein vornehmer Staatsmann.

Graf Nimian kommt mit Gefolge.

Nimian.

War das nicht der junge Fortunat, der an uns vorbeilief?

Diener.

Er war es, gnädigster Herr.

Nimian.

Ruft ihn zurück, ich habe ihm ein Paar Worte zu sagen. Der Diener kommt mit Fortunat. Hieher, mein junger Mensch. — Mir ist gesagt worden, und ich habe es auch zum Theil selbst wahrnehmen können, daß Ihr unser Haus fleißig besucht, und Euch des nachgiebigen Gemüthes meines Sohnes bemeistert.

Das ist bis jezt ohne Folgen gewesen: da aber der Knabe nun anfängt, den Erwachsenen gleich zu kommen, und er nur in seinen Studien, oder in dem Umgange mit seines Gleichen gestört werden dürfte, so werdet Ihr ohne mein Erinnern einsehn können, daß es Euch beiden passender ist, wenn Ihr Euch mehr entfremdet; denn jedermann soll mit Personen seines Standes umgehn. Alles Eindrängen, alles Ungeziemende ist mir und allen gebildeten Menschen so unangenehm, wie es die Natur der Sache mit sich bringt.

Fortunat.

Gnädiger Herr, bei aller Ehrfurcht vor Euch müßt Ihr mir vergönnen, mich über diese unvermuthete Ermahnung zu verwundern. Ich habe Euern Sohn nicht aufgesucht, ich habe weder Gewinn noch Ehre durch seinen Umgang erwartet, ich habe Mühe gehabt, ihm einige Falken abzurichten und Pferde zuzureiten, und er ist zuerst in unser Haus gekommen, in welchem ich vor einigen Jahren die Ehre gehabt habe, Euch kennen zu lernen.

Nimian.

Kann seyn; habt Ihr Mühwaltung für ihn übernommen, werde ich in meiner Erkenntlichkeit derselben nicht saumselig sein, aber der familiäre Umgang, das Cameradsein, das — wie man mich hat versichern wollen — unanständige Dutzen, will ich mir ein für allemal verbitten. Man hat mich verstanden, mein junger Freund? ab mit Gefolge.

Fortunat.

Mehr als genug, ich verlange nichts, keinen Heller von Euch, Ihr hochmüthiger Pfauhahn! Gott behüte, was der die Worte setzt und heraus gurgelt. Ach, Herr Valerio, Euer Diener.

Valerio.

Hört mal, junger Mensch, ich bin froh Euch zu treffen. Es ist wahr, Ihr seid eine gute Haut, und man kann keine Klage über Euch führen, aber ich muß Euch doch bitten und ersuchen, den Umgang mit meinem Sohn Felix kurz und gut abzubrechen. Ihr taugt nicht für einander. Er soll ein Kaufmann, ein ehrsamer Bürger werden, Handel lernen, das Geld zu Rathe halten, Kleider schonen, jungen Wein trinken und wenig: Ihr aber seid hoch hinaus, seid mir zu vornehm, verderbt mir den Jungen, setzt ihm Albernheiten und Hochmuth in den Kopf, und somit bitt' ich Euch, laßt ihn laufen; haltet Euch zu Eures Gleichen, zu jungen Adlichen, da mögt Ihr von Pferden und Hunden sprechen und Euch über uns Bürgersleute lustig machen. Seid so gut, nehmt mir meine Bitte nicht übel.

Fortunat.

Was sollt' ich mit Euch anfangen, wenn ich's thäte? Ihr wißt weder mit Degen noch Schild umzugehn, Ihr könnt mich nicht beleidigen. — Schöne Geselligkeit hier in meinem Vaterlande. Bin ich doch in meinem Leben nicht so durchdringlich gehofmeistert worden!

geht ab.

Hieronimus.

Wer ist der hübsche junge Mensch?

Ridolfo.

Ein Windbeutel, ein Obenaus; ich habe die Ehre, durch seine Mutter mit ihm in Verwandtschaft zu stehn.

Einer von denen, deren es hier viele auf der Insel giebt, die von der Luft, von Hoffnungen oder Versprechungen der Großen leben, Spanische Schlösser bauen und Schulden darauf machen. Sein Großvater war ein reicher Kaufmann, der seinen Sohn verzog, und ihn endlich adeln ließ. Der war ein berühmter Mann auf allen Turnieren und Ringelrennen, der erste Tänzer im Lande, beredt und belesen, machte Verse und sang; wie er so ziemlich mit seinem Vermögen auf dem Trocknen war, bewarb er sich um die Tochter des reichsten Kaufmanns hier, der Vater ließ sich durch Eitelkeit blenden: nun konnten wieder nicht genug Schornsteine rauchen, nicht Pferde genug gekauft und todt geritten werden, da war Festiren und Jagd, und Lustbarkeit aller Art. Das dauerte einige Jahre, darauf ging denn ein Landgut, ein Meierhof nach dem andern fort, das ganze Leibgedinge der Frau, so wie sein eignes Vermögen, und jezt sitzen sie im Elende und fallen allen Verwandten und Bekannten mit Borgen beschwerlich.

Valerio.

Ja, ja, mancher Verwandte hat denn auch seinen Vortheil dabei ersehn. Euer Landgut am Meer ist in schönem Zustand, Schwager.

Ridolfo.

Ich hab' es über den Preis bezahlt, vollends damals. Nein, was das betrifft, da hab' ich mir keine Vorwürfe zu machen. Und nachher noch einige hundert Mark verborgt, ohne Hoffnung, einen Heller wieder zu erhalten.

Valerio.

Freilich ist der Kaufmann immer am schlimmsten

dran, und am meisten bei jenem hochmüthigen Volke, das sich zu gut dünkt, mit uns umzugehn, nicht aber uns um unser Geld zu bringen. Ja, mein Herr Hieronimus, Ihr glaubt gar nicht, wie sich die Zeiten hier geändert haben. Was war das in meiner Jugend ein andres Wesen mit den Handelsleuten! Ich weiß es noch, als wenn es heute wäre, wie mir der erste Thaler, den ich aus einem kleinen Vorschuß meines Vaters durch Handel und Verkehr erübrigt hatte, ganz anders vorkam, wie alle andre Münze der Welt; hundertmal dreht' ich ihn um und betrachtete ihn von allen Seiten. Als ich ein Goldstück eingewuchert hatte, küßt' ich es und weinte vor Freuden. Des Nachts träumt' ich von Geldsäcken. Bald durfte mir mein Vater die wichtigsten Geschäfte vertrauen, und er hatte seine Freude daran, wie ich ihm ein Profitchen nach dem andern so sauber vor der Nase wegnahm, so daß er am Ende wie neidisch wurde. Keinen Rock wollt' ich an mich wenden: — aber jezt, man sehe nur das junge Kaufmannsvolk, lauter Putz, Flitterstaat, den Vornehmen wollen sie's gleich thun, wollen die Edelleute spielen, verachten Geld und Gewinnst, und setzen eine Ehre darin, wer am meisten verschwenden kann. O die Haare stehn mir zu Berge, wenn ich an die böse Zeit denke!

Ridolfo.

Die ganze Welt ist umgekehrt, das ist gewiß. Aber, Herr Hieronimus, Ihr sagt kein Wort dazu?

Hieronimus.

Ihr habt recht, meine Herren, aber ich denke jezt auf meine Rückreise, und muß mich Eurem Wohlwollen empfehlen.

Valerio.

Ihr erlaubt uns erst noch, Euch zu Eurem Schiff zu begleiten.

Hieronimus.

Ihr seid zu gütig und höflich. gehn ab.

Fortunat und Felix kommen.

Felix.

Es ist dein Ernst?

Fortunat.

Mein fester Wille, ich bin des Lebens hier überdrüssig. Dein Vater hat mir den Umgang mit dir verboten, meinen Falken habe ich fliegen lassen. —

Felix.

Deinen Falken?

Fortunat.

Was soll ich mit dem, wenn ich fortgehe?

Felix.

Aber wohin?

Fortunat.

Das weiß ich selbst noch nicht, wohin mich meine Sterne führen.

Felix.

O daß ich mit dir könnte! Aber ich muß da beim Rechenbuch und verrufenen Münzen sitzen; ich wollte, ich hätte deinen Muth.

Fortunat.

Wir sehn uns wohl einmal wieder. Lebe wohl, lieber Junge, und vergiß mich nicht.

Felix.

Lebe recht wohl, wenn du weg bist, wird mir die ganze Insel wie ein Gefängniß sein. ab.

Der Graf von Flandern kommt mit Gefolge.

Fortunat.

Es will nur gewagt sein; das Schlimmste ist eine abschlägige Antwort, und dann bin ich ja nachher noch so gut als ich war. — Mein Herr Graf, wenn Ihr noch einen Augenblick von Euren Geschäften abmüssigen könnt, so geruht ein Wort und eine Bitte von mir anzuhören: wenn ich Euch lästig falle, so habt Ihr es nur Eurem leutseligen und freundlichen Wesen zuzuschreiben, welches mich so dreist macht, Euch beschwerlich zu werden.

Graf.

Worin kann ich Euch dienen, junger Mensch?

Fortunat.

Darin, daß Ihr so gnädig sein mögt, Euch von mir bedienen zu lassen.

Graf.

Wer seid Ihr? Eure Sprache und Euer Anstand sind feiner, als ich an meinen Dienern gewohnt bin.

Fortunat.

Ein so edler mächtiger Herr, wie Ihr, bedarf der Diener von unterschiedlicher Art. Ich bin hier von der Insel, meine Herkunft ist nicht die niedrigste, doch, da ich nur arm bin, wünsche ich einem Herrn anzugehören, auf den ich stolz sein, und den ich lieben kann; da ist mein Wunsch auf Euch gefallen; ich weiß

Pferde abzurichten, mit Waffen umzugehn, im Beizen und Jagen dünke ich mir Meister zu seyn, und wo ich unwissend und so edlen Herrn zu bedienen ungeschickt bin, muß mein guter Wille und Eure Nachsicht und Belehrung meinen Mangel verzeihen und ergänzen.

Graf.

Du gefällst mir mein Sohn. Wie ist dein Name?

Fortunat.

Besser als mein Geschick: Fortunat.

Graf.

Ich könnte wohl einen Diener deiner Art brauchen, der die Aufsicht über meine Leute und Rosse hätte, und nahe um mich wäre, Aber ich führe dich aus einem schönen Lande in eine ferne kalte Gegend, die Ihr Welschen nicht mit besonderm Wohlgefallen betrachten könnt. Du entbehrst dort dieser warmen Luft, dieses heitern Himmels, dieses glühenden Weins, und ich fürchte, das Heimweh quält dich, wie wir angelangt sind.

Fortunat.

Edler Herr, wenn ich meine Meinung sagen darf, so scheint mir das Menschengeschlecht aus ruhigen, bürgerlichen, einheimischen Menschen, und aus jenen zu bestehen, die den Zugvögeln gleichen, denen der Trieb zu wandern mit dem Frühling und Herbst erwacht, da jene den Spatzen und Krähen ähnlich sind, die bei demselben Zaun und Strauch verharren, und Nachtigall, Drossel und Storch thöricht nennen. Mein Trieb, die Heimath zu verlassen, die übrige Welt zu sehn, und in sie hineinzureisen, je ferner je lieber, ist seit lange übermächtig in mir. Dann bin ich auch nicht so ohne Unterricht, daß ich nicht wissen sollte, daß bei Euch, gnädigster Herr, die Sonne zwar nicht so heiß und lange scheint, daß Ihr aber dafür im Winter Eure Stuben warm und anmuthig zu machen wißt, daß man bei Euch die Weine trinkt, die man auswärts baut, und besser als in Cypern und Spanien, daß man fröhlich lebt, und zwar nicht die Tafel in so großen Marmorsälen aufstellt, sie aber dafür in den hölzernen Zimmern um so besser besetzt. Kurz, gnädiger Herr, wenn Ihr mich irgend brauchen könnt, so ersuche ich Euch nochmals demüthigst, laßt mir die Gnade widerfahren, mich zu Eurem Gefolge rechnen zu dürfen.

Graf.

Nun so folge mir denn, Fortunat, der Wind ist günstig, alles ist zur Abfahrt bereit. gehn ab.

Dritte Scene.

Zimmer.

Gräfin von Cleve. Juliane.

Juliane.

Und nichts kann, theure Gräfin, Euch erheitern?

Gräfin.

Ich bin nicht traurig, doch bekümmert sehr,
Es war so nah mein Glück, befreit zu seyn
Von dem verhaßten Zwang der Vormundschaft,

Da reist der Graf in ferne Welt hinein,
Verschiebt die Hochzeit, giebt zu Land und Meer
Sich vielerlei Gefahren Preis und zögert
Zurück zu kommen; — nein, er liebt mich nicht.

Juliane.

Er liebt Euch, seht die herrlichen Geschenke,
Die er Euch von der Reise schickt, den Purpur
Aus Syrien, Perlen, goldne Spangen, schaut
Die Seidenzeug', und laßt das Aug' sich freuen.
Ihr hört, daß er nur nach Venedig ging,
Zur Hochzeit einzukaufen Gold, Juwelen;
Seid nicht betrübt, bald kommt er froh zurück.

Gräfin.

Doch dieser Trieb, so fern von mir zu sein,
Als schon der Hochzeittag bestimmt, als alles —
O nein, ich zürn' ihm, werd' ihm ewig zürnen!
Was ist es in den Männern, daß die Heimath,
Ein stilles Glück, die Lieb' und ihre Schätze
Den Gier'gen, Unruhvollen nicht genügt?

Juliane.

Das ist ja jezt die allgemeine Sitte
Zum heil'gen Grabe hinzuziehn, sie meinen
Sie dürfen nicht das Wort mit Anstand führen,
Wenn sie nicht dort gebetet, von den Sitten
Der Muselmänner, von des Tempels Stätte,
Dem Berg der Leiden und vom Sinai
Erzählen können: — und dann denk' ich auch,
Fliegt wohl der Mann zu guter Letzt noch einmal
Mit Freuden aus und weit, weil er hernach
Der Frau, der Kinder, seines Landes pflegt,

Und gern zur Rechenschaft gefordert wird
Um jegliches Gelag, um jede Jagd,
Wär's auch nur in des Bett's geheimer Beichte.

Gräfin.

Das ist's ja, was mich quält, sie lieben nicht,
Und doch ist er der Beste noch von allen.

Ein Diener tritt ein.

Diener.

Gnädige Gräfin, so eben ist ein Bote aus Flandern herüber geritten, der die Nachricht bringt, daß der Graf glücklich von Venedig abgereist, und jezt schon auf dem Wege hieher ist.

Gräfin.

Führ' ihn in mein Gemach, ich will ihn selber sprechen. sie gehn ab.

Vierte Scene.

Feld.

Rupert, Heinz, Friedrich, andre Diener.

Rupert.

Es ist gewiß, daß der gnädige Herr kömmt, es steht zu hoffen, daß nun alles im Schlosse aufgeräumter wird: der Herr Kanzler zieht ihm schon mit den Vornehmsten der Bürgerschaft entgegen.

Heinz.

Nun wird es in unsrer Stadt ein andres Leben werden, nun werden Lustbarkeiten vollauf sein.

Rupert.

Und Hochzeit dazu, die Boten sind schon hinüber, die Gräfin einzuladen, die Rosse und Wagen sind fertig gemacht.

Friedrich.

Und Rennen und Stechen wird gehalten werden, wobei ein armer Gesell wieder einmal etwas gewinnen kann.

Der Kanzler, Bürgermeister, Bürger.

Bürgermeister.

Wird es nicht gut gethan sein, Herr Kanzler, die Standarten mit dem gräflichen und dem Stadtwappen voran zu stellen, die guten Leute in zwei Reihen zu ordnen, die schön geschmückten Musikanten in die Mitte zu nehmen, und mit Pauken- und Trompetenklang, so wie der gnädigste Graf sich zeigt, und mit vollstem Geschrei ihm unsern Willkommen entgegen zu jubeln?

Kanzler.

Ihr habt weislich die Anstalten gemacht, Herr Bürgermeister, und Eure Ordnungsliebe leuchtet aus allem hervor.

Bürgermeister.

So was erlebt man nur einmal, verehrter Herr Kanzler, dabei muß es durchaus hoch hergehn, daß Kind und Kindeskind davon zu sagen wissen. In der Stadt wird dann mit allen Glocken geläutet, auf dem Markt sind dann die Bühnen und der Turnierplatz schon aufgerichtet.

Pauken und Trompeten, der Graf mit seinem Gefolge, Fortunat und andere; lautes Rufen und Freudengeschrei.

Graf.

Ich dank' Euch Freunde, Herrn und Landesleute,
Mit Rührung grüß' ich diesen Heimaths-Boden,
Mein Herz eröffnet sich, da alles wohl
Und heiter mir begegnet, dieses dank' ich
Nächst Gott, Herr Kanzler, Euch, Euch, Bürgermeister,
Euch, treue Unterthanen.

Alle.

Hoch! und hoch!

Graf.

Doch eins vermißt mein Herz; wo ist die Gräfin?
Die schöne Braut, die mir den langen Weg
Vorschwebte wie ein glänzend Himmelsbild?

Kanzler.

Sie naht, mit ihr die Herrn der Vormundschaft.

Musik. Von der andern Seite die Gräfin, der Herzog von Geldern, Graf von Münster, Gefolge.

Graf.

O segensreicher Tag! Ich darf dich grüßen
Du schöne Blum', und dich mit Lieb' und Ehrfurcht
Hier an mein Herz, an meine Seele schließen.

Gräfin.

Der Augenblick versüßt die Trauerstunden,
Vergilt den herben Schmerz der langen Trennung.

Herzog v. Geldern.

Empfangt die schöne Braut aus meinen Händen,
Und mit ihr allen Himmelssegen, Graf.

Graf v. Münster.

Und Amen rufe jedes treue Herz.

Kanzler.

Ja Amen! Segen Euch, dem Lande Segen,
Beglückt wir all, die diesen Bund erleben!

Bürgermeister.

Empfangt, Herr Graf, die Huldigung, den Gruß
Der treuen Bürgerschaft: das Brautpaar hoch!

Alle.

Sie leben hoch! und hoch! und tausendmal!

Musik, Jauchzen.

Graf.

Und nochmals meinen Dank aus vollem Herzen,
Ihr guten treuen Bürger: Fried' und Glück
Soll, hoff' ich, stets im guten Einverständniß
Mit Euch und meinen edlen Nachbarn, Wohlstand
In unser Land und Segensfülle bringen.
Auch Euch begrüß' ich, meines Hauses Diener;
Wie wohl ist mir in meiner Heimath Luft.

Rupert.

Im Namen dieser treuen Dienerschaft
Hochedler Herr, sag' ich Euch hier willkommen.

Graf.

Keinen vermiss' ich, und die mit mir zogen
Sie kehren alle wieder; diesen treuen

Ich möchte Freund ihn nennen, führ' ich her
Aus fernem Lande, seine feine Sitte,
Sein heitrer Sinn hat mir den Weg verkürzt.
Komm, Fortunat, dich meiner Braut zu zeigen. —
Dir, Herrin, übergeb' ich ihn, den Deinen.

Gräfin.

Und danken muß ich, denn wohl zeigt sein Wesen,
Sein Anstand, daß sein Glück einst besser war.
Ihr sollt es nicht beklagen, mir zu folgen.

Fortunat.

Zu glücklich bin ich, daß den Unverdienten
Ihr schon belohnt, Beschämung mag Euch sagen
Wofür ich nicht die Worte finden kann.

Graf.

Gehn wir zum Tempel, um an heil'ger Stätte
Den ew'gen Bund zu schließen, uns dem Glück
Durch gegenseit'ge Schwüre zu verpfänden.

Alle ab mit Musik und Frohlocken, die Diener bleiben.

Rupert.

Freund, hört! Wir werden also Cameraden.

Friedrich.

Wir wünschen uns Glück; ich hoffe, daß wir immer gute Gesellschaft mitsammen machen werden.

Fortunat.

Ich danke für Eure Freundschaft, und werde sie erwiedern; aber jezt verzeiht, denn ich muß dem Grafen und der Gräfin folgen. geht ab.

Rupert.

So, junger Fant? das scheint mir ein naseweises Bürschchen.

Friedrich.

Bunt, blank, aufgestutzt wie ein Haselant. Nun, wenn er nicht gesellig ist, wollen wir ihm das Leben sauer genug machen.

Heinz.

'S ist Unrecht, wie der Graf ihn gleich uns allen vorgezogen hat; präsentirt ihn da besonders her, als wenn er ihn seiner Braut zum Weihnachten bescherte; 's fehlte nichts, als daß sie ihn noch rund um mit Lichtern besteckten.

Rupert.

Er scheint ein feiner Knabe, vielleicht von Stand, aber man muß ihm auf den Zahn fühlen.

Timotheus kommt.

Timotheus.

Glück zu, Cameraden! Wißt Ihr's schon? Mein gnädiger Herr, der Herzog, setzt drei große Preise aus, einen Ring, eine reiche Binde, und einen stark vergoldeten Becher, weniger darf Euer Graf auch nicht bieten, und der von Münster muß sich auch sehen lassen. Das ist was für uns junge Gesellen!

Heinz.

Nun, wir hoffen alle etwas davon zu erobern, Freund Timotheus.

Timotheus.

Im Stechen thut's mir keiner gleich, der höchste Preis ist schon so gut wie in meinen Händen.

Friedrich.

Seid etwas zu vorlaut und übermüthig, junger Mensch.

Timotheus.

Im Ringstechen magst du's wohl besser machen können, oder im Armbrustschießen, aber mein Seel nicht im Lanzenstechen.

Rupert.

Kommt, kommt, Ihr Narren, jezt wird die Ceremonie schon vorüber sein, bereiten wir uns, daß wenn die Herrschaften ihr Spiel getrieben haben, wir auch zum unsrigen kommen. Ich bin ein alter Kerl, aber ich nehm' es noch mit Euch allen auf.

Timotheus.

Wer's Glück hat, führt die Braut nach Hause.

Heinz.

Und wer zuletzt lacht, lacht am besten.

Friedrich.

Adie: Ende gut, alles gut.

geht ab.

Fünfte Scene.

Zimmer.

Der Graf. Der Kanzler.

Graf.

Mir widersteht's, ich sag's Euch grad heraus,
Die schönsten Tage meines Lebens, Stunden,
Die nur der Lust, der Freundschaft, dem Entzücken
Gewidmet sollten sein, mit Staatsgeschäften,
Mit List und Heuchelei und Politik
In bösem Trug, wie Ihr wollt, zu entweihn.

Kanzler.

Ihr kennt mich, gnäd'ger Herr, seit vielen Jahren,
Daß ich zu derlei nie die Hand geboten,
Zu besserm Sinn hab' ich Euch auferzogen,
Und hoffe ehrenvoll wie ich gelebt
Auch so in's Grab dies graue Haupt zu legen.

Graf.

Vergebt, mein alter Freund, doch sagt Ihr selbst,
Man müsse diese günst'ge Stimmung nützen,
Der Herzog denke wohl mit nächstem anders:
Jezt ist er mir gewogen wie ein Vater;
Da soll ich nun, indem er mir die Braut,
Ihm nah verwandt, herzlich von ihm geliebt,
Indem er mir mein höchstes Glück gewährt,
Mit Feinheit und verstellter Lieb' erschleichen,
Was er in Rührung mir schon halb entbot;
Nennt Ihr das redlich, wacker, alter Herr?

Kanzler.

Ich nenn' es so, und Ihr seid nur berauscht
Von Eurem neuen Glück, daß in der Fülle
Der Seligkeit Ihr nicht wie sonst mit klarem
Verstand erwägt, was nützlich ist und gut,
Und wie der edle Mensch es mag verbinden.
Hier ist von Lüge, Bosheit nicht die Rede,
Nur daß Ihr die Gelegenheit ergreift,
Die sich Euch so, wie nimmer wieder beut.
Seit Menschenaltern war es Eurer Ahnen
Bestreben, jenen Hafen zu gewinnen,
Die See, mit ihr Verknüpfung fremder Länder,
Den Handel selbst zu führen, den die Fremden
Uns stets mit läst'ger Vormundschaft getrieben,
Doch die Provinzen und der strenge Herzog
War immer uns entgegen; aber jezt
Will er Euch gern durch ein Geschenk verbinden,
Euch Liebe zeigen ohne zu verletzen,
Nun bietet er den alten Tausch, der sonst
Mit Lächeln abgewiesen ward, den Tausch,
Durch welchen Alles Euer Land gewinnt,
Und er das Ländchen nur zum Scheine nimmt,
Daß Ihr nicht braucht für Wohlthat ihm zu danken.

Graf.

Doch lassen wir's für eine andre Zeit,
Du sagst ja selbst, es könn' ihn wohl gereun.

Kanzler.

Nun nehmt das Glück, da es sich zu Euch wendet,
Wir sind nur Herrn von diesem Augenblick,
Wer handeln will, muß nur auf heute traun;
Das ist nicht Tugend, nichts dem günstigen Zufall,

Der Schwäche, der Nachgiebigkeit, dem Irrthum
Verdanken wollen: faßt die gütige
Gelegenheit, erwiedert Lieb' mit Liebe,
Vertraun mit wahrer Freundschaft und Vertraun;
Eu'r Zagen ziemt dem Mann, dem Fürsten nicht,
Wer in der Welt Geschäften mitgehn will,
Der bringe ja nicht klösterlich Gewissen,
Nicht eines Liebenden, Verliebten Großmuth
Zu seinem Amt, soll Schmach, Verlust nicht folgen.
Ihr wißt es selbst, wie Ihr auch Feinde habt,
Der Graf von Münster ist Euch widerwärtig,
Ihr seid es Euren Unterthanen schuldig
Euch zu verstärken, wo Ihr's möglich findet.

Graf.

Du hast mich fast beredet: nun, so sei's.

Fortunat tritt ein.

Fortunat.

Es wünscht mit Euch der durchlauchtige Herzog
Zu sprechen, er ist hier unterwegs.

Kanzler.

Wir kommen zu ihm, sag's dem gnädigen Herrn.

Graf.

Ja, guter Fortunat, meld' uns ihm an.

Fortunat ab.

Kanzler.

So gehn wir denn, wo möglich abzuschließen.

gehn ab.

Sechste Scene.

Saal.

Die Dienerschaft.

Friedrich.

In dem fremden wälschen Knecht steckt ein Kobolt, das sag' ich. Wie hat er uns alle zugerichtet!

Heinz.

Uns alles vor der Nase weggenommen! Und ich hatte, unter uns gesagt, auf die Preise schon Schulden gemacht.

Friedrich.

Der dir aber etwas darauf geborgt hat, muß ein noch größerer Narr gewesen sein, als du selbst.

Heinz.

Warum denn? das Glück findet ja wohl auch bei unser einem einmal eine Thür offen.

Timotheus.

Aber was soll ich erst klagen und sagen? Hatte ich nicht schon den ersten Preis, war mein gnädiger Herzog nicht selbst von meinem Reiten eingenommen? Beate, die Kammerfrau, winkte mir immer mit dem Schnupftuche zu, und auf einmal kommt das fremde Meerwunder auf seinem Schimmel hergaloppirt, setzt an, und, mein Seel, rennt mich auch mir nichts dir nichts so in den Sand hinein, daß ich noch immer einige Klöße kauen und schlucken muß; dabei thun mir die

Ribben so erbärmlich weh, daß ich mich in vier Wochen auf kein Pferd getraue.

Heinz.

Ist es denn ein Wunder? Hat ihm unser Graf nicht das schöne Thier, gleich so wie er ankömmt, geschenkt? dem hergelaufnen Landstreicher? Das Vieh ist so stark und hitzig, daß kein ander Roß dagegen bestehen kann; glaubt mir nur, der Gaul hat den Preis gewonnen, und nicht der Gelbschnabel.

Friedrich.

Und wir, die wir zehn Jahr und länger im Dienst des Herrn sind, was kriegen wir? Man meinte wohl die Stadt ginge zu Grunde, wenn man uns einmal ein gutes Pferd zukommen ließe. Da heißt es immer: Du kannst doch nicht reiten; es paßt für dich nicht! so kriegen wir alte Mähren, die wir gleich darauf in die Sandkarren liefern können. Aber der junge Herr, mit den vielen bunten Bändern, mit den glücklichen Linamenten, wie sie's nennen, der muß einen spanischen Hengst reiten, er möchte sonst unrichtig in die Wochen kommen.

Jäger.

Und meinen besten Hund, den dressirten, prächtigen Solofänger, meinen Mordax, hab' ich ihm auch geben müssen. Ist es doch nicht anders, als hätte unser Graf einen zweiten gnädigen Herrn aus der See aufgefischt, der uns alle schikaniren soll.

Koch.

Ich sage Euch, Leute, mit dem jungen Blut hat's eine eigne Bewandniß, seine Frau Mutter muß eine

Sirene, oder ein solches Meergethier sein, denn er mag gar keine Fische essen. Hab' ich dem Butterkopf nicht neulich, da er sich so malade anstellte, einen eignen Braten anrichten müssen? Ich hätte ihm den Bratenwender im Bauch mögen aufstellen und abschnurren lassen, so hat mir das Ding vor den Kopf gestoßen. Ei so friß du Kapaunen, daß sie dir aus dem Halse wieder heraus worgen.

Kellermeister.

Was sagt Ihr aber dazu? Claret muß ich dem jungen Hirngespinst zu trinken geben, sie sagen, er könne unser schweres Bier nicht vertragen. Letzt soff er Malvasier auf Befehl unsers Herrn. Gebt Acht, das illyrische Morlackengesicht ist noch ein Hurkind von unserm gnädigen Herrn.

Koch.

Wo denkst du hin? Bist du schon am frühen Tage betrunken? Unser Herr Graf ist ja nur ein Paar Jahr älter.

Kellermeister.

Mag's sein, wie's will, kurzum, er säuft Claret, wie ich mir manchmal kaum getraue.

Timotheus.

Schade was um alles andre, wenn er uns nicht allen die Reputation genommen hätte! das lumpige Band, das ich nun nur gewonnen habe: ich mag's kaum ansehn.

Heinz.

Aber Rupert, warum bist du denn so ganz still? Ist es dir denn nicht verdrüßlich, daß ein Camerad von uns so den Herrn über uns spielt?

Rupert.

Was hilft's? der Herr ist ihm einmal gewogen; ist es doch, als wenn er ihm das Herz gestohlen hätte. Da ist nun nichts zu machen.

Koch.

Mit dem großen Kochlöffel fahr' ich ihm in den Hals, so gewiß ich Barnabas heiße!

Kellermeister.

Hätt' ich ihn nur einmal so allein im Keller, ein bischen betrunken müßt' er schon sein und herum torkeln, ich verspundte ihn in das große Orthoftfaß und rollte ihn hernach in den Fluß, daß er seiner gnädigen Mama wieder zuschwimmen könnte.

Stallmeister.

Wenn der Schimmel dächte wie ich, so höbe er einmal die beiden Hinterfüße etwas höher, als nöthig ist, und gäbe ihm, wenn er ihn eben so zierlich streicheln und tätscheln will, einen unvermutheten Hufschlag über die Stelle weg, wo der Mensch gewöhnlich das Angesicht trägt, daß er gewiß das Aufstehn vergessen sollte.

Jäger.

Den Sauspieß müßte man ihm in die Eingeweide stoßen!

Rupert.

Ihr schwadronirt wie die Narren und werdet ihm alle kein Haar krümmen. Mit Verstand wäre hier nur etwas auszurichten, und der fehlt Euch allen.

Heinz.

Nicht wahr, du hörst immer das Gras wachsen?

Friedrich.

Ja, das ist der alte Heimchengreifer, der kluge Hinterdrein, der alles vorher gesehn hat, wenn's vorbei ist.

Timotheus.

So laßt ihn aber doch reden, wenn er vielleicht einen gescheidten Einfall hat.

Rupert.

Was würdet Ihr nun zum Exempel drum geben, wenn der Gelbschnabel so still von selbst abmarschirte, und daß auf keinen von uns die Schuld fiele?

Heinz.

Das ist unmöglich, auch thut er's nicht, denn er sitzt hier zu warm.

Friedrich.

Hab' und Gut gäb' ich drum, den letzten Rock vom Leibe.

Rupert.

Was der Esel schwatzt. Ihr seid sechs, schießt Ihr zwölf Kronthaler zusammen, so sollt ihr ihn in etlichen Tagen los sein. Aber das Geld muß ich haben, denn ich kann's nicht dran wenden.

Friedrich.

Zwei Kronthaler? das ist aber auch ein bischen viel! Macht fast einen Dukaten.

Timotheus.

Topp! Hier ist mein Beitrag; mich geht der Handel zwar nichts an, weil ich hier fremd bin, aber ich thu's gern, um den Windbeutel fortzuschaffen. Nun habt Ihr also vierzehn, wenn Eure Kameraden das Geld zahlen wollen.

Alle.

Gern, gern, guter Rupert.

Koch.

Aber mach's gescheidt, daß wir nicht in des Teufels Küche kommen. Kommt herunter zu mir, ich habe nichts bei mir, da wollen wir alle aufzählen. gehn ab.

Siebente Scene.

Zimmer.

Graf. Gräfin.

Graf.

Fühlst du dich glücklich mit mir, theures Herz?

Gräfin.

Das war es ja, was jeder Wunsch erstrebte,
Nur dein zu sein, von deinem Blick zu leben,
Mein ganzes Wesen dir, nur dir zu weihn;
Doch du bist nicht zufrieden, wie du solltest.

Graf.

Ich bin's, Geliebte, nicht allein, daß du
Vom Glück mir wardst gegönnt, du bringst zugleich
Dem Land die allerschönste Morgengabe:
Geendigt sind, beschlossen die Geschäfte,
Die manchmal wohl mir Stunden trüben mochten,
Ich sehe Ruhe, Wohlstand, Glück und Friede

Auf den Bezirk mit Segen niederschweben,
Der mir gehorcht, und dieses dank' ich dir;
Nun soll Bankett und Spiel, Musik und Jagd
Nach ernsten Stunden inniger uns freun.

Gräfin.

Nun laß uns auch im Hause Frieden stiften.

Graf.

Im Hause?

Gräfin.

Mir erzählt Juliane gestern,
Daß alle Diener deines Schlosses grimmig
Dem fremden Jüngling drohn, der mit dir kam,
Sie neiden ihm den Vorzug, der bei mir
Und dir gegönnt ihm wird.

Graf.

Er ist ihn werth:
Der beste Schütze auf der Jagd, geschickt
Mit Falken umzugehn, klug im Gespräch,
Gewandt im Dienst; sieh nur ihn selbst zu Roß,
Nur wen'ge Ritter wissen so die Kunst,
Das Thier in seiner Herrlichkeit zu zeigen.

Gräfin.

Gewiß verdient er deine Liebe, gut
Und treu erscheint er mir, ihm steht auch freundlich
Die fremde italiän'sche Sitte, alle
Die Mädchen und die Weiber meines Hofs
Sind wie vernarrt in ihn.

Graf.

Das regt den Neid

Von jenen ungehobelten Gesellen,
Doch rath ich keinem, ihn mir je zu kränken.

Gräfin.

Der alte Rupert ist der einzige,
Der Freundschaft mit ihm hält, und der ist brav,
Man sieht sie fast beständig bei einander,
So hat Juliane mir erzählt.

Graf.

Wenn der
Ihn nur zum Trunk und wüsten Wesen nicht
Anführt, denn ehrlich ist er sonst gewiß.
Die Jagd erwartet uns, geliebtes Kind,
Nun sollst du meinen besten Falken sehn,
Dein Zelter steht gesattelt, komm zum Wald. gehn ab.

Achte Scene.

Wirthshaus.

Wirth. Rupert. Fortunat.

Wirth.

Nur hier herein, meine lieben Herren, hier findet Ihr ein sauberes Stübchen, wo Ihr von den andern Gästen nicht gestört werdet.

Rupert.

Dank, mein Herr Wirth. Nun, was kann ich mit meinem Freunde heute Gutes bei Euch haben?

Fortunat.

Heut erlaubt mir einmal, den Schmaus anzuordnen, ich bin schon so oft Euer Gast gewesen.

Rupert.

Nichts da! Ein andermal soll die Reihe an Euch kommen, aber heut, junger Herr, müßt Ihr mir die Ehre erzeigen, mit mir vorlieb zu nehmen. Nun also, Wirth, was habt Ihr?

Wirth.

Je nun, wenn ich nur weiß, daß es die Herren nicht ungnädig nehmen, und daß es hübsch unter uns bleibt, denn Ihr wißt wohl, wenn es verlauten thäte, daß so kostbare —

Rupert.

Nur heraus, für meinen jungen theuern Freund, den ich liebe und ehre, ist nichts zu gut.

Wirth.

Es sind zwei Fasanen in meine Küche gerathen, die ich keinem lieber gönnte.

Rupert.

Gebt sie her, durch die braven Wildschützen kommt so etwas auch an unser eins. Und der Wein?

Wirth.

Einen Malvasier hab' ich durch Protection erhalten, wie er im Keller des gnädigen Grafen selber nicht besser sein muß.

Rupert.

So gefallt Ihr mir, Wirth. — Stellt her, — so, — schenkt ein. — Warlich, ein guter Trunk.

Auf Euer Wohlsein, mein edler Fortunat! — Nein trinkt aus, rein aus, nicht so zimperlich, so jungferlich. So ist's Recht. Nun, Wirth, schafft uns auch gleich die Fasanen herein.

Wirth.

Sie sollen sogleich ihre Aufwartung machen. ab.

Fortunat.

Ihr beschämt mich immer mehr und mehr, Herr Rupert, ich bin so reichlich vom Grafen und der Gräfin beschenkt worden, ich bin so glücklich gewesen, die ansehnlichen Preise zu gewinnen, ich bin also nicht im Mangel, und darum solltet Ihr Euch nicht für mich in Unkosten setzen, ohne jemals mein Gast sein zu wollen.

Rupert.

Sprechen wir davon nicht, mein edler, schöner Jüngling. Ihr seid jung, Ihr braucht Euer Geld und Eure Kostbarkeiten noch, das ist mit mir altem Manne eine andre Sache, ich gebe nichts für Kleider und Schmuck aus, Frau und Kinder habe ich nicht: was soll ich mit meinem bischen Armuth machen? Seht, das verzehre ich denn gern, und mache mir mit Wein und Speise einen frohen Genuß, nun aber schmeckt mir allein kein Bissen. Mit wem soll ich schmausen? Ihr kennt ja selbst alle die ungehobelten Bengel im Schlosse, Menschen ohne Erziehung und Sitten, die nichts wissen, nichts verstehen und gesehn haben. Immer war es mein Wunsch, einmal einen Freund zu finden, der besser, verständiger, feiner wäre als ich, von dem ich lernen könnte; da seid Ihr unter uns aufgetreten, und gleich vom ersten Augenblicke sah ich, daß Ihr aus einem ganz andern Holze, als wir alle, geschnitzt seid, und darum muß ich Euch noch danken, daß Ihr Euch nicht zu stolz dünkt, mir dann und wann eine Stunde zu schenken.

Fortunat.

Ich fühle Eure Freundschaft, und meine Eitelkeit will mich überreden, Euch Glauben beizumessen; aber wozu diese wiederholten Schmausereien.

Rupert.

Laßt doch einem alten Mann seine Art und Weise.

Der Wirth kommt mit den Fasanen.

Wirth.

Hier machen die guten Bursche ihr Compliment, meine Herren, und wünschen nur, daß sie Euch gut schmecken und bekommen mögen. Habt Ihr sonst noch etwas zu befehlen? Denn Ihr verzeiht mir wohl, wenn ich drinnen nach meinen unruhigen Gästen sehe: das ist so Pöbel, wildes Volk durch einander, da ist der Teufel gleich los, wenn der Wirth nicht selbst bei der Hand ist, der eine will Wurst, der andere Braten, der Bier, der Wein, jener Kohl oder Rüben; da muß man einen anlachen, einen anschnauzen, mit jenem spaßen, Schlag nehmen und geben, grob sein und höflich, alert und brummisch: o glaubt, meine Herren, es ist ein beschwerliches und künstliches Ding, ein Wirth zu sein.

Rupert.

Wir bedürfen nichts weiter, und sind gern allein.

Wirth.

Ja, wenn alle Gäste von solcher Extraction wären!

geht ab.

Rupert.

Nehmt, wie ich Euch vorgelegt habe. — Trinkt. — Seht, wie mir wohl ist, mit solchem Jüngling, der edel denkt, der schön gebaut ist, der zart fühlt, der die Welt gesehn hat, der alle Tage Edelmann und Graf sein könnte, ein Stündchen bei einem Glase Wein zu verschwatzen.

Fortunat.

Ihr schlagt meinen Werth gar zu hoch an.

Rupert.

Nicht ein Tüttelchen; Ihr seid zu bescheiden, Ihr wißt selbst nicht, was in Euch verborgen. — Stoßt an Theuerster, auf Eure baldige Beförderung.

Fortunat.

Wie meint Ihr?

Rupert.

Denkt Ihr denn, daß der Graf, der Euch so zärtlich liebt und auszeichnet, Euch so lassen wird, wie Ihr seid? Nein, ich sehe in Euch schon was Großes voraus, ich sehe die Zeit im Geiste, in der Ihr mein Beschützer werden könnt.

Fortunat.

Also meint Ihr, daß der Graf mit mir etwas besonders vorhaben könnte?

Rupert.

Ohne allen Zweifel, — ja, es ist schon, — unter uns gesagt — beschlossen.

Fortunat.

Ihr macht mich begierig.

Rupert.

Eure Figur, Euer Anstand, Eure Art zu sprechen, — nicht umsonst seid Ihr mit so edlen Talenten begabt; Ihr seht ja auch, wie alle Weiber Euch hold sind, wie gern Euch selbst die Gräfin sieht.

Fortunat.

Ihre Tugend und Hoheit nimmt meine geringen Dienste gefälliger auf, als sie werth sind, die Dienerinnen werden mir nichts nachsagen können, das mir zum Nachtheil gereichte.

Rupert.

Natürlich nicht; Ihr seid nicht zu Ausschweifungen geneigt, Ihr wißt Eure Zeit besser anzuwenden. Ihr habt auch nie an's Heirathen gedacht?

Fortunat.

Ich bin noch jung; Ehestand ist eine drückende Bürde für Dienstleute.

Rupert.

Was Ihr in allen Dingen vernünftig denkt, über Eure Jahre hinaus — und drum kann ich es Euch wohl vertrauen — Euer Glück ist gemacht.

Fortunat.

Wie denn? Sprecht, mein Freund, da Ihr mich liebt, so müßt Ihr mir nichts vorenthalten, das mich glücklich oder unglücklich machen kann.

Rupert.

Das will ich auch nicht. — Nur einen Augenblick, ich will nur sehn, ob der Wirth nicht etwa horcht. — Alles gut. — Werther Freund, Ihr habt doch wohl in dieser Zeit bemerkt, wie unser Graf sich oft mit seinem Kanzler eingeschlossen hat?

Fortunat.

Mehr als einmal, und ich habe mich gewundert, was sie so geheim berathen können.

Rupert.

Alles geschieht nur Euretwegen.

Fortunat.

Meinetwegen?

Rupert.

Weil die Sache in unsern Gegenden eben noch nicht gebräuchlich ist, und man erst fürchtete, es könnte, vorzüglich beim Volk, einiges Aufsehn erregen, das gewöhnlich alles schief beurtheilt, was nicht seit uralten Zeiten herkömmlich ist.

Fortunat.

Was kann das Alles auf mich für Bezug haben?

Rupert.

Laßt mich nur ausreden. Wie gern Euch die Gräfin sieht, wißt Ihr selbst, der Graf hat auch nichts dagegen, sondern freut sich darüber, weil er Euch liebt: um Euch aber seiner Gemalin ganz als Diener überliefern zu können und allen bösen Leumund unmöglich zu machen, der Gräfin Ehre auf immer sicher zu stellen, sich auch vor der kleinsten möglichen Eifersucht zu bewahren und Euch so recht seine Freundschaft zu bezeugen, hat er nach reiflicher Ueberlegung mit seinem Kanzler beschlossen, Euch in diesen Tagen zum Eunuchen machen zu lassen.

Fortunat springt auf.

Wie? Was?

Rupert.

Eßt, mein Lieber, trinkt.

Fortunat.

Mir widersteht, mir ekelt alles. Was sagt Ihr?

Rupert.

Ihr habt ja wohl bei Euch zu Lande selbst zuweilen dergleichen Leute gesehn, die die Rathgeber, die Vertrauten, ja mehr als die nächsten Freunde und Verwandten ihrer Herren sind. Unser Graf hat nebenher, daß er beim heiligen Grabe seine Andacht verrichtet hat, auch auf fremde Gebräuche und Sitten sein Augenmerk gerichtet, und denkt diese nun mit Euch, weil er Euch so vorzüglich liebt, nachzuahmen.

Fortunat.

Weil er mich liebt? Entsetzlich! Weil er mich liebt, will er mich elend, ein Ungeheuer, einen Spott, eine Schande der Menschen aus mir machen?

Rupert.

Ihr seid erschrocken, und ich dachte Euch recht freudig zu überraschen.

Fortunat.

Ich muß fort! Wenn Ihr mich lieb habt, helft mir fort, noch diese Nacht, gleich, diesen Augenblick!

Rupert.

Was hör' ich? Ihr wollt es also nicht werden?

Fortunat.

Könnt Ihr noch fragen? Ich zittre, bis ich die Stadt, das Land hinter meinem Rücken habe.

Rupert.

Ich dachte, weil Ihr doch so züchtig und verständig seid, auch keinen Schutz habt, und den Ehestand nicht liebt —

Fortunat.

Lebt wohl, mein guter Rupert.

Rupert.

Bleibt doch; seht, wär' ich in Eurer Stelle, gleich ließ ich es mir gefallen; aber in meiner Jugend war kein Mensch hier herum noch auf solchen Gedanken gerathen.

Fortunat.

Ich gehe, ich muß fort.

Rupert.

Wie eilt Ihr denn so sehr? Jezt ist es Nacht, die Thore sind, wie Ihr wißt, alle verschlossen, bis auf die eine Pforte. Wenn Ihr denn durchaus Eurem Glücke aus dem Wege gehn wollt, so nehmt sacht Eure Kleinodien und Euer Geld zu Euch, besteigt Euer Pferd, nur laßt es erst Tag werden, vielleicht besinnt Ihr Euch morgen oder übermorgen eines Besseren, denn wie ich ohne Euern Umgang leben soll, kann ich noch nicht einsehn.

Fortunat.

Wenn Ihr mich nicht umbringen wollt, so haltet mich nicht länger.

Rupert.

Ich darf Euch nicht begleiten, man muß nicht erfahren, daß ich Euch das Geheimniß verrathen habe.— Aber so setzt Euch doch noch, trinkt Euren Wein aus, den Fasanen habt Ihr auch noch nicht aufgezehrt.

Fortunat.

Der Boden brennt unter mir, der Himmel stürzt über mir ein. Laßt Euch umarmen, treuer, biedrer Mann; daß Ihr mir diese Schändlichkeit entdeckt habt, werde ich Euch Zeitlebens nicht vergessen. Tröstet Euch über meine Abwesenheit, und gedenkt meiner in Liebe, wie ich Eurer gedenke. eilt fort.

Rupert.

Der kömmt nicht wieder, nein, er ruhet nicht
Bis Wald und Land und Meer von hier ihn trennen!

Der Wirth kommt.

Wirth.

Was ist's, Herr Rupert? Unser junger Herr,
Bleich wie das Tischtuch, zitternd, voller Angst,
Rennt wie ein Blitz an mir vorüber, sagt nichts,
Steht mir nicht Rede, ruft nur: ich muß fort!
Muß fort! fort! schnell! Was hat es denn gegeben?
Ihr sitzt ja ruhig noch beim Glase Wein?

Rupert.

Wißt Ihr, mein Wirth, was man Dummköpfe nennt.

Wirth.

So ziemlich, seht, als Gastwirth lernt sich's schon.

Rupert.

So'n Vogel ist der junge Fortunat.

Wirth.

Dacht's immer mir im Stillen, wenn er gierig
Wie süßen Wein das Lob so in sich zog,
Dacht' immer: ei! Herr Rupert ist kein Pinsel,
Der bohrt gewiß dem nur ein Eselsohr.

Rupert.

Das bitt' ich mir indessen aus, Herr Wirth,
Er, der den Malvasier verzapft, den ihm
Der Keller unsers Grafen liefert, der
Fasanen seinen Gästen vorsetzt, die
Der Tafel unsers gnäd'gen Herrn gehören,
Daß ihn der Teufel (hört Er!) nicht versucht
Auch nur 'ner Katze zu gestehn, daß ich
Heut Nacht mit dem Maulaffen hier gewesen,
Wenn man ihm nicht den Hals umdrehen soll.

ab.

Wirth.

Ei! ei! was solche Kundschaft alles schwatzt!
Was man im Scherz, im Ernst sich bieten läßt!
Was geht's mich an? In Gottes Namen mögen
Sie alle doch einer den andern fressen.

geht ab.

Neunte Scene.

Feld.

Fortunat allein.

Mein Pferd hab' ich zur Stadt zurück gesandt,
Damit dem Grafen auch kein Vorwand bleibt
Mich in der Ferne aufzusuchen, fremden Namen
Führ' ich anjezt, und jeder denkt, ich gehe
Nach Burgund hin, so sagt' ich allen Leuten;
Doch wend' ich mich nach Frankreich hin in Eil',
Und dort aus einem Hafen stracks hinüber
Zum sichern England. Keinem Freundesblick
Und keinem Lächeln will ich wieder traun,
Da dieser Herr mich also hinterging. geht ab.

Zehnte Scene.

Saal im Schlosse.

Heinz. Friedrich. Rupert. Der Koch.

Friedrich.

Mein Geld gereut mich Tag und Nacht, Ihr habt uns garstig angeführt, Freund Rupert.

Heinz.

Ja wohl! hatte der Welsche es gut vorher, so hat er es jezt noch besser, und wäre er nicht hier, so käme er an, wenn er wüßte, daß er hier mit Euch alle Tage in Herrlichkeit und Freuden leben könnte.

Koch.

Es stößt unser einem das Herz ab, und alle Tage macht die Herrschaft mehr aus ihm, der Mensch wird uns alle zu Tode ärgern, und der superkluge Herr Rupert ist's, der dem jungen Gelbschnabel erst noch recht viel in den Kopf setzt, und sich mit unserm Gelde lustig macht.

Rupert.

Ja wohl, denn ohne Eure Beisteuer hätt' ich mit ihm nicht so schmausen können.

Der Graf tritt ein.

Graf.

Wer weiß mir hier von Fortunat zu sagen?
Ich habe schon heut Morgen ihn vermißt,
Nun sendet er den Schimmel mir zurück,
Und der ihn brachte, hat sich schnell entfernt;
Ich frage hin und her, doch jeder schweigt.
Sein Geld, die Kleinod' hat er mitgenommen:
Was kann er wollen? ist er mißvergnügt?
Wer that ihm was? Bei Gott, erfahr' ich nur
Das Mindeste, daß wer von Euch mit That,
Mit Wort ihm etwas in den Weg gelegt,
Und wär' er auch mein ältster, treuster Diener,
Beschimpft würd' ich ihn aus dem Schlosse jagen!
Sprich, Rupert, denn du warst der einzige,
Der sein sich annahm, der mit ihm vertraut,
Hat er dir nichts entdeckt? Bei meinem Zorn
Verschweige nichts, was du von ihm erfuhrst!

Rupert.

Mein gnädiger Herr, verzeiht mir armen Knecht,
Daß ich nicht früher schon geredet habe,
Allein die Freundschaft, die mich diesem Jüngling
Verband, mein heil'ges Wort nichts zu entdecken,
Hielt mich zurück, doch Euer zorn'ger Wille
Lös't meine Zunge jezt. Er ist aus Cypern,
So wie Ihr wißt; in stillverschwiegner Stunde
Entdeckt er mir, sein Vater, der von Adel
Und arm geworden, hege neue Hoffnung
Am Hofe seines Königes zu gelten.
Nun kamen gestern plötzlich Briefe an,
Die meinen Freund mit Freud' und Lust erfüllten:
Der Vater ist wie sonst bei Hof in Gnade,
Und schrieb dem Sohn, sogleich zu ihm zu kommen,
Weil ihm der König einen Platz bestimmt;
Jung, wie er ist, wollt' er sich nicht entdecken,
Halb Schaam, daß er gedient, halb Furcht von Euch
Erlaubniß nicht zu kriegen, trieb ihn an
In schnellster Heimlichkeit Euch zu entfliehn.

Graf.

Mich freut sein Glück, doch kränkt mich auch sein Mißtraun,
Hätt' er sich mir entdeckt, mit Geld und Liebe,
Und mit Gefolge, wie es ihm geziemt,
Hätt' ich ihn seinem Vater heimgesandt.
Mich schmerzt es, daß ich ihn verloren habe.

geht ab.

Heinz.

Also war der junge Mensch doch ein Edelmann?

Friedrich.

Ja, ja, man sah ihm gleich so was apartes an; er führte sich so vornehm auf, seine Reden waren oft so geblümt und bedenklich.

Koch.

Sag' ich doch, er war ein gutes Kind, that keinem was zu Leide, freundlich gegen alle Welt, doch ohne sich gemein zu machen; ich für meine Person habe immer einen rechten Respekt vor ihm gehabt.

Heinz.

Wir alle waren ihm gut, er hatte so was in seinen Mienen, was einem das Herz gleich gefangen nahm.

Friedrich.

Solchen Cameraden kriegen wir Zeitlebens nicht wieder, ich wünsch' ihm alles Glück. Uebrigens Rupert, waren nun Eure Klugheit und Eure Künste überflüssig, und wir sollten Euch mit Eurer Weisheit brav auslachen.

Koch.

Ja wohl, ja wohl; unser schönes Geld! Je nun, er wird das noch oft auf dem Brodte kriegen, daß er uns so angeführt hat.

Friedrich.

Kommt, das Mittagsmahl anzurichten.

sie gehn ab.

Rupert.

Daß ich ein Narr wäre und den Dummköpfen traute! Ich will mich lieber von ihnen foppen lassen, als daß ich ihnen den Zusammenhang entdeckte, da ich sehe, welche große Stücke der Graf auf ihn hält. Je nun, los wären wir den guten Gimpel, und ich hoffe, es soll kein neuer von diesen Federn je wieder in unsern Käfig fliegen, um uns das Futter zu verderben.

geht ab.

Zweiter Akt.

Erste Scene.

Spaziergang.

Fortunat, Felix, die einander begegnen.

Fortunat ihn umarmend.

Felix! Willkommen in London! Woher? Was machst du hier? Ei, wie muß ich zu der unverhofften Freude kommen?

Felix.

Mein theurer Fortunat! Wie wohl thut einem der vaterländische Laut in fremder Gegend! Mir wäre es nie eingefallen, dich in London aufzusuchen.

Fortunat.

Ich bin schon seit einigen Wochen hier, ich war seitdem in Flandern, doch bin ich hier in England vergnügter.

Felix.

Seit acht Tagen bin ich und Antonio hier mit einem Schiffe eingelaufen, das mein Vater mit Ridolfo hatte ausrüsten helfen; wir sind schon wacker mit dem Verkaufen beschäftigt, und hoffen ein Ansehnliches zu gewinnen.

Fortunat.

Wie gefällt es dir hier?

Felix.

Unvergleichlich! ein lustiges, freies Leben, Mädchen und Weiber wie die Engel.

Fortunat.

Ich will dich bekannt machen, wenn du noch fremd sein solltest, für Geld ist hier Alles zu haben.

Felix.

Am Gelde fehlt es mir Gott Lob nicht: und du?

Fortunat.

Ha! ich bin jezt reicher als daheim in unserm armseligen Cypern; ich bin nicht umsonst in die Welt hineingereist.

Felix.

Laß uns den guten Antonio abholen, du weißt, er ist etwas blöde und kalmäusert so vor sich hin, den müssen wir aufmuntern.

Fortunat.

Hier wird er schon aufleben müssen, denn mit Kopfhängen ist in der Welt nichts zu gewinnen; und dann will ich Euch beide zu einem Engel, zu meiner Betty hinführen, da wirst du gestehn müssen, daß du bis jezt noch keine Schönheit gesehn hast.

Felix.

Komm, Liebster; o! wenn das unsre Alten zu Hause wüßten!

Fortunat.

Glaube nur, die moralischen Graubärte haben es in ihrer Jugend nicht besser gemacht.

Felix.

Darum wissen sie auch so gut darüber zu predigen. Wir wollen es auch im Alter unsern Söhnen so beibringen. gehn ab.

Hieronimus und Andrea kommen.

Hieronimus.

Ich kenn' Euch wohl von sonst, mein guter Freund:
Ihr seid ja der Andrea Tigurtino
Und aus Florenz? nicht wahr?

Andrea.

Ganz recht, mein Herr.

Hieronimus.

Und triebt Euch hier als lockrer Zeisig um,
Ihr spieltet, tanztet, sanget, hieltet Menscher,
Des Nachts in Rauferein und Saufgelagen,
Wie meist die jungen Fremden, die der Heimath
Entlaufen kaum, London zur Bühne machen
Der Tollheit und des Elends endlich; als
Hin alles, nichts von Haus mehr zu erwarten,
Da schlicht Ihr wie die Katz vom Taubenschlage,
Und ließt den Gläubigern das Nachsehn hier.

Andrea.

Mein strenger alter Herr, seid nur so billig
Zu glauben, daß man sich auch bessern kann.

Hieronimus.

Wie der verlorne Sohn, gewiß nicht früher:
Das ist das alte Lied, ich kenn' es schon.
Allein was habt Ihr nun bei mir zu suchen?

Andrea.

Setzt Euch hier nieder, hört mich ruhig an.

Hieronimus.

Doch müßt Ihr kurz sein, denn mir mangelt Zeit.

Andrea.

Ihr kennt doch wohl den Ritter Umfrevile?

Hieronimus.

Der vor sechs Monden nach Italien ging?

Andrea.

Derselbe, Euer edler, würd'ger Freund,
So nennt er sich, als ich ihn vor vier Wochen
Gesehen in Turin.

Hieronimus.

Und geht's ihm wohl?

Andrea.

So schlecht, wie's nur dem Menschen gehen kann:
Auf Nachsuchung des Königes von Frankreich
Um schlechter Ursach willen, wie er sagt,
Sitzt er dort schwer gefangen; man verwehrt ihm
Zu schreiben, kaum daß ich ihn sehen durfte.
Nun fleht er Euch und andre Freunde an,
Aus seiner großen Noth ihn zu erretten.

Hieronimus.

Ich seh nicht, was ich für ihn könnte thun.

Andrea.

Er meint, der Handel läßt mit Geld sich schlichten,
Daß seine Feind' am Hofe zu Paris
Dergleichen nur erwarten; wenn ihr ihm
Mit ein'gen tausend Kronen helfen wollt,
So will er Euch dreifach den Werth ersetzen;
Mir hat er auch sechshundert zugesagt,
So wie er frei ist, und gab mir so viel
Nach London herzureisen, Euch zu sprechen.

Hieronimus.

Aufrichtig, guter Herr, wie ich gern immer
Mich zeige, dieser Handel ist verwirrt;
Wer bürgt mir denn (Ihr nehmt mir das nicht übel)
Daß alles, was Ihr sagt, die strenge Wahrheit?

Andrea.

So glaubt Ihr, daß ich lüge?

Hieronimus.

Ei, man lügt
Nicht eben immer grade zu, und findet
Doch Fußsteig', die nicht laufen wie die Straße;
Man kann ein Ding auf hundert Art erzählen,
Verschieden immer, und doch immer wahr,
Der Kluge nimmt davon so viel ihm nützt.

Andrea.

Seht das Juwel im Ohrring und den Namen.

Hieronimus.

Ich kenn's und glaub' Euch jezt; von Herzen gern
Möcht' ich auch meinem alten Freunde dienen,
Und um so mehr, da viel bei zu gewinnen.

Doch scheint es mir, er müßte sich zuerst
An seinen König wenden, an den Hof.

Andrea.

Er sagte mir, er habe viele Neider,
Auch habe man die Reise ihm verdacht,
Der König selbst sie nicht gebilligt, drum
Denkt er, daß Geld und gutes Wort, von Euch
Zur rechten Zeit, dem rechten Mann gesagt,
Genug vermög', in Freiheit ihn zu setzen.

Hieronimus.

Wir Italiäner sind hier nicht beliebt,
Das Volk nennt uns nur Wuchrer, Pfänderjuden,
Man kann sich als Lombarde nicht empfehlen;
Der Adel, der uns braucht, theilt die Gesinnung
Des Pöbels doch, man schmeichelt und beschimpft uns,
Wie Ebbe oder Fluth es mit sich bringt:
Und dann auf's Ungewisse mich zu wagen,
Fernem Gewinn ein Capital zu opfern —
Wohl zu verlieren — kann kein Freund verlangen;
Drum, Herr Andrea, macht Euch an den Hof,
Sollizitirt, sucht Protektion, schafft Bürgen,
Dann steht Euch mein Vermögen gern zu Dienste,
Denn ich bin auch kein Thor, redlichen Vortheil
Geradhin abzuweisen. Eigentlich
Ist es des Königs Sache; seht, dort kömmt
Der junge Ritter Herbert, sprecht mit dem,
Der gilt gar viel bei seiner Majestät,
Adieu, mein Herr Andres, auf Wiedersehn. ab.

Andrea.

Rekommandir' mich Euch, mein edler Herr. —
Das ist ja recht ein ausgemachter Jude;

Ich sehe schon, so treib' ich es nicht durch,
Der kann da draus in seinen Ketten sitzen,
Die Freundschaft hier verlanget Pfand und Bürgen.

Herbert kommt mit einem **Diener**.

Herbert.

Du trafst ihn nicht? Wo kann er denn nur seyn?

Diener.

Die Lady sprach, er such' Euch, edler Herr.

Andrea.

Mein edler Herr und Ritter, hört mich an.

Herbert.

Ist's ein Geschäft, so kommt ein andermal,
Ich bin anjezt für Seine Majestät
In Eil' und Sorg'; die Hochzeit in Burgund,
Vermählung seiner königlichen Schwester,
Giebt alle Hände mir vollauf zu thun.
Da ist der Ritter!

Ritter Oldfield kommt.

Herbert.

Ihr sollt gleich zum König.

Oldfield.

Ich weiß es schon und will jezt zu ihm eilen.

Herbert.

Der König will den Schmuck Euch überliefern,
Dann könnt Ihr hoffentlich in kurzem reisen.

Oldfield.

He! Peter! sage meiner Frau daheim,

Daß sie mich heut zum Essen nicht erwartet,
Wenn ich nicht da bin zur gesetzten Stunde.

sie gehn.

Andrea.

Das sieht gar mißlich aus mit meinen Wünschen,
Da ist auch keiner, der mich hören möchte,
Der ein' hat dies, der andre das zu thun.
Ich seh', der kann verrosten in Turin
In seiner Noth, und ach! das schöne Geld,
Das ich in Händen schon zu haben glaubte,
Ist auch ein Traum. Man muß auf andres denken.

geht ab.

Zweite Scene.

Wirthshaus.

Fortunat, Betty, Felix, Anne, Antonio, Walther, Kellner, ein Schiffer treten ein.

Fortunat.

Tretet unterdessen hier herein, meine Freunde, und laßt uns einige Gläser Wein genießen. — Ihr habt Eure Barke eingerichtet, wie ich befahl?

Schiffer.

Vollkommen, gnädiger Herr.

Fortunat.

Mit Teppichen und Polstern belegt? die Speisen und die Weine stehn bereit?

Schiffer.

Alles so, wie Ihr es gewollt.

Fortunat.

Wenn das Schiff mit den Musikanten da ist, so ruft uns, sie sollen vor uns hin und in einiger Entfernung neben uns auf dem Wasserspiegel schwimmen, damit wir in aller Lust des heitern Tages genießen können. Nun geht. Schiffer ab. Das ist anders, mein Felix, nicht wahr, als zu Hause hinter dem Rechentische sitzen, die Geldsorten aussuchen, und die falschen Heller ausschießen, um sie Handlangern und Tagelöhnern aufzuheften?

Felix.

Ja wohl, und anders, Antonio, als im Gewölbe auf und ab spazieren, wie ein wildes Thier hinter seinem Käfig und jeden Vorübergehenden anzurufen: befehlt Ihr vom neusten, feinsten, ächten Tuch? oder andre Waaren?

Antonio.

Ihr habt gut Sprechen, Freunde, zwei so hübsche Freundinnen sitzen neben Euch und auf Eurem Schooß—

Betty.

Bist du darum verlegen, alberner Tropf! Meine Schwester wird sich freuen, dich kennen zu lernen. Da trink, Einfalt, auf ihr Wohlsein!

Antonio.

Wenn das ist, so laß ich ihr ein eben so schönes Kleid und Haube machen, auch solchen goldnen Schmuck, als Ihr vom Fortunat bekommen habt. Was der Mensch unterwegs muß für Glück gemacht haben, daß er so viel Geld kann aufgehn lassen.

Fortunat.

Sagt ich's Euch nicht zu Hause schon? einem Menschen wie mir, kann es niemals fehlen.

Betty.

Da hast du Recht, schöner Junge; und darum lieb' ich dich.

Fortunat.

Liebst du mich denn recht von Herzen?

Betty.

Zweifelst du noch? Sterben könnt' ich für dich. Wenn du so frägst, wirst du mich zum Weinen bringen.

Anne.

Sie erkennen es niemals, die wilden Landstreicher, wie die schwachen gutherzigen Mädchen sich ihnen mit Leib und Seele ergeben. singt.

Nein, nicht lieben,
Nur betrüben
Können sie,
Und wir Thoren
Sind verloren,
Finden nie,
Was mit Thränen
Und mit Sehnen
Wir gesucht,
Denn die Männer
Bleiben immer
Herb, verrucht:
Zeit vertreiben
Wollen sie,
Treu verbleiben
Nimmer nie.

Felix.

Da trink, schönes Kind, für dein Lied.

Fortunat.

Sing' ein anderes, Betty, deine Stimme ist noch schöner.

Betty singt.

Ach! Liebe, groß ist deine Macht
Und peinigend dein Schmerz,
Ich lieb' ihn treu, der mich verlacht,
Das bricht mein armes Herz.

Fortunat.

Nein, das soll es nicht, beim Himmel über uns! Sag', Engel, was willst du? Befiehl, sinne, erdenk doch nur etwas! Nein, sei nicht so zurückhaltend, vergieb mir meinen gestrigen Scherz; zeige, daß du mir vergeben hast und fordre jezt etwas von mir.

Betty.

Weiß ich doch, daß du großmüthiger bist, als ein Prinz. Nun so gieb mir den Diamant von deinem Finger.

Fortunat.

Da nimm ihn, mein Herz; den hab' ich in Flandern im Lanzenstechen gewonnen, und die schönste Gräfin von der Welt hatte ihn zum Preise ausgesetzt.

Walther.

Aber bei wem, ihr Burschen, schmause ich denn heut? Soll denn meine Kehle ganz trocken bleiben, ihr Grünschnäbel?

Fortunat.

Bei mir, wie gewöhnlich.

Walther.

Mir ist's recht, du Königlichgesinnter, laß geben, reichen, du Bube mit dem Feuer-Auge! Nur, Cavalier, da du ein Edelmann bist, nichts Gewöhnliches, kein dünnes Getränk, laß vom besten feurigsten Spanischen bringen, wie es sich für einen Cavalier schickt, Euer saures Gesöff kann mein Magen nicht vertragen.

Felix.

Morgen mußt du mit mir trinken, Alter.

Walther.

Wenn ich muß, muß ich, sonst halt' ich mich da zu meinem Goldlockigen. Seht, wie dem Flegel die rubinrothen Lippen so himmlisch zu Gesichte stehn, als hätte er sie eigen beim Juwelier dazu bestellt! Und die Sapphir-Augen! Küfer, sagt selbst, Maulaffen, habt Ihr schon jemals ein solches Gesicht hier an Euren Wänden sitzen gehabt? Sprecht!

Kellner.

Der gnädige Herr ist ein Ausbund von Schönheit, Großmuth und Freigebigkeit.

Walther.

Da, Fortunat, trink einen Becher mit mir. Nicht von jedem laß ich mich bewirthen, nicht mit jedermann trink' ich aus einem Becher, aber du bist nicht wie die übrigen Erdenklöße, du edle Range du! Ich sterbe darauf, daß er der Bastard vom witzigsten, schönsten und vornehmsten auf seiner Insel ist.

Fortunat.

Ihr seid heut närrisch, Alter.

Walther.

Kellner, da, leer, ein frisches. — Närrisch? Ich glaube, der Pinsel nimmt's übel, daß ich ihm so viel Ehre erzeige. Närrisch, du Baumwollengespinnst? Soll mich doch der Henker holen, daß mich, so ein alter Kerl ich auch bin, noch nie jemand in meinem Leben mit solchen Augen angeschaut hat, so daß ich, als ich dem Jungen zum erstenmal begegnete, meinte, das Herz müßte mir vergehn; und ich bin doch nicht einer von denen, die sich leicht bange machen lassen, und habe wohl schon Rittern und Grafen derbe Grobheiten gesagt. Aber du bist anders, du Seidenraupe du! Man sollte meinen, seine Mutter hätte sich an der schönsten Bildsäule aus dem Alterthume versehen.

Andrea tritt ein.

Andrea.

Schnell ein Glas Claret, vom besten, ich habe Eil!

Kellner.

Ei, Herr Andres! Herr Andres! Seid Ihr denn auch wieder da?

Andrea.

Wie du siehst, Narr. Nun, Herr Walther, wie geht's?

Walther.

Mir geht's, wie immer; aber ein Abentheurer, wie Ihr, ein herumirrender Junker von der leeren Tasche, muß seitdem manches erlebt haben.

Andrea.

Immer noch das lose Maul? Ist Euch denn keiner seitdem drüber gekommen, altes Fell?

Fortunat.

Laßt das, der liebe Alte ist unser Freund, und wir dulden es nicht, daß man einem so würdigen Manne schimpflich begegnet.

Andrea.

So? seid Ihr sein Vorkämpfer? Er säuft wohl von Eurem Wein, und hofirt und rüffelt Euch abwechselnd? Nun, wohl bekomm's, Ihr werdet ihn schon noch kennen lernen.

Fortunat.

Wir verbitten uns dergleichen ein für allemal.

Andrea.

Ich sage kein Wort mehr. — Da ist der Wein; gieb, ich bin durstig.

Antonio.

Ihr thut auch am klügsten, Mensch, denn seht, seht, — ich kann mich kaum fassen, daß ich Euch nicht beim Kragen nehme: Blut müßte eigentlich fließen, weil Ihr dem verehrten Herrn so schnöde begegnet.

Andrea.

So? — Da, nimm dein Geld, Kellner, und nun lebt wohl, auf Wiedersehn, Ihr jungen unflücken aus dem Ei gekrochnen Nestlinge, die der alte Uhu da ausbrüten soll. geht ab.

Betty.

Der unverschämte Gesell! Aber, du kleiner Dicker, ich hätte dich nicht für so tapfer gehalten.

Antonio.

O mein Seel, mir thuts Leid, daß ich ihn so

habe gehn lassen, ich habe mich noch Zeitlebens mit keinem herumgeschmissen, und der kam mir nun so gerade in den Wurf, der Flegel der!

Walther.

Gieb dich zur Ruhe, Kurzbeiniger, du bist noch jung, du kannst in deinem Leben noch Schläge genug davon tragen, wenn dir das Fell so sehr juckt. Der Pinsel, der von uns ging, hatte immer nur für zehn Dukaten Verstand, er hat aber etliche hundert in jämmerlicher abgeschmackter Liederlichkeit durchgebracht, nun ist er ganz dumm und schuftig, und kann niemand, am wenigsten mich beleidigen; wenn man ihn umstürzt, fallen ihm nur Kupferpfennige aus der Tasche, und schüttelt man sein Gehirn, so giebt es nur noch verschimmelte Sentenzen, Sprichwörter und längst vergessene Anekdoten-Schwänke von sich. Er ist schon krepirt, und damit gut, er ist unter Euch: du, Fortunat, mußt dergleichen armen Schubjack nicht einmal mit betrunkenen Augen anblinzeln und mit dem Glanz deiner Blicke vergolden, er wird dadurch wieder auf vier Wochen zum würdigen Mann.

Betty.

Ja wohl. Laß dich küssen, Fortunat, mein liebster, liebenswürdigster Jüngling.

Schiffer tritt ein.

Schiffer.

Die Musikanten sind da!

Fortunat.

Kommt, alter Herr.

Antonio.

O wenn uns unsre Väter doch nur auf ein Viertelstündchen so sehn könnten!

Felix.

Schweig, erinnre mich nicht an das armselige Leben zu Hause.

Antonio.

Ich denke nur, sie sollten sich auch einmal recht über uns ärgern, da wir bisher den Verdruß immer haben einschlucken müssen.

Walther.

Heut Abend müßt Ihr Euch wieder einmal in der Großmuth sehen lassen, ihr jungen Wildfänge, die Freunde kommen zum Würfelspiel, die Fräulein Betty giebt einen Schmauß, getanzt muß werden und gezecht, und so genießt des Lebens und lernt Weisheit und Anstand, ihr Jungen! Auf, marsch! alle ab.

Dritte Scene.

Zimmer.

Ritter Oldfield, Herbert, Lady Margaretha.

Herbert.

Jezt könnt Ihr also reisen wann Ihr wollt?

Oldfield.

Denselben Augenblick, daß mir mein König
Zusendet seinen gnädigen Befehl.

Herbert.

So lebt denn wohl! Ihr, meine schöne Frau,
Werdet nun um des Gatten Ferne trauern,
Doch kömmt er bald gesund zu Euch zurück;
Auch gönnt der alte Herr dem Freunde wohl
Indeß Euch zu besuchen, Zeitvertreib,
Zerstreuung Euch zu machen, Nachricht auch
Von ihm zu hören; nicht, mein liebster Freund?
Doch zürnet nicht dem Scherz, gehabt Euch wohl.

geht ab.

Oldfield.

Das junge Volk, wie Füllen in der Sonne
So spielt's und springt, und denkt an keinen Ernst.

L. Margaretha.

Und dieser gar, vom Könige geliebt,
So schön sich dünkend und so liebenswerth,
Ist unerträglich; hüpfend wie ein Gaukler.
Fällt er den Weibern ewig nur zur Last
Und meint, daß alle Herzen ihm gehören.

Oldfield.

So war es freilich nicht zu meiner Zeit,
Als ich noch jung, gewandt im Tanz und Kampf,
Da mußten andre Gaben solchen schmücken,
Der an dem Hof sich zeigen wollte; Witz,
Galanterie und höflich feine Sitte,
Ein klug gesprochnes Wort auf jede Frage,
Und Adelsinn und Biederkeit und Ehre,
Die galten damals: doch wie immer leichter
Das Gold und Silbergeld alltäglich wird,
So eben ist es mit den Menschen auch. —
Ich hab' es schon in meinem Sinn erwogen,

Daß, wenn ich nach Burgund die Reise mache,
Der edlen Braut den Schmuck zu überliefern,
Du unterdeß zu meiner lieben Schwester
Nach Yorkschire reisest; hier bist du verlassen,
Dort findest du Gesellschaft, Zeitvertreib.

L. Margaretha.

Mein lieber Mann, ich hätte nicht gedacht,
Daß ich dir je Gelegenheit zum Argwohn
Von ferne nur gegeben; nun nach Jahren
Willst du mit mir den Eifersücht'gen spielen?

Oldfield.

Je mehr ich älter werde, um so mehr
Ist Vorsicht, Klugheit nur an ihrer Stelle.
Stets hab' ich nicht begreifen können, wie
Aus unbedachtem Leichtsinn sich so mancher
Verdruß und Unglück zubereitet, drum
Magst du dich meiner Ueberlegung fügen.

L. Margaretha.

Daß du mich kränkst, das gilt dir also gleich?

Ein Diener kommt.

Diener.

Ein junger Mann wünscht gleich mit Euch zu sprechen.

Oldfield.

Führ' ihn herein. — Vergieb, mein Kind, sei folgsam,
Denn alles dient zu deinem eignen Besten.

Andrea tritt ein.

Andrea.

Verzeiht, mein edler Ritter, die Beschwer,
Die mein Besuch Euch macht. Man sagte mir,

Daß Ihr mit trefflichen Juwelen, die
Der König angekauft für Burgunds Braut,
Bald über See zu gehn gedenkt: darf ich,
Da mein Gewerb auch mit Juwelen ist,
Euch bitten, sie zu sehn?

Oldfield.

Tretet herein,
Sie sind da drinn in einem Schrank verwahrt,
Und da Ihr Kenner seid, urtheilet selbst
Wie königlich und kostbar dies Geschmeide.

Andrea.

Ich komme von Florenz, und bringe Steine,
Ich will nicht sagen, wie vortrefflich, mit,
Doch, hab' ich die gesehn, die Ihr verwahrt,
So kann ich wissen, ob die meinigen
Nicht unwerth sind, dem König sie zu bieten,
Um jenen Schmuck noch herrlicher zu machen.

Oldfield.

So tretet nur herein, mein werther Herr. *gehn.*

L. Margaretha.

In Wüsteneien will er mich verbannen,
Von Stadt und Hof und allen meinen Freunden?
Nie kennen doch die Männer ihren Vortheil.
Noch fiel mir niemals ein, ihn zu vergleichen
Mit andern, Lächeln, Blicke zu erwiedern,
Doch könnt' er leicht mich so verdrüßlich machen,
Daß ich das suchte, was er will vermeiden. *ab.*

Vierte Scene.

Straße.

Fortunat tritt auf.

Fortunat.

Ich bin zum Unglück geboren, alles hin, alles fort, was ich besaß, und keine Aussicht, keine Hoffnung, etwas wieder zu gewinnen, wenn meine Freunde, meine Landsleute mir nicht aus der Noth helfen. O die verdammten Würfel! verflucht, wer sich mit ihnen einläßt, wer ihnen traut!

Felix kommt.

Felix.

Schleichst du auch so in der Dämmerung durch diese einsame Gegend der Stadt?

Fortunat.

Ja, mein Felix, mein geliebter Bruder; ich habe dich schon in deiner Wohnung gesucht, ich hatte dir etwas Nöthiges, Dringendes zu sagen.

Felix.

Ich war verdrüßlich fortgegangen, und ich bin auch noch nicht vergnügt. Was hättest du mir mitzutheilen?

Fortunat.

Lieber, jezt kannst du zeigen, ob du mein Freund bist: durch unbeschreibliches Unglück, durch unbegreifliches Mißgeschick, so daß mir auch kein einziger Wurf zuschlug, habe ich alles das Meinige verloren, meine guten Kleider schon verkauft, alles eingebüßt.

Felix.

Und du hast gar nichts übrig behalten?

Fortunat.

Auch keinen Heller, um mich heut Abend nur mit einem Bissen Brod zu erquicken.

Felix.

Armer Schelm. Nach deiner Art zu leben, und wie du uns dazu anführtest und aufmuntertest, dacht' ich, welche Goldgruben dir zu Gebote ständen. Ei! ei! das ist eine traurige und böse Sache, eine jämmerliche Aussicht auf viele, viele Wochen.

Fortunat.

Hilf mir nur mit Wenigem.

Felix.

Ja, wie soll ich dir helfen, guter Junge? Geht es mir denn besser? Ich bin in Verzweiflung: ich habe alle Waaren verkauft, aber auch alles Geld dafür rein, rein ausgegeben: ein Tag ging nach dem andern hin, ein Vergnügen folgte dem andern, und die Mädchen hier sind ja mit ihren Forderungen unersättlich, man ist zu schwach, zu dumm, zu jung, ihnen etwas abzuschlagen. Glaube nur, ich habe weit mehr Geld in der kurzen Zeit durchgebracht, als du, mir schwindelt der Kopf, wenn ich daran zurückdenke; und wo ich nur die Dreistigkeit dazu hergenommen habe, und was nur mein Vater dazu sagen wird! Zum Glück habe ich doch noch einiges als Bezahlung in Waaren abliefern müssen, aber ich kriege keinen Heller darauf; bei zwanzig Kaufleuten, die freilich meinen Lebenswandel mit angesehn haben, bin ich schon herum gewesen. Was bleibt mir übrig? Gottlob, daß noch ein alter Faktor aus Cypern hier ist, der morgen zurück reiset, bei diesem habe ich mich angebettelt, daß er mich nur frei zurück nimmt. Aber das Glück, mein Freund, das mir nun zu Hause blüht, kannst du dir denken, denn seit die Insel steht, hat noch kein junger Mensch in der kurzen Zeit so viel Geld verschwendet. Wenn du dahin zurück willst, glaub' ich wohl, daß der alte Balthasar dich auch mit nähme, er ist eine gute Haut.

Fortunat.

Nimmermehr! Eher hier verhungern, als in solchem Zustande nach Hause kommen.

Antonio kommt.

Antonio.

Gut, daß ich dich finde, mein theurer, mein liebster Fortunat, ich habe dich schon allenthalben gesucht. Du mußt, du wirst mich retten. Ich will heut über meine Casse gehn, um wieder einmal eine recht großmüthige Ausgabe zu machen, und sehe, daß ich alles, alles bis auf den untersten Boden schon rein ledig gemacht habe. Sei so gut und gieb mir lieber eine etwas ansehnliche Summe, daß ich bald mit Ehren zurückreisen kann, ich hoffe dir dann etwa in drei viertel Jahr, oder einem Jahre höchstens, mit einer Kaufmannsgelegenheit alles mit meinem herzlichsten Danke wieder zu übermachen.

Fortunat.

Ha! ha! ha! Camrad und bester Antonio, das Schicksal macht dich bitter ironisch und spaßhaft.

Felix.

Ja, ja, es ist mein Seel zum Todtlachen! Ha! ha! ha!

Antonio.

Lachen Freunde über die Noth ihres Gefährten?

Fortunat.

Und wenn mir das Messer an der Kehle säße, so müßte ich lachen.

Felix.

Ja, ich müßte herausplatzen, und stånd' ich schon unterm Galgen. sie lachen.

Antonio.

Aber diese Begegnung —

Felix.

Nimm doch nur Vernunft an, Pinsel, da du kein Geld bekommen wirst; daß es ihm und mir eben so geht, wie dir; wir kommen alle aus demselben Kloster, wo wir das Gelübde der Armuth abgelegt und geschworen haben, kein Geld bei uns zu tragen. Er wollte bei dir borgen, und ich dachte dich anzusprechen.

Antonio.

Lachen kann ich freilich nicht, wie Ihr, aber eine wunderliche Sache ist es.

Walther kommt.

Walther.

Nun? da stehn die drei Gänse beisammen und halten Rath, auf welcher Weise sie heut grasen sollen. Hör, Felix, heut will ich endlich einmal mein Versprechen gut machen, und mit dir schmausen, du hast selbst gesehn, wie mich Fortunat niemals frei geben wollte; heut bin ich dazu aufgelegt, recht ausgelassen zu sein. — Keine Antwort? Verdient mein freundschaftliches Anerbieten, meine Herablassung keinen Dank? Fahr wohl, Narrengesicht mit der aufgekrämpten Nase! so bleib' ich bei meinem Prinzen, meinem Fortunat, der ist es auch würdiger.

Fortunat.

Ach! Walther! Walther!

Walther.

Nun, was giebt's? Was sind denn das für physiognomische Anstalten, für ein Alter-Weiberton? Ihr seht ja aus, als wolltet Ihr die Kranken pflegen und Buße predigen.

Fortunat.

Ach! werthester Walther, wir sind in einem erbärmlichen Zustande.

Walther.

Wie so? Ich will doch nimmermehr hoffen —

Fortunat.

Zwischen uns allen Dreien ist kein Kreuzer zu theilen, alles ist verloren, verschwendet, verspielt, verschenkt.

Walther.

So? Also mit dem Aussatz der Armuth seid Ihr behaftet? Fort, daß Euer Athem mich nicht ansteckt! Also so schnell, Ihr fremden Gimpel, haben sie Euch gerupft? O Ihr armseligsten aller armseligen Windbeutel! Dazu mußtet Ihr über das Meer seegeln? Mehr hat mein guter Rath nicht bei Euch gefruchtet? Man wirft sich nur weg, mit solchem Gesindel umzugehn.

Fortunat.

Ihr habt uns ja nie gewarnt, immer zum Verschwenden aufgemuntert.

Walther.

Ich wollte Euch zu etwas erziehn, das sich sehn lassen durfte; Ihr habt mir ja nie gesagt, daß Ihr arme, bettelhafte, lausige Wichte wärt; da ich sah, daß Ihr mit Teufels Gewalt das Geld wegschmeißen wolltet, so habe ich Euch doch gezeigt, es auf gute Art zu thun.

Fortunat.

Aber helft, rathet uns nun, mein Freund.

Walther.

Helfen? Womit? Euch Geld geben, daß Ihr es wieder an Huren wendet, versauft und in Spielhäusern verliert? Auch habe ich keins. Rath? Ihr seid zu dumm, Rath anzunehmen. Hängt Euch, je früher, je besser, das ist mein Rath. Ich schäme mich vor allen Menschen, daß ich mich mit Euch abgegeben habe.

Fortunat.

Da Ihr so grob und gemein seid, so wißt, daß ich Euch auch nicht brauche; vergess' ich denn ganz das Wesen, das mich auf dieser Welt am meisten liebt? Hier stehn wir gerade vor ihrem Hause. Sie wird sich meiner annehmen, sie wird für mich thun, was ich für sie gethan habe. pocht an.

Drinnen.

Wer ist da?

Fortunat.

Dein Fortunat, deine Seele; mach' auf, mein Herz, mein Engel.

Betty öffnet das Fenster.

So spät und so unerwartet, mein Geliebtester? Komm herein! Bringst du mir den Perlenschmuck, den du mir versprachst? Gieb mir einen Kuß, du trauter Herzensjunge.

Fortunat.

Ach, Betty, liebst du mich denn wirklich? Willst du es mir beweisen?

Betty.

Fordre mein Leben, mein Blut, du meine Seele.

Fortunat.

Ich bin ganz verarmt, leih mir, gieb mir zurück die dreißig Pfund, die ich dir vorgestern gab, oder nur zehn, nur fünf, um meiner dringendsten Noth für's erste abzuhelfen.

Betty.

Anne! Anne! komm doch mal her!

Anne am Fenster.

Was giebt's denn?

Betty.

Sieh doch einmal da draus den ruppigen, schäbigen Schuft an, der wie ein hungriger Wehrwolf da vor mir steht, und mich um zehn, oder dreißig Pfund anspricht, mit demselben Gesicht, das er wie ein abgeprügelter Kater in den Mondschein hinein streckt. O du armseliger Lump! Um das Meinige willst du mich bringen? Was hab' ich von dir? Meine Zeit habe ich bei dir verloren, meine Freunde, Grafen und Herren von mir verscheucht; und nun kommst du, und willst borgen? Borgen von mir?

Fortunat.

Kannst du so mit mir sprechen? Ist es dieselbe Betty, die ich sonst kannte? Wenn du kein Geld hast, laß mich ein, es ist kalt, mich hungert, laß uns in Traulichkeit noch einmal eine gute Mahlzeit, eine Flasche Wein mit einander genießen: das kannst du doch wohl für den thun, für den du dein Leben aufopfern wolltest?

Betty.

Auch noch kein Glas Dünnbier, du jämmerlicher Kerl. Anne, wenn er nicht geht, so lauf nach der Schaarwache. macht das Fenster zu.

Fortunat.

Träum' ich? Nein, es ist Wahrheit, aus ihrem Munde spricht mein härtestes Verhängniß und schilt so bitter meinen Leichtsinn, meine verlorne Zeit, meine verdorbnen Sitten. O ihr Sterne! daß ich das erleben, daß ich mich so verachten muß.

Antonio.

Das war ein schlechter Trost, Bruder.

Walther.

Kann denn dein Magen das vertragen, Welscher? Bist du denn so gar nichtsnützig, daß die Kreatur, die du erhalten, gekleidet hast, die dich bestahl und plünderte, daß die so mit dir reden darf? Schämst du dich nicht, daß du ihr nicht mit derselben Hand einige Zähne einschlugst, mit der du sonst ihre verbuhlten, geschminkten Wangen gestreichelt hast? Nein, du hast keinen ehrlichen Blutstropfen mehr im Leibe, keine Faser von einem Manne an dir, wenn du das alles so gelassen, ohne Erwiederung hinnimmst.

Fortunat.

Du hast Recht, meine Geduld, meine demüthige Sanftmuth ist schimpflich. Ich rufe sie noch einmal heraus. Nun sollt Ihr sehn, daß ich auch Galle habe. er pocht an. Betty! Betty! — Nein, nicht Betty; wie käme eine solche geschminkte, elende, seelenlose Puppe zu einem christlichen und ehrlichen Namen? Du Scheusal, aus Schminke, Lügen, Wein, und gestohlnen und erbettelten Näschereien zusammen gesetzt, mit seidnen Fetzen behängt, die Unkeuschheit, üppige verstellte Umarmung, Küsse auf widerwärtigen Lippen erst erkaufen müssen, höre, wie ich dich verachte und verabscheue! Der Henker, der Karrengaul, das elendeste Vieh ist in der Schöpfung besser und edler, und nimmt einen höheren Rang ein, als du, für die scheußlichste Sünde lebend, in ihr athmend, selbst verpestet um andre zu verpesten! man hört drinn laut lachen.

Walther.

So war's Recht; wenn das Affengesicht auch thut, als macht' sie sich nichts daraus, so ärgert sie sich doch, die Worte zu hören, und du hast auch dein Herz etwas erleichtert. Nun leb' wohl, fahrt alle wohl, Ihr guten Kinder, und betragt Euch ein andermal klüger.

geht ab.

Felix.

Da stehn wir, als wären wir blind mit dem Kopfe gegen eine Mauer gerannt.

Antonio.

Und gar keinen Trost giebt es? Wenn er auch nur so klein wäre, daß sich eine Mücke darin baden und erquicken könnte, es wäre doch etwas.

Felix.

Komm, der alte Balthasar muß dich auch mitnehmen nach Cypern, wie mich, und die Zehrung auslegen.

Antonio.

Ja, das muß er, und wenn ich ihm zu Füßen fallen sollte. Aber unsre Alten, die werden Gesichter schneiden, wenn sie uns so ankommen sehn!

Felix.

Wenn nur der erste Empfang schon vorüber wäre! Gewiß werden sie wieder die Schuld auf den Fortunat schieben. Lebe wohl, lieber Bruder, Gott gebe, daß wir uns einmal fröhlicher wieder sehn.

Antonio.

Gehab dich wohl, unser Jammer verträgt nicht viele Worte. sie gehn ab.

Fortunat.

Sie können leichter gehn, sie finden Freunde,
Verwandte, Eltern, ihre Heimath wieder;
Nur Furcht ist ihre Noth, es hängt ihr Herz
An nichts und reißt darum so leicht sich los.
Doch ich? Die undankbare Kreatur! Ich kann
Sie nicht, die Schönheit nicht vergessen.
Es ist nicht möglich, daß so ganz verhärtet,
So ohne Mitleid, sanfte Regung, Liebe,
Ihr Herz versteinert wäre. — Betty! Betty!

Geliebtes Kind, vergieb mir, was ich sagte,
Mein Mund nur sprach, nichts kam aus meinem Herzen,
Ich that's nur, die Gesellen zu beschwicht'gen,
Daß sie mich nicht verhöhnten. Sei mir gut,
Erbarme dich und schenk' mir deine Liebe,
Entsinne dich der süßen Wonnestunden,
Der Zärtlichkeit, der sehnsuchtsvollen Thränen,
Die beide wir gerührt geweint. Thu' auf
Und sage nur, daß du mich liebst, ich will
Ja nichts von dir, nicht Gold, nicht Schmuck, nicht Geld,
Nur dieses Wort, daß du bereu'st wie ich.

Betty am Fenster.

Zum letztenmal, du unverschämter Bettler,
Pack dich von meinem Hause, diese Fenster,
Die Wand hier wurden dazu nicht gebaut,
Daß solch Gesindel dumm sich dran betrüge;
Gehst du nicht gleich, salb' ich dir so den Kopf,
Daß du an mich gedenkst. Gleich fort von hier!
Daß sich nicht Gäste von Reputation
Von solcher Vogelscheu verjagen lassen.

wirft das Fenster zu.

Walther, der vortritt.

Ich habe hier im Winkel noch gelauert,
Weil ich mir fast gedacht, es käme so.
Ei, junger Mensch, willst du denn noch nicht einsehn,
Daß du ein Gimpel bist? Sich so erniedern,
An Liebe glauben bei der feilen Dirne!
Da nimm, du gute Haut, die sieben Schilling,
Thu' dir im Wirthshaus heut noch was zu gut,
Geh mit Tagsanbruch in die Lombardstraße
Zum Kaufmann Herrn Hieronimus, der braucht

Noch treue Leute, sag', ich schicke dich,
Er fragte letzt, ob ich nicht einen wüßte
Ihm zu empfehlen. Bist du nun gescheut,
So kannst du immer noch mit Rechtlichkeit
Und Fleiß, Geschick, was werden in der Welt,
Entgehst dem Beutelscheiden und dem Galgen.
Leb wohl, und werde klüger, junger Mensch.

ab.

Fortunat.

Ja klüger, besser; warlich, es ist Zeit!
Nun geh' ich, mich zu sätt'gen, zu erfrischen,
Um dann mein Glück beim Kaufmann zu versuchen.
Die Noth kann uns mit jedem Ding versöhnen,
So komm' ich nun in London in die Zunft,
Der ich von Cypern weg entlaufen wollte.

geht ab.

Fünfte Scene.

Waarenlager.

Hieronimus, verschiedene Diener.

Hieronimus.

Das sag' ich Euch, es muß mir anders werden,
Die Unordnung im Haus kann so nicht bleiben.
Versiegelt das Packet: der Koffer da
Wird heute noch nach Southampton gesandt,
Die Ballen dort gehn gleich hinauf nach Wallis.
Mir fehlt ein Mensch, der rechtlich, ordentlich,
Nach meinem Schiff im Hafen sehen könnte,

Seit ich den Taugnichts aus dem Lohn gejagt.
Zu große Milde macht sie alle unnütz,
Hat's nicht der Mensch recht schlimm, so schlägt er über,
Fast keiner kann die gute Zeit ertragen.

Fortunat kommt.

Fortunat.

Mein edler Herr, Herr Walther schickt mich Euch,
Ob Ihr vielleicht mich brauchtet in Geschäften,
Ich schreibe, rechne gut, und bin zufrieden
Mit bill'gem Lohn.

Hieronimus.

Du hast ein gut Gesicht,
Ein feines Wesen; bleibst du treu, mein Sohn,
Soll es dir wohl in meinem Haus gefallen.
Geh nur hinein, ich spreche noch mit dir,
Laß dir ein Frühstück geben, dann versend' ich
Dich wohl nach Sandwich noch, mir fehlt ein Mensch,
Der treu ist, Kopf zu vielen Dingen hat.

Fortunat geht hinein, Andrea tritt auf.

Andrea.

Mein Herr Hieronimus.

Hieronimus.

Gehorsamer Diener,
Was steht Euch denn zu Diensten, junger Mann?

Andrea.

Wir sprachen lezt der Bürgschaft wegen, Herr,
Um Euren Freund im Kerker zu befrein:
Hier ist ein edler Ritter, Namens Oldfield,

Sehr zugethan dem armen Umfrevile,
Der ist gerührt, und will sein ganz Vermögen
Euch gern zu Pfande geben, daß Euch Alles
Mit Zinsen der Gefangene ersetzt.
Ist Euch die Bürgschaft gut genug?

Hieronimus.

Vortrefflich.

Andrea.

So bitt' ich Euch, erlaubt, daß ich zu Mittag
Den Ritter zu Euch bringe, denn er wünscht
Sogleich mit Euch zu sprechen; was Ihr auslegt,
Das alles fällt auf Umfreviles Schultern.

Hieronimus.

Ich schätz' es mir zur allergrößten Ehre,
In meinem schlechten Haus so edlen Ritter
Nach meinen besten Kräften zu bewirthen:
Ihr müßt mich wohl für 'nen argen Knicker halten,
Daß Ihr dergleichen nur erwähnen könnt.

Andrea.

Es war nicht als Beleidigung gemeint,
Darum vergebt mir: aber seid so gut,
Nicht gleich bei Tisch von dem Geschäft zu sprechen,
Laßt uns erst froh die Mahlzeit schließen, dann
Sei alles auch in Ordnung gleich gebracht.

Hieronimus.

Mein guter junger Mensch, ich weiß gar nicht,
Wie ich zur Ehre komme, Unterricht,
Was Lebensart betrifft, so zu empfangen:
Seid ohne Sorg', ich weiß wohl, was sich schickt,

Und hatte sonst mit Großen schon Verkehr,
Bringt nur den Herrn, ich gönn' Euch das Profitchen,
Im übrigen seid meinthalb unbekümmert.

Andrea.

Ich dank' Euch, theurer Herr, auf Wiedersehn.

ab.

Hieronimus.

Seh' einer mir den Herrn von Vorwitz an!
Den Ueberklug! Er danke doch dem Himmel,
Daß er die runde Summe so gewinnt.
Doch muß ich Anstalt nun zum Schmause machen.
He! junger Mensch! Ihr da von heute Morgen!

Fortunat kommt.

Hieronimus.

Wie nennt Ihr Euch mit Eurem Christennamen?

Fortunat.

Ich heiße Fortunat.

Hieronimus.

Geh mal sogleich
Zur Börsenhalle, Fortunat, ob Waaren
Für mich dort abgesetzt: dies ist mein Zeichen,
Nimm's mit, auch kennt man dort den Namenszug.
Hier, ein Paar Nobel, weil du nicht zu Mittag
Nach Hause kommen kannst, iß wo du willst.

Fortunat ab.

Jezt muß ich nur die Köchin instruiren,
Daß mir nicht meine Mahlzeit Schande macht.

geht ab.

Sechste Scene.

Zimmer.

Lady Oldfield. Alice.

Alice.

Und dieses Kleid wird auch mit eingepackt?

L. Oldfield.

Wie ich gesagt; was fragst du immer wieder?

Alice.

Was will nur Lady in der Einsamkeit
Mit allen diesem Putz und dem Geschmeide?
Kein Mensch wird uns dort sehn, als Bauersleute,
Ein Pächter etwa, gute Pfarrerfrauen.
Was nur der Herr sich dabei denken mag!

L. Oldfield.

Schweig, Unverschämte! die zu große Güte
Macht dich zu dreist. Wie sehr war ich im Unrecht,
Nur eine Silbe, einen Athemzug,
Ja einen einzigen Gedanken, ihm
Entgegen doch zu denken und zu athmen!
Steis sah' ich seine Lieb' und Sorg' um mich,
Sein unbegrenzt Vertraun; wenn Weisheit jezt
Ihn treibt, mir diese Richtung vorzuschreiben,
So zeig' ihm ohne Murren mein Ergeben
Wie sehr ich ihn verehr' und mehr noch liebe.

Alice.

Nun ja, Ihr seid das Muster einer Frau,

Und er ein weiser, kluger Ehemann;
Allein die Frau hat denn ihr Recht doch auch,
Und das muß nicht der gnäd'ge Herr vergessen,
Daß er so viel in Jahren Euch voraus.

L. Oldfield.

Nicht einen Laut mehr, soll'n wir Freunde bleiben!
Zu spät erfahr' ich, daß man jedes Wort
Mit seiner Dienerschaft bewachen muß.

Alice.

O nur nicht zürnen, schönste gnäd'ge Frau,
Ich bitt' Euch ab, ich habe Unrecht, ja,
Bestraft mich auch, nur nicht mit Eurem Groll. —
Wo ist denn unser lieber gnäd'ger Herr?

L. Oldfield.

Ein Florentiner kam ihn abzuholen
Zum Mittagsessen nach der Lombard-Straße,
Der will ihm noch kostbare Steine zeigen,
Die dann vielleicht der König an sich kauft,
Den Schmuck noch zu verschönern, den mein Herr
Nach Burgund bringen soll, wie du es weißt.

Andrea tritt ein.

L. Oldfield.

Was wollt Ihr? Warum schaut Ihr so verwildert?

Andrea.

Von großer Eil, — die Treppe schnell herauf —
Ich kann den Othem noch nicht wieder finden —
Hier, gnäd'ge Frau, sind Eures Herren Schlüssel,
Sein Siegelring als Zeichen —

L. Oldfield.

Gott im Himmel!
Es ist ihm doch kein Unglück zugestoßen?

Andrea.

Im mindsten nicht, er schickt es nur zum Pfand
Mir zu vertrau'n, wir sind dort noch im Handel,
Nun will er gern den Schmuck in Händen haben,
Die Steine beiderseitig zu vergleichen,
Und bittet gleich durch mich ihn abzusenden.

L. Oldfield.

Wie bin ich doch erschrocken! dacht' ich nicht
Als ich die Schlüssel sah und dieses Petschaft,
Und Euer wildes Auge, daß dem Lieben
Ein unvermuthet Unglück sei begegnet.

Andrea.

Gar nichts der Art, schließt nur geschwind mir auf,
Denn meine Eil' ist groß.

L. Oldfield.

Seht selber zu,
Versucht die Schlüssel, denn ich weiß es nicht,
Wo er den Schmuck bewahrt.

Andrea.

In diesem Schrank,
Hier legt' er ihn hinein, als ich ihn neulich
Besuchte, drinn ist ein geheimes Fach,
Das mit dem kleinen Schlüssel hier sich öffnet,
Ich habe alles ganz genau bemerkt.

L. Oldfield.

Er hat Euch ja wohl selber auch bezeichnet
Wo Ihr nachsuchen müßt.

Andrea.

Natürlich, ja.
Hier ist er nicht, — hier auch — auch hier ist nichts —
Wo doch, in aller Welt, ist denn der Schmuck
Nur hingekommen?

L. Oldfield.

Hier im Schreibepult
Vielleicht, — was schwitzt Ihr so, was ängstet Euch?

Andrea.

Die Eil, die große Eil. Hier wieder nicht, —
Auch hier in diesem Laden nichts, — o Satan!
Verdammte Schlüssel! Teufel!

L. Oldfield.

Ihr vergeßt Euch,
Geht doch zurück und fragt noch einmal nach,
Am Besten ist, es kommt der Ritter selbst.

Andrea.

Da habt Ihr Recht, ganz Recht, ja, Ihr habt Recht.
eilt fort.

Alice.

Was war dem Menschen? Er war wie verrückt.

L. Oldfield.

Ein grober, ungezogener Gesell,
Wirft alles durcheinander, mir zu Füßen
Die Schlüssel klirrend, läuft dann fluchend fort —

Alice.

Er hatte so was Tückisches in der Miene.

L. Oldfield.

Der Wilhelm soll doch lieber gleich hinab
Zum Kaufmann gehn, hin zu Hieronimus,
Ob sich mein Herr auch wohl befindet, bitten,
Daß er bald wieder kömmt; ich weiß nicht wie
Mein Herz mir plötzlich so beklommen ist,
Mir ist nicht wohl —

Alice.

Kommt an die frische Luft.

L. Oldfield.

Ja, Liebe, führe mich hinab zum Garten.

gehn ab.

Siebente Scene.

Hieronimus Haus.

Hieronimus, Köchin, Gottfried.

Hieronimus.

Um Gottes Willen! Ach! Um Gottes Willen!
Den Tod hab' ich vom Schrecken.

Köchin.

Was denn, Herr?

Hieronimus.

Da geh' ich oben in den Saal hinauf —

Gottfried.

Was giebt es denn? Was ringt Ihr so die Hände?

Hieronimus.

Ihr wißt, ich ging hinab zur Schreibestube
Vom Essen, ließ die Beiden dort allein
Und wie ich wieder komme, — heil'ger Gott!
Liegt drinn der edle Rittersmann ermordet!

Köchin.

O Jesus! Jesus!

Hieronimus.

Still! Um Gottes Willen!

Gottfried.

Wer that es denn?

Hieronimus.

Der Fremde, der Verruchte!

Köchin.

Ach! ach! ach! was soll daraus werden?

Hieronimus.

Still!
Daß nur die Nachbarn nicht, daß nur kein Mensch
Was hört —

Köchin.

Wie kann da unser eins denn schweigen?
Was soll draus werden?

Hieronimus.

Ach! ich weiß es nicht,
Mir ist, als hätte mich der Blitz getroffen.

Andrea kömmt.

Hieronimus.

Da kommt er. Gott! Sagt, was habt Ihr gemacht?

Andrea.

Nun, alter Narr? Sollt' ich mich morden lassen?
Wild macht der Kerl sich über mich daher,
Ich wehr' mich meiner Haut auch gegen Fürsten,
Da stieß ich ihm mein Messer in den Hals.
Weg da! Mir braußt der Kopf, ich bin schon toll,
Ich will den alten Hund wohin verstecken,
Wo keine Wünschelruth' ihn finden soll. ab.

Gottfried.

Das ist ja ein erschrecklich frecher Mensch.

Köchin.

Dazu hab' ich nun heute kochen müssen!

Andrea kömmt zurück.

Andrea.

Da hinten in den altverfall'nen Brunnen
Hab' ich den wüsten Mordhund schnell geworfen,
Packt Steine drüber; fragt man wohl nach ihm,
So sagt, er sei mit mir längst fortgegangen.
Ich geh' so weit ich immer kommen kann,
Und müßt' ich auch hinein in die Türkei. ab.

Hieronimus.

Herr Andres! — Ha! der Mensch ist taub und blind —
Nein, ich vielmehr! O weh, wie ist's mit mir?
Nun kommt mir die Besinnung erst zurück;

Ich hätte nicht den Mörder sollen lassen,
Wir mußten fest ihn nehmen, da er frech
Uns wieder in die Hände lief, — betäubt,
Erschreckt, entsetzt, wälz' ich auf mich die Schuld.
O Leute, ich beschwör' Euch bei den Heil'gen,
Bei Gott und seiner Mutter, schweigt, kein Laut
Von dieser Schreckensthat! Uns bleibt nichts übrig
Als so zu thun, wie er gerathen hat.

Wilhelm kömmt.

Wilhelm.

Ist wohl der Ritter Oldfield noch bei Euch?

Hieronimus.

Nein, guter Freund, schon vor geraumer Zeit
Ging er von mir mit jenem Florentiner.

Wilhelm.

Kurios! Die gnäd'ge Frau ist sehr besorgt. ab.

Hieronimus.

Da fängt es an! mein Blut ist lauter Eis,
Und Feuer dann, mein Herz zerrinnt in Angst.
Wie, wenn ich's noch angäbe? — Doch, wer glaubt's?
Man hält mich für den Mörder, da er floh.

Fortunat kömmt.

Fortunat.

Die Ballen, die dort angekommen waren,
Hab' ich hieher geschafft, mein lieber Herr.

Hieronimus.

Mir gleich, — schon gut, — ich weiß nicht — vielen Dank.
Komm mit mir, Gottfried, ich will dich verschicken.

ab mit Gottfried.

Fortunat.

Was fehlt dem Herrn? Er war verstört und traurig.

Köchin.

Ach, lieber fremder Mensch, die Welt ist Welt,
Da kommt bald Lust, bald wieder Trübsal vor:
Er hat aus Mailand Nachricht heut gekriegt,
Daß ihm ein lieber Bruder dort gestorben,
Das hat er sich nun zu Gemüth gezogen.
Je nun, sind wir doch alle ird'sche Menschen,
Man setzt uns bei an dieses Lebensfeuer,
Und sind wir gar, so kommt der Tod und tischt
Uns alle sich und seinen Freunden auf.
Geht nur hinein und eßt, Ihr seid wohl hungrig?

Fortunat.

Durstig vielmehr und müde, viel zu laufen
War bei dem heutigen Geschäft, und ich
Bin noch der Sache nicht gewohnt genug.

Köchin.

Da wird's Euch schmecken, was vom Mahl geblieben. —
Ach ja, das liebe Mahl! Gott sei uns gnädig! ab.

Achte Scene.

Straße.

Herbert. Wilhelm.

Herbert.

Und noch keine Nachricht?

Wilhelm.

Nicht die mindeste, unsre gnädige Frau ist in Verzweiflung, sie fällt aus einer Ohnmacht in die andre, und sie, wie wir alle, besorgen schon das Schlimmste.

Herbert.

Ich habe einen Sheriff und Gerichtsdiener zum Hieronimus gesandt, um Haussuchung anzustellen. Die Sache ist mir selber äußerst verdächtig.

Ein Haufen Volks tritt lärmend auf.

Erster.

O gräulich! gräulich! o zum Entsetzen!

Herbert.

Was giebt's?

Zweiter.

Gott hat's entdeckt, wunderbar! Ja trau' einer doch den Italiänern, diesen Wucherern, Pfänderleihern: Mord und Todtschlag, Gift und Ehebruch ist ihre Sitte, ihr Zeitvertreib.

Dritter.

Den alten Herrn hat man gefunden, mit abgeschnittnem Hals.

Zweiter.

Vergraben', mit Steinen zugedeckt.

Erster.

Plündern muß man das Haus, und aller Lombarden Häuser, die ganze Straße anzünden, keinen von den ausländischen Hunden leben lassen.

Alle.

Feuer! Feuer! Mord! Todtschlag!

Herbert.

Ruhig, Leute, das Gesetz wird ihr Verbrechen untersuchen, und ihre Strafe bestimmen.

Zweiter.

Was untersuchen! die Leiche ist ja gefunden worden.

Der Sheriff kommt mit Wache. Hieronimus, Gottfried, die Köchin, Fortunat gefesselt.

Herbert.

Und ist's gewiß, Herr Sheriff?

Sheriff.

Unläugbar, gnäd'ger Herr; alles ist klar, nur finden sich die Diamanten nirgend, und die verstockten Bösewichter behaupten alle davon nichts zu wissen.

Herbert.

Führt sie fort und bewahrt sie genau zum Tage des Gerichts, es wird wohl noch Mittel geben, sie zum Geständniß zu zwingen: ich gehe zum Könige, ihm diese That des Entsetzens zu hinterbringen. ab.

Sheriff.

Fort in's Gefängniß mit den Missethätern!

sie gehn ab.

Erster.

Die Meuchelmörder! die Spitzbuben! Hast du die Viehsonomien beobachtet, Gevatter?

Zweiter.

Ja wohl Viehsonomien, denn Menschensonomien können die gräulichen Schnauzen nicht genannt werden.

Dritter.

So ein italiänischer Hund hat gleich was im Auge, in der ganzen Art, und auch so im Gesicht, verstehst —

Vierter.

Natürlich, gar nicht wie ein ordentlicher Christenmensch. Was der alte Mameluck, der Heide, für ein Gesicht machte.

Erster.

Am mördrischsten sah doch das Weib aus.

Dritter.

Nein, der junge Bengel, die junge Natternbrut, dem sah man recht in jeder Miene den Mordbrenner an.

Zweiter.

Ja, ja, und, Gevatter, es war derselbe Teufelsbraten, der sonst die Betty Gerngesehn da in der Vorstadt hatte.

Vierter.

Richtig; nun, die wird lachen, daß ihr Liebster am Galgen endigen muß.

Erster.

Aber was stehn wir hier? Holt Stangen, Eisen, laßt uns alles im Hause aufbrechen, alles durchsuchen, zerschlagen, denn heut dürfen sie uns einmal nichts sagen.

Alle.

Recht! Kommt! die reichen Hunde haben viel Geld und Geldeswerth! da wollen wir jubeln!

alle lärmend ab.

Neunte Scene.

Zimmer.

Lady Sand, Alice.

L. Sand.

Nicht sprechen will sich meine Freundin lassen
Und keinen Trost in ihren Schmerzen hören?
Ich find' es recht, daß sie sich vor der Welt,
Vor eitler Neugier und Geschwätz verschließt,
Doch so die Freundin von sich abzuweisen,
Die Thrän' um Thräne mit ihr treu vergießt,
Heißt sündigen am Schönsten, Heiligsten.

Alice.

Verzeih mir Eure Gnade, wenn ich thu'
Wie meine Herrschaft ernstlich mir befohlen.

L. Sand.

So will ich gehn, doch leider nehm' ich auch
Die herbe Ueberzeugung mit hinweg,
Daß Freundschaft nicht in dieser Welt gedeiht.

Lady Oldfield kommt in tiefer Trauer.

L. Oldfield.

Verweile denn, da nicht dein Herz erbangt
Die sterbende Verzweiflung anzuschaun
Im Todtenbilde deiner weiland Freundin.

L. Sand.

O Liebste, weine nur! welch Trauerloos!

L. Oldfield.

Fast sind die Quellen meiner Augen trocken,
Mein Herz versteint, mein Sinn zerstückt, verwirrt,
Doch wenn ich mich von neuem werd' entsinnen,
Daß ich einmal so liebenden Gemal,
So treues Herz, so edlen Sinn besaß,
Daß ich so glücklich war an seiner Brust,
Dann rauf' ich auch von neuem dieses Haar,
So wie anjezt, dann gieß' ich wieder Thränen,
Wie sie von neuem fließen, schlage stürmend
An diese Brust, und frage drinn das Herz,
Ob es noch immer, immer leben kann?

L. Sand.

Nur nicht verzweifeln, nicht so wilden Gram,
Denn du zerstörst dich selbst in dieser Trauer.

L. Oldfield.

Und giebt es Schmerz, der dem Verlust zu groß,
Ein Weheschrein, das zu gewaltig wäre?
Verdiente nicht der Todte, was die Liebe
Aus vollster Macht zum Opfer bringen kann?
Und will ich leben? — Leben? — Was heißt leben?
Wie ich ihn liebte, lieb' ich jezt sein Grab,

Der Tod ist mir ein lieber Brautbewerber,
Willkommen also Schmerz, der mich zerstört!

L. Sand.

Geliebte Freundin, sollte denn kein Glück
Je mehr für dich auf dieser Erde blühn?
Ich liebte so wie du, verlor wie du,
Und trauerte, und wurde wieder glücklich.

L. Oldfield.

Beglückter Leichtsinn, den ich nimmer tadle,
Doch mir hat die Natur ihn nicht vergönnt.

L. Sand.

Vielleicht verkennst du nur im wilden Sturm
Der Leidenschaft dein eignes Herz, auch Leiden,
Geliebte, lassen sich erziehn wie Freuden;
Willst du der Trauer der Erinnrung leben,
Mußt du in deiner Klage mäßig sein,
Zu lauter, heft'ger Jammer bricht entzwei
Gewaltsam die Organe selbst des Schmerzes;
Entweder stirbt der Mensch, ein seltner Fall,
Wo nicht, vergißt er um so leichter nur.

L. Oldfield.

Du lästerst, ich verzeih, du liebtest nie.

L. Sand.

Auch ich ward plötzlich Wittwe, so wie du,
Mein Mann war jung und liebenswerth, wie hätt' ich
Ihn nicht geliebt? Ich glaubte zu vergehn,
Doch sehnte sich nach ein'ger Zeit mein Geist
Aus jenem finstern Kerker seiner Leiden,
Doch nicht um schönen Schmerzen zu entsagen.

Nur fühlt' ich, wie mich alles bang' entsetzte
Was mich umgab, ich sah nur Todsgestalten
Aus jedem Schrank und Sessel traurig grinsen:
Da stellt' ich mir im Hause alles um,
Die Zimmer, wo ich ihn zumeist gesehn,
Vermied ich, rückte Stuhl und Tisch und Schrank,
Besonders in ein anderes Gemach
Versetzt' ich mir mein Bett, und wie ich nun
Fast wie in einem neuen Hause lebte,
Gedacht' ich still so manches Junggesellen,
Der sonst mich freundlich angelächelt hatte;
So kam es denn, daß mir das Leben wieder
Als Leben und als Freund entgegentrat,
Ich fühlte nun, welch zarte wahre Liebe
Mein jez'ger Mann im Herzen zu mir trug,
Fand nach dem Trauerjahr ein neues Glück.

L. Oldfield.

Es blühe dir noch viele, viele Jahre,
Doch mir vergönne meine Todeslust.
Wie sich der Fromme dort im heilgen Lande
Erfreut das Grab zu sehn, und jeden Stein
Mit Inbrunst küßt, weil er wie damals ruht,
So sei mir heilig, was er nur berührte,
Der Sessel bleibe stehn als wie für ihn,
In dem er Nachmittags zu schlummern pflegte,
Papier und Feder liege, wie es liegt,
Jedwedes Buch sei aufgeschlagen immer,
Das er aus seiner Hand gelegt. Wie könnt' ich,
Wie könnt' ich, Freundin, deinem Worte folgen,
Und jenes Bett verrücken? Nein, ich glaubte
Von neuem ihn mit frecher Hand zu morden,

Die nur ein Tuch, ein Kissen stören wollte,
So wie es mir als Heiligthum da ruht.

L. Sand.

Ich billg' es nicht, doch muß ich dich bewundern.
Nur dieses noch: vergönne mir zu Zeiten
Zu dir zu kommen, dich zu sehn, zu trösten.

L. Oldfield.

Dein Anblick, deine Liebe sei mein Trost,
Nicht irdsche Worte, Ueberredung nicht.
Jezt geh' ich, ewges Heil ihm zu erflehn.

L. Sand.

So frommem Thun will ich nicht störend sein.

gehn ab.

Zehnte Scene.

Gefängniß.

Fortunat gefesselt, der Kerkermeister.

Fortunat.

Und alle sind hingerichtet?

Kerkermeister.

Alle drei, die um den schnöden Mord gewußt haben. Morgen kommt an Euch die Reihe, macht Euch nur gefaßt.

Fortunat.

Himmel, da ich unschuldig bin?

Kerkermeister.

Das müssen die Richter besser verstehn; mitgefangen, mitgehangen. Und was ist es denn nun so Großes? Bester, in dem Stübchen hier, seit ich Kerkermeister bin, haben gewiß schon etliche hundert arme Sünder gesessen, und keiner ist mit dem Leben davon gekommen. Jeder meint freilich, es sei ganz was Apartes, weil's ihn selbst betrifft, und nur einmal in seinem Leben; je nun, das ist menschlich; aber für unser eins, der das Ding von einem allgemeinen Standpunkt ansieht, ist es recht was Ordinäres und Langweiliges. Es hängen sich alle Arten von Gesichtern und alle Temperamente so frisch weg, daß es beinah lächerlich wird, da noch lamentiren zu wollen. Jeder sollte sagen: o den Weg sind wohl ganz andre Leute als du gegangen! und bedenken, wie wenig die Welt an ihm verliert, so fänden sich alle leichter drinn; aber, wenn vom Leben die Rede ist, weiß der Teufel, so ist das ein Umsichgreifen, ein Herumschnappen, ein Festhalten, ein Balgen darum, einer den andern wegstoßen wollen und allein nur in den Teich Bethesda kriechen, daß man wirklich die Kerle schon bloß dieses verfluchten Egoismus wegen hängen sollte.

Fortunat.

Ihr fallt mir zur Last.

Kerkermeister.

Ei! seht doch einmal, wie impertinent! Nun, nun, morgen hat es mit allen diesen naseweisen Einfällen ein Ende, und wenn Ihr dann auf der Leiter steht, werdet Ihr denken: Ach fiele mir doch der gute, liebe Mann noch so ein Säkulum auf die angenehme Art zur Last! Denkt an mich, das fällt Euch ein, Ihr junge Blume des Feldes, deren Haupt morgen zusammen geschnürt wird, um unter das übrige Grummt der Wiese zum Aufspeisen des großen Rindviehs, Verwesung, gethan zu werden. geht ab.

Fortunat.

So also wird mein Lebenslauf beschlossen?
Gewaltsam? Schimpflich? Als ein Missethäter?
O Rupert! du mein wahrer, einziger Freund,
Was folgt' ich lieber deiner Weisung nicht,
Als jezt so schmählich end'gen müssen hier?
Nun sind die Träume alle weggeflogen,
Die mich wohl sonst umgaukelten mit Lust,
Erwacht bin ich, und Tod und wahres Leben
Verschmilzt so schnell in einen Augenblick.

Ein Richter kömmt mit dem Kerkermeister.

Richter.

Entschließt den jungen Menschen seiner Fesseln!

Fortunat.

Ist mir der letzte Augenblick erschienen?

Richter.

Frei bist du, Jüngling, in der Todesstunde
Erneuerten noch alle das Bekenntniß,
Daß du nichts um den schnöden Mord gewußt:
Benutze diese Dunkelheit der Nacht,
Die Wache wird dich aus der Stadt begleiten,
Entfliehe schnell und schaue nicht zurück;
Denn so in blinder Wuth ist Volk und Pöbel,
Sie rissen dich in Stücke, troß den Richtern,
Würd'st Du am Tag' und offen freigesprochen.

Fortunat.

Ich danke Euch und meinen guten Sternen.

beide ab.

Kerkermeister.

Seinen Sternen? Und mir kein Wort? Er hat hier weder Sonne, Mond noch Sterne gesehn, aber ich habe ihn Tag und Nacht unterhalten und getröstet: und jenen dankt er, und mich sieht er nicht von der Seite an? Ich bleibe dabei, es wird nichts aus dem Menschengeschlechte, verlorne Saat, schießt höchstens ins Kraut, keine Frucht, kein Genuß dran, und wenn eins einmal recht lieblich und anmuthig aussieht, hat's grade die meisten Würmer im Kopf. In der Hand läßt er mir nichts als sein altes Violoncell hier, auf dem er die ganze Zeit geklimpert hat. geht ab.

Elfte Scene.

Pallast.

Der König, Herbert.

König.

Der Fall bleibt immer äußerst wunderbar,
Und wo steht nun Erklärung noch zu hoffen?
Der Mörder hat die Steine nicht gefunden,
Die übrigen, sie haben nichts entdeckt,
Sie sind gestorben mit dem höchsten Schwur,
Daß sie von dem Geschmeide nichts erfahren:
Daß mir der alte Ritter ungetreu, —

Nein, gegen diesen Glauben kämpft mein Herz;
So sind sie wie verschwunden von der Erde,
Und nur ohnmächtig ist mein zornig Dräu'n.

Herbert.

In alle Häfen, weit in alle Länder
Ist Nachricht hingesandt, es kann kein Dieb,
Wär er auch noch so schlau, die Hoffnung fassen,
Mit seinem Funde glücklich zu entschlüpfen.

König.

Ich büßte lieber eine Grafschaft ein,
Und dennoch muß ich den Verlust verschmerzen.

Ein Edelmann tritt ein.

Edelmann.

Demüthig bittet eine schöne Frau,
Gehüllt in Trauer, um die hohe Gnade,
Zu Füßen sich dem Könige zu werfen.

König.

Sie komme näher. — Wer nur mag das sein?
Vielleicht des Ritters Wittwe, die mit Klagen
Und Wehgeschrei mein Ohr betäuben will.

Lady Oldfield wird herein geführt und wirft sich nieder.

L. Oldfield.

Wenn meines Königs Auge sich erniedert,
So sieht er hier die jammervollste Frau,
Die durch verruchte Mordthat eingebüßt
Den theuersten Gemahl, mein hoher Fürst
Den treusten Unterthan.

König.

Was kann ich thun,
Um Euren so gerechten Schmerz zu lindern?

L. Oldfield.

Ich komme nicht zu klagen, mein Verlust
Läßt Trost nicht zu, noch Lindrung und Ersatz,
Nur dies Geschmeide, das unschätzbar theure,
Das meines Gatten Blut hat abgezapft,
Will ich den Händen Eurer Majestät
Dem hohen Eigner hier zurück erstatten.

König.

Erstaunt seht Ihr mich, edle Frau; steht auf!
Wie fand sich dieser Schmuck, den schon auf ewig
Ich mit Verdruß verloren achten mußte?
Wie dank' ich Euch der Gabe, schöne Frau?

L. Oldfield.

Gar wunderlich hat es sich zugetragen,
Im festen Schrank, verwahrt mit vielen Schlössern
War das Geschmeide sicher sonst bewahrt,
Dort fand es nicht der tücksche Mordgeselle;
Wir suchten nach, und nirgends ward's entdeckt:
Zufällig nur, als ich die Tisch' und Schränke
Mir anders ordne, in ein heller Zimmer
Ein groß altfränkisch Bett mir lasse stellen,
Da findet sich ein kleiner Wandschrank unter
Dem Bettgestell, den ich sonst nie gekannt,
Der kaum bemerkbar war, und künstlich nur
Von angedrückter Feder sich eröffnet,
Dahin war dieser Schmuck verborgen worden.
Erschreckt, erstaunt, in Rührung und in Freude

Nahm ich die Stein' und eilte her zum Thron,
Beglückt, den letzten, fernsten Argwohn so
Von meines Mannes Grabmal zu vertilgen.

König.

O lebt' er, seine Treue zu belohnen!
Doch schöne Frau, mit Worten nur allein
Dankt nie ein König, Eure Tugend, Schönheit,
Eu'r Unglück in so früher blüh'nder Jugend,
Verdient Mitleid, Belohnung; nehmt von mir
Den edlen Ritter Herbert zum Gemal,
Der Euch schon längst gekannt, geehrt, geliebt,
So weit sein edles Herz Euch lieben durfte;
Und nimm sie, Herbert, und ich denke sie
Als Freund und König reichlich auszustatten.

Herbert.

Mein hoher Herr, die königliche Gnade
Erfüllt nur meiner Sehnsucht schönsten Traum.

König.

Was sagt die Wittfrau denn zu meiner Bitte?

L. Oldfield.

Befehl ist, was ein König also bittet,
Es wäre undankbar, nicht zu gehorchen.
Nur werdet Ihr der Trauernden vergönnen
Ein züchtig Jahr, vor Leumund sie zu wahren.

König.

Doch tretet ein zu meiner Königin,
In ihrer Gegenwart Euch zu verloben.

sie gehn ab.

Dritter Akt.

Erste Scene.

Einsamer Wald.

Fortunat allein.

Hier will ich sterben. Jede Aussicht, Hoffnung,
Ist nun auf ewig hin, nur Wunder kann
Mich retten, und um diesen jammervollen
Armsel'gen Staub wird nicht die Erde gähnen,
Der Himmel nicht sein ew'ges Thor eröffnen,
Um mich durch Geisterhand von hier zu führen.
Ich kann nicht mehr, die Brust versagt den Othem,
Das Herz will nicht mehr schlagen, das Bewußtsein
Verläßt mich schon, und nur ein matter Schwindel
Dreht sich in meinem Hirn. O Vaterland!
O liebste Eltern, Luft der Heimath, Freunde,
Die mein gedenken, fahrt nun ewig wohl. —
So ward ich denn in England nur errettet,
In Wäldern von Bretagne zu verschmachten?
Mit welcher Lust sah ich die fremden Ufer,
Bald schwand das Wenige, was ich besaß,
Ich eilte weiter, ohne Ziel und Zweck,
Und endlich führte mich mein bös Gestirn
In dieses Waldreviercs endlos Dunkel.
Seit dreien Tagen sah' ich keinen Menschen,

Seit dreien Tagen hab' ich nichts genossen,
Als gestern an dem Quell den frischen Trunk;
In Nächten hör' ich Wolf und Bär um mich
Mit gräßlichem Geheul, ich darf nicht schlafen,
Unsichre Stätte beut mir dann der Baum;
Den Weg verlor ich, tiefer, immer tiefer
Zieht sich hinab der Wälder Labirinth,
Kein Köhler, keine Hütte, nirgend, nirgend —
Ja wenn ich auf den grimmen Mörder stieße,
Er wäre Rettung mir. Was such' ich Wege?
Der Fuß gehorcht nicht dem Gebot des Willens,
Die Sehnen all entstrickt, und jedes Glied
Zum Tode matt: — so end' auch hier der Wille! —

Sanft, sanft — schläft sich's,
Still, still — stirbt sich's,
Ruhe, Ruhe — weit umher.

Ach, wie gut, wie froh — nur weckt mich nicht!
Willst du was von mir, strahlend Gebild?
Siehe, ich lande, betrete den güldnen Boden,
Wo der Träume kindisch Gespinst zur Wahrheit wird,
Meiner alten Amme Lieder, die lieben Geschichten,
Die wohnen, wie seltsam, in diesem, diesem Wald!
Da fliegt mit goldnem Gelock, mit blauem Schleier,
Frei die Brust und frei die Schultern und Arme,
Ein süß Gebild, und rings erglänzen die Tannen
Und schütteln sich rauschend in frohem Gelag, entzückter Eichbaum
Braußt sich verwundernd in allen Zweigen.
Nun bin ich zur Stelle, so gebt mir Trank und Speise,
Da, Wirth, nimm hin mein Leben, und gieb dafür den vollen Becher!

Fortuna tritt auf.

Fortuna.

Erwache, Jüngling!

Fortunat.

Sieh! ich wache! doch wozu?

Fortuna.

Mich treibt die Macht der Sterne zwingend zu dir her.

Fortunat.

Ja, Sterne sind's, die unsers Lebens Wagen ziehn,
Vernunft genügt der fremden Rosse Lenkung nicht.

Fortuna.

Ergreif' im schnellen Augenblick Gelegenheit,
Fortuna bin ich, Göttin alles Menschenstamms,
Zu mir ertönt der Flehenden Gebet wie sehr:
Mich zwingt kein Wunsch und kein Verdienst, nur Eigensinn,
Mein Wankelmuth lacht diesem hold und jenem nicht;
Ermanne dich, und wähle rasch dir ein Geschenk,
Daß ich am Zweig sechsfache Frucht dir bieten darf,
Gesundheit, Weisheit, langes Leben, Schönheit auch;
Verlangst du lieber Herrschermacht, des Goldes Kraft:
Nur schnell! denn bald sucht dein Gestirn ein andres Haus.

Fortunat.

Du willst es, und des Herzens Wunsch sei ausgesagt:
Gieb Gold mir! Schönheit ward mir, eben so Verstand,
Dem Armen wird des Lebens Läng' nur längre Schmach,
Und was soll mir die Herrschaft, da ich längst gesehn
Daß Gold allein in jedem Land den Scepter führt?

Fortuna.

Nimm diesen Säckel, jeder Griff giebt dir des Gold's
Zehn wicht'ge Stück, im Lande gültig, wo du weilst,
So lange du, der deinen einer leben mag
Behält die Wunderkraft der Säckel, länger nicht:
Doch überall der Wohlthat auch gedenke, Sohn.

Fortunat.

Was kann ich thun, dir Dank zu zeigen, hohes Bild?

Fortuna.

Alljährlich gieb am heut'gen Tag vierhundert Stück
Des Golds, als Mitgift einer Jungfrau, die verarmt.

verschwindet.

Fortunat.

Wo blieb sie? War es Traum? War's Wirklichkeit?
Der Säckel ist in meiner Hand, und gleich
Greif' ich hinein. — Zehn Goldstück find' ich hier —
Und wieder, — wiederum! ei, wie so schnell
Münzt mir das Beutelchen von Leder dies!
Doch halt, da seine Wirkung so erprobt,
Will ich mich ohne Noth mit Gold nicht schleppen.
Es fällt vom Geist wie eine Binde mir,
Ich fühle mich um zwanzig Jahre älter,
Die Thorheit, Unbesonnenheit der Jugend
Weit hinter mir. — Auch hebt sich nun vom Auge
Der Schleier, reiche Landschaft liegt vor mir,
Ich sehe Burgen, Städte in der Ferne,
Klöster, Kapellen in der Morgensonne,
Da breitet sich ein Weg hin durch den Wald,
Erneuten Muths betret' ich diese Straße.

geht ab.

Zweite Scene.

Zimmer im Wirthshause.

Wirth. Daniel.

Wirth.

Das sag' ich dir, Bursche, was du dem alten Matthis nur an den Augen absehn kannst, daß du das flink verrichtest, denn er bezahlt besser als Grafen und Herrn.

Daniel.

Aber es ist eine Noth, bald will er das, bald das, er macht einem mehr Unruhe als zehn andre Gäste; und was ist er denn am Ende? Ein Roßtäuscher!

Wirth.

Mausgehirn, unser eins sieht nie auf Rang und Stand, sondern was die Leute verzehren; wer die größten Rechnungen vertragen kann, der ist für den Wirth der vornehmste. Unser Waldgraf, der tagtäglich jezt hierher reitet und sich nichts als ein Glas Wasser reichen läßt, und dem man noch fußfällig danken muß, daß er einem die Gnade erzeigt zur Last zu fallen, um nichts und wieder nichts, der ist mir der Rechte!

Drinnen.

Daniel!

Daniel.

Gleich, Herr! — da schreit er schon wieder.

Drinnen.

Daniel! ins Teufels Namen!

Daniel.

Nun, hört nur.

Wirth.

Aber warum läufst du denn nicht auch, Tagedieb?

Daniel.

Es hört sich mitunter so hübsch an, wenn die Gäste sich aus der Ferne den Hals abschreien möchten.

Wirth schlägt ihn.

Ich werde dir Beine machen!

Matthias kömmt.

Matthias giebt Daniel einen Tritt.

Bärenhäuter!

Daniel.

Heut wird ja mit doppelter Kreide angeschrieben. Ich gehe ja schon.

Matthias.

Stell mir eine Flasche Wein auf mein Zimmer.

Daniel.

Nicht auf den Tisch? Wie komm' ich nur auf das Zimmer?

Wirth.

Ei, Bursche, wenn du Spaß machen willst, werd' ich dir Zulage geben müssen. schlägt ihn.

Matthias.

Recht so! Man kann nicht genug darauf sehn, daß jeder das Seinige bekömmt. Daniel ab. Habt Ihr Euch geärgert?

Wirth.

Die Schlingel sind mir eben so viel Nägel zum Sarge.

Matthias.

Ihr müßt bei kaltem Blut prügeln lernen, bei Leibe nicht in Leidenschaft, man schlägt im Eifer miserabel, sie fühlen's nicht, und man bildet sich Wunder ein, was man leistet. Ich mach's mit meinen Leuten so: jeder Mensch hat seine Fehler, die merk' ich mir sauber und sage nichts, nun kömmt aber eine Stunde nach Tisch, oder man ist nicht wohl, das Wetter ist zu schlecht zum Ausreiten, aber man braucht doch Motion: seht, da zieh' ich denn die Summe, und prügle sie rudelweise. Das bekommt mir, und die Schläge sind gut und richtig abgewogen, man sieht, man zielt dann viel schärfer.

Wirth.

Gewiß, Herr Matthias, Ihr habt einen klaren Verstand.

Matthias.

Wie würd' ich ohne Prügel fertig? Jezt lieg' ich nun mit meinen funfzig Pferden hier, zwanzig Leute dabei, manchmal hab' ich des Gesindes und des Viehes noch mehr: da lernt sich's schon, was Regieren heißt; ohne Furcht rührt sich keiner. Sie sprechen von Liebe: ja, aus Liebe würden sie mir bald alle meine Gaule davon reiten.

Wirth.

Ist unser Graf noch drinne?

Matthias.

Wieder fort! das ist ein kurioser Kauz, knickert und knickert er nun nicht schon die zwei Tage um die zwanzig Goldstücke, die wir aus einander sind? Und ich lasse die Hengste nicht anders, sie sind meine besten.

Wirth.

Er will sich auf der Hochzeit unsers gnädigen Herzogs auch gern sehn lassen.

Matthias.

Ich muß auch bald hinein nach Angers, ich kann nicht länger warten, wenn ich meine Pferde noch losschlagen will. Giebt er sie heut nicht, so reis' ich morgen. — Daniel! Daniel!

Drinnen.

Ja, Herr!

Matthias.

Heraus Ja-Herr! Ich bin nicht dein Ja-Herr! Daniel kömmt. Dahin stell den Wein, an's Fenster. Setzt Euch zu mir, Wirth, wir wollen hier eins trinken. Euer Haus liegt so hübsch frei, man kann sich allenthalben umschauen, und die Aussicht da nach dem Walde hinunter ist besonders erfreulich. — Daniel!

Daniel hereinkommend.

Nein, Herr!

Matthias.

Tölpel! Bring etwas zum Wein, Wurst, Schinken, schnell!

Daniel.

Gleich, Herr! ab.

Matthias.

Seht doch, was kommt denn da vom Wald herauf gezottelt? Schneckt's nicht daher, wie ein lahmer Karngaul?

Wirth.

Ein kurioser Passagier. Da wett' ich nun gleich um hundert Gulden, das setzt wieder eine Bettelei ab. Der klare Profit, wenn solch Gesindel einkehrt.

Matthias.

Prügelt's weg, hineingehauen, noch ehe sie zur Rede kommen.

Wirth.

Man thät's mehr, wenn uns die Geistlichkeit nicht immer so viel von Mitleid und Erbarmen predigte, die möchten, daß man keinen Hund schlüge.

Matthias.

Ach was! Geistlichkeit! Die Herren selbst sollte man — doch man muß schweigen, das Zeitalter ist der rechten Einsicht noch nicht gewachsen.

Fortunat tritt ein.

Wirth.

Hab' ich's nicht gesagt? Da haben wir die liebe theure Zeit.

Matthias.

Laßt mich machen. — Woher des Wegs? Was wollt Ihr? Das Pferd hat Euch wohl abgeworfen, und die Kälber auf der Weide haben Euch hernach die Sporen gefressen? Nicht? daß Ihr so lendenlahm die Beine hinter Euch schleppt?

Fortunat.

Seid Ihr der Wirth?

Matthias.

Himmeltausend Element! Wofür seht Ihr mich an? Hab' ich rothe Puckeln auf der Nase? Ist mein Rücken krumm? Scharr' ich mit den Beinen aus? Ein Wirth! das hat mir noch kein Mensch gesagt!

Wirth.

Nun, nun, Gevatter, ein Wirth braucht sich seiner Handthierung auch nicht zu schämen. — Wollt Ihr was, junger Gesell?

Fortunat.

Ich bin seit dreien Tagen im Walde verirrt, ohne einen Menschen gesehen zu haben, laßt mir schnell eine gute Mahlzeit von Fleisch und kräftigen Speisen anrichten, und vom besten Wein geben.

Matthias.

Daniel! Daniel!

Daniel mit Brod und Tellern.

Matthias.

Gieb her. — Da, friß, Landsmann, armer Hund; wie das verhungert aussieht! Ich kann's noch wohl bezahlen, nimm den Wein und trink auf mein Wohlsein.

Fortunat.

Ich dank' Euch, ich wünsche aber von meinem Eigenen zu zehren, und wenn Ihr nachher mein Gast sein wollt, so können wir auf mein und Euer Wohlsein trinken. — Besorgt mir, Herr Wirth, warum ich gebeten habe.

Matthias.

Sprichst du doch, als wärst du der König von Arragon, der incognito reist, und dessen Tochter jezt an den Herzog von Bretagne vermählt wird.

Daniel und andere Diener decken und bringen Gerichte und Wein, Fortunat sezt sich und ißt.

Daniel.

Wünsche Euch gesegnete Mahlzeit, am Appetite fehlt es nicht.

Matthias.

Seht, Wirth, was das die Gerichte zusammen zu fressen versteht! gewiß ein reisender Altgesell aus Schlaraffenland, denn mit der Virtuosität hab' ich's noch nie gesehn. Ich schwöre, der Kerl frißt hier sein Meisterstück, um sich dann auf eigne Hand nieder zu lassen. Gelt, wenn die Zunft sich hier privilegiren ließe, sollten Ochsen und Schweine bald nicht mehr zu bezahlen sein? Wunder wär's, wenn das Unwesen nicht schon unterwegs die junge Schonung als Spinat hintergeschluckt hätte.

Fortunat.

Ihr seid launig, sezt Euch, und nehmt mit mir vorlieb, der Wein ist gut.

Matthias.

Seht den Kauz, nun nöthigt er mich, damit ich nachher bezahlen soll.

Fortunat legt ein Goldstück auf den Tisch.

Hier, Herr Wirth, und wenn ich mehr verzehre, wird's auch nicht fehlen.

Wirth.

O Eu'r Gnaden bemühn sich doch nicht, das wird sich ja finden, werde nicht so unreputirlich handeln, vorher von einem so edlen jungen Herrn bezahlt zu nehmen.

Matthias setzt sich zu ihm.

Nun, da wär' ich, junger Gesell; ich speise stark, aber mit Euch kann ich doch nicht in der Wette arbeiten.

Fortunat.

Trinkt von dem guten Wein, vielleicht schmeckt Euch nachher das Essen um so besser.

Matthias.

Sapperment der ist vom allerbesten, den wende ich nur selten an mich. Freund, laßt Euch rathen, da wird Euer Goldstück nicht ausreichen.

Fortunat zeigt eine Handvoll.

Aber doch zwei, drei, oder zwanzig.

Matthias springt auf.

Ei das dich alle Teufel! das hätt' ich nicht in Eu'r Gnaden gesucht! für sich. Mit wem habe ich denn die Ehre zu speisen?

Fortunat.

Ich bin ein reisender Edelmann, der von seinen Leuten und Pferden auf seltsame Art gekommen ist, und sich nachher in der Wildniß verirrt hat. Und wer seid Ihr?

Matthias.

Aufzuwarten der bekannteste Roßhändler hier im Lande. Ich gehe jezt nach Angers, auf die große

Hochzeit, die unser Herzog von Bretagne mit der Erbin von Arragon feiert, und ich wäre schon dort, wenn ich nicht hier vom Waldgrafen aufgehalten würde, mit dem ich wegen einiger Hengste nicht des Handels einig werden kann.

Fortunat.

Sind die Hengste gut?

Matthias.

Arabische Raçe, gnädiger Herr, man hat sie hier zu Lande noch niemals so gut gesehn und es ist nur eine Kleinigkeit, um was ich und der Graf noch aus einander sind, aber ich lasse sie nicht anders.

Fortunat.

Möchtet Ihr sie mir verkaufen, wenn wir einig würden?

Matthias.

Warum nicht? Ich bin im Handel noch ganz frei.

Fortunat.

Was fordert Ihr?

Matthias.

Herr Wirth, Ihr wißt, zweihundert Goldgülden will mir der Graf schon geben, ich verlange aber winkt ihm. zweihundert und funfzig.

Fortunat.

Ihr sollt sie haben, ja sechzig, wenn sie mir nur gewiß bleiben.

Matthias küßt ihm die Hand.

O großer, bester, verehrungswürdigster junger Herr! Gewiß seid Ihr Graf oder Herzog, daß Ihr so großmüthig seid, und mir schwante gleich, daß es mit Euch eine besondere Bewandniß haben müsse, so wie ich Euch nur aus dem Walde kommen sah.

Fortunat.

Zeigt mir doch die Hengste, ob sie mir auch gefallen können.

Matthias.

Sie sind wie aus dem Ei geschält; kommt in den Stall, mein gnädigster Herr. sie gehn ab.

Daniel.

Der Mann hat Geld! das müßte eine Lust sein, bei solchem Herrn zu dienen, dem die Goldstücke so aus der Tasche fallen.

Wirth.

So? hast du Verlangen darnach? Und wer wird's sein? Ein Gaudieb wohl, der ein paar Reisende geplündert hat, und nun auf etliche Tage groß thut, und in Herrlichkeit und Freuden lebt, bis er das alte Bettelhandwerk wieder hervorsuchen muß, oder seinen glorreichen Lebenslauf am Galgen endigt.

Daniel.

Ihr denkt auch gleich das Schlimmste.

Wirth.

Ein Wirth ist immer ein Menschenkenner, man kriegt gar zu viele Gesichter unter Händen; wer ehrlich Geld erwirbt, macht etwas mehr Umstände damit. Der Gesell ist mir verdächtig.

Franz tritt ein.

Franz.

Wo ist der Roßtäuscher?

Wirth.

Im Stall, er wird gleich zurück sein.

Franz.

Der gnädige Graf wird sogleich kommen, er will die Hengste durchaus, und zur Noth noch zehn Goldstücke zulegen.

Wirth.

Schade, denn die Hengste sind schon verkauft.

Franz.

Wie? Was? der Graf wird außer sich sein. An wen denn?

Wirth.

Ist schwer zu sagen; ein fremder Mensch, ein ruppiger Passagier, der zu Fuß, hungrig und ziemlich verlumpt aus dem Walde gekommen ist, hat sie, ohne nur zu dingen, an sich gekauft. Reich scheint der Unbekannte, denn er hat viel Gold bei sich.

Franz.

Ich muß nur schnell meinem Herrn wieder entgegen reiten und ihm die saubre Botschaft bringen. Der wird eine Freude haben. eilt fort.

Wirth.

Ist mir ganz recht, daß der filzige Herr Graf den Verdruß und die Schande erleben muß, daß ihm ein Vagabunde die Hengste vor der Nase wegkauft.

Fortunat und Matthias kommen zurück.

Fortunat.

Ihr seid ein ehrlicher Mann, die Pferde sind das Geld werth.

Matthias.

Ich konnte nicht denken, daß Eu'r Durchlaucht ein so großer Kenner wäre; alles zu wissen und zu verstehn, selbst ohne nur in's Maul zu sehn, das ist was Erstaunliches für einen, der nicht Tag und Nacht mit dem Viehe umgeht.

Fortunat.

Herr Wirth, könnt Ihr mir nun zu Sattel und Zeug und Decken verhelfen? Wißt Ihr vielleicht in der Gegend etliche treue Leute, die mir als Diener folgen möchten! Einen geschickten Schneider muß ich auch zu bekommen suchen.

Wirth.

Zwei Stunden von hier ist ein Sattler auf der Burg des Grafen, der auch Vorrath zu haben pflegt.

Daniel.

Und was Leute betrifft, treue, geschickte, verständige, da laßt mich einen von sein; fremder, unbekannter Herr Prinz, ich habe eine erschreckliche Expektoration, in Eure Dienste zu treten.

Fortunat.

Du gefällst mir, und sollst mich begleiten, wenn dein jeziger Herr nichts dagegen hat.

Daniel.

Meine Zeit ist um, gnädiger Herr; er hat mir nichts zu befehlen, ich bin los und ledig und mein eigner Vater und Mutter.

Wirth.

Und ich bin froh, den Taugenichts los zu werden.

Daniel.

Ei, könnt Ihr mich nicht besser rekommandiren,
so schweigt lieber ganz zu meinem Lobe still.

Der Graf, Franz und Diener treten ein.

Graf.

Wo ist der Unverschämte, der es wagt
Mein Eigenthum, schon abgesprochnen Handel
Mir zu entreißen? Ist er meines Gleichen,
So soll er die Beschimpfung mir vergüten,
Doch ist er unter meinem Stand, so soll er schwer
Gezüchtigt werden für dies Unterfangen!

Matthias.

Mein gnädiger, gestrenger Herr, die Rosse —

Graf.

Du schweigst! und um dein gierig Maul zu stopfen,
Geb' ich dir noch die zwanzig obenein,
Die du gefordert, doch kein Wort nun mehr!
Seid Ihr's, Ihr Wicht, Ihr ärmlicher Gesell,
Der hier in meinem Bann so breit sich macht?
Woher habt Ihr das Gold, mit dem Ihr prahlt?

Fortunat.

Es ist mein rechtgemäßes Eigenthum,
Und das muß jeder glauben, bis ein Kläger
Sich stellt und schwört, daß ich es ihm entrissen.

Graf.

Muß jeder glauben! Seht den Musje Muß!
Mein Herr von Muß, ich werd' Euch gleich beweisen,

Daß man Euch hier die Nase wöhl kann putzen,
Und wenn der Kopf selbst an ihr hängen bliebe.
Ihr Schergen! auf mein Wort, nehmt diesen Kerl,
Den Vagabunden, werft ihn in den Thurm,
In Ketten legt ihn, denn es ist zu glauben,
Daß er wen auf der Straße hat ermordet!

Fortunat wird weggeführt.

Graf.

Den Richter laßt mir kommen zum Verhör!
Hier, Matthies, ist Eu'r Geld; einfält'ger Pinsel,
Ein andermal habt mehr Verstand, mit Mächt'gern
Ist's niemals tauglich, Händel anzufangen:
Um ein Paar Thaler will der dumme Mensch
Sich der Gefahr aussetzen, daß ich ihn
Mit Taxen, Zoll und wie noch schikanire,
Vergißt, daß tausend werth die Protektion
Von einem güt'gen, edlen Herrn, wie ich!
Jezt geht, seid froh, daß Ihr so durch mir schlüpft.

Matthias.

Die Füße küss' ich meinem gnäd'gen Herrn. ab.

Wirth.

Ich dacht' es gleich, mein gnädiger Herr Graf. —

Graf.

Ich will allein sein, mit dem Richter sprechen!

Wirth geht ab.

Daniel.

Nehmt's nicht genau mit unserm armen Schelm,
Er ist ein guter Mensch: bedenkt, Herr Graf,
Ich bin Euch sonst auch nützlich schon gewesen,

Die Grete ist doch damals so gekommen,
Die Liese darf das Maul nun auch nicht aufthun,
Die Lore —

Graf.

Bist besessen? Wollen sehn,
Was sich mit Ehren thun läßt; jezo geh.

Daniel ab.

Der Richter tritt ein.

Richter.

Da wär' ich, Eu'r Gnaden, und habe mich selbst von meinem gewohnten Mittagsschlaf abmüssigen müssen.

Graf.

Dicker, wir müssen schnell einen armen Sünder verhören und zum Tode verurtheilen, der Reisende geplündert und ermordet, und das gestohlne Gut bei sich hat.

Richter.

Aha! ein schöner Casus! ist lange nicht vorgekommen. Gehört der saubre Vogel gewiß zu der großen Bande, die damals vor einigen und zwanzig Jahren die ganze Gegend hier herum unsicher machte.

Graf.

Macht das Verhör nur kurz, denn die Sache wird sich wohl klar ergeben. Es ist besser, als wenn der Kerl nachher noch in weiter Welt herum läuft, räsonnirt und unnütze Reden führt.

Richter.

Recht, gnädiger Herr, wie vor einigen Jahren der

saubre Vogel, der, weil er unschuldig war, und wir so gutherzig dachten, ihn laufen zu lassen, uns einen Blam zehn Meilen in die Runde gemacht. Ich kam die letzte Kirchweih da an der See hinunter; glaube der gnädige Herr nur, es ist nicht übertrieben, auch da kannte man mich durch das Renommé, und daran ist bloß die einzige Geschichte Schuld. Ist dieser auch so ein superkluger, feiner, witziger und spitziger Gesell, so wollen wir die Sache kürzer und sichrer nehmen. Er soll gestehn und damit gut. gehn ab.

Dritte Scene.

Gefängniß.

Fortunat in Fesseln.

So bin wieder meinem Tode nahe,
Und habe noch in keinem Augenblick
Des ganzen, langen Lebens klug gehandelt.
Warum, Verblendeter, erflehtest du
Von jener hohen Göttin Weisheit nicht?
Jezt sag' ich mir, ja jezt, da es zu spät,
Daß es nur kindsche Unbesonnenheit,
Nur Vorwitz war und eitle Prahlerei,
Die Rosse anzufeilschen: waren keine
Sonst in der ganzen weiten Welt als diese?
Es brannte dir das ungewohnte Geld
In deiner Tasche; Pferde, Hunde, Jagd,
Bediente, Falken, war dein erstes Denken,

Noch ehe du den Hunger selbst gestillt,
Und reiztest drum die Willkühr des Gewalt'gen,
Der ohne Recht und Billigkeit dir droht,
Sich deines Schatzes zu bemeistern. Alles
Was ich besaß hat man mir abgenommen,
Den Dolch, das Gold und jenen Zaubersäckel;
Der einz'ge Trost ist nur, daß wenn ich sterbe,
Auch dieser keinem andern frommt, denn so
Verhieß die Güt'ge, daß er nur sich fülle
So lange ich, der Mein'gen einer lebt.
Vielleicht kann ich mein Leben noch erbetteln,
Wenn ich das Gold weggebe; doch kein Wort
Von jenem Zauber komm' aus meinem Munde,
Wenn es die Gierigen nicht schon entdeckt.

Der Graf und der Richter treten ein, sie setzen sich, Schergen umher.

Richter.

Tritt vor, Malefikant! Wie heißest du?

Fortunat.

Weil Ihr es wissen wollet: Fortunat.

Richter.

Der wahre Name eines Teufelsbanners,
Fortunatus ist Faustus gleichbedeutend,
Erinnr' ich mich aus der Grammatik noch.
Nur her, mein Faust, der Ihr es faustdick hinter
Den Ohren habt; wo seid Ihr denn geboren?

Fortunat.

Auf einer Insel, die man Cypern nennt.

Richter.

Hoho! Nur keinen dummen Spaß getrieben!
Mein Freund, Ihr wißt doch wohl, vor wem Ihr steht?
Herr Graf: aus Cypern sagt der Haselant;
Wir haben wohl zu Haus 'ne Cyperkatze,
Von Cypermenschen hab' ich nie gehört.

Graf.

Gleichviel woher er stammt, kommt jezt zur Sache.

Richter.

Sehr wahr! Gleichviel, 'mein Freund, woher Ihr stammt,
Will sagen abstammt, doch wo Ihr nun bald
Hinan Euch stammen sollt zum Galgenstamm,
Das ist die Sache, drum schnell raus damit:
Wer war der Herr, den Ihr zuletzt ermordet?

Fortunat.

Unschuldig bin ich, habe nie gemordet.

Richter.

O dummer Kerl, ei so gesteht's doch nur,
Wir wissen ja im voraus Alles schon,
Drum laßt Euch in der Güte nur bereden;
Denn, Freund, wir haben hier, Ihr denkt's wohl nicht,
Gar liebe saubere Tortur-Anstalten,
Da schraubt und kneift und drückt und zieht man Euch
So lange, bis die Wahrheit wie ein Draht
Künstlich aus Euch herausgefördert ist.

Fortunat.

Soll ich gestehn, was ich niemals beging?

Richter.

Stellt Euch doch nicht so dumm, nehmt doch Vernunft an,
Laßt Euch still weg in Lieb' und Güte hängen,
Und zwingt uns nicht zu harten Prozeduren.
Man hat da einen Dolch bei Euch gefunden.

Graf.

Weist nach, wie solch ein Mensch, der arm nur scheint,
Fremd ist, weit her, zu den sechshundert Nobeln
Gekommen ist: doch könnt Ihr das nicht thun,
Nicht Bürgen stellen, Leute, die Euch kennen,
So seid Ihr auch ein Dieb, ein Räuber, Mörder.

Richter.

Sehr schön gesagt! Nun, seht Ihr's noch nicht ein?
Mein Seel', das nenn' ich einen harten Kopf!
Das heißt Vernunft recht in die Wüste pred'gen.

Fortunat.

Mein gnädiger Herr Graf, gestrenger Herr,
Ich bin ein armer Edelmann aus Cypern,
Ich diente ehemals dem Graf in Flandern,
Reichlich beschenkt zog ich durch Frankreich hin,
Da nahmen Räuber Pferd mir und Vermögen,
Verarmt gerieth ich in dies Waldgehege,
Verirrte mich und schmachtete drei Tage,
Als ich heraustrat fand ich diese Münzen,
Mit denen ich mich reich und vornehm dünkte,
Und so nach Flandern dachte hinzuziehn.

Graf.

Verruchter Bösewicht! Du wagtest es
Mein Eigenthum zu rauben? denn gewiß

Ist dir bewußt, daß Alles, was im Zirk
Des Walds sich findet, mein mit Recht gehört?

Fortunat.

Verzeiht, Gestrenger, der Unwissenheit,
Ich kannte nicht die Rechte dieses Banns.

Richter.

Doch jezo kennt ihr sie und habt's gehört,
Und drum hilft nun auch kein Entschuld'gen mehr.
Herr Graf, so gar entsetzlich, gräulich schlimm,
Wie wir's erst dachten, scheint es nicht zu sein,
Drum mein' ich, daß wir sonstens ihn verschonen,
Ich trage drum auf simples Hängen an.

Fortunat.

Ich appellir' in Demuth an Eu'r Gnaden,
Ich seh' es ein, verfallen ist mit Recht,
Was ich im Irrthum mein genannt, vergönnt
Arm wie ich war dies Land hier zu verlassen,
Und gebt mir nur das Meinige zurück.

Graf.

Ich will mal güt'ger sein als du verdienst.
Dein Leben sei geschenkt; lößt seine Ketten.

Fortunat.

Mein ew'ger Dank dem edlen gnäd'gen Herrn.

Richter.

Und hier ist auch das Dein'ge, wie du's nennst,
Ein alter Dolch, gut Käse mit zu schneiden,
Ein Lederbeutel, kostbar anzuschaun,
Vielleicht ein seltnes pretium affectionis
Vom Weibe eines bankerotten Täschners;

Nu, nu, sei nur nicht bang, nehm' nichts heraus,
Man fühlt von außen schon, daß nichts dadrinn,
Gerade wie mit deinem leeren Kopf.

Fortunat.

Die gnädige Gesinnung meines Herrn
Macht mich zum Vortrag neuer Bitte kühn:
Dem Wirthe hier bin ich für meine Mahlzeit
Noch schuldig, und mir bleibt, Ihr wißt es — nichts — —

Graf.

Auch dies will ich für dich berichtigen.

Fortunat.

Mein Leblang schließ ich Euch in mein Gebet.

geht ab.

Richter.

So frißt solch fremd Gesindel sich doch immer
Auf andrer Leute Kosten durch das Land.

alle gehn ab.

Vierte Scene.

Zimmer.

Wirth. Daniel.

Wirth.

Nichts! Nichts! Du hast einmal deinen Abschied.

Daniel.

Es war aber so böse nicht gemeint.

Wirth.

Ich bin es nicht gewohnt, mir von meinen Leuten den Stuhl vor die Thür setzen zu lassen, auch bist du zu nichts zu gebrauchen, faul, gefräßig, näschig.

Daniel.

Ich will mich bessern, wenn's sein muß.

Wirth.

Da siehst du es nun mit deinem Bettelprinzen, bei dem du im Himmel zu leben dachtest, über die Grenze haben sie den Landstreicher geführt, und er muß Gott danken, daß er noch so davon gekommen ist.

Daniel.

Also es bleibt dabei, wir bleiben beisammen?

Wirth.

Nein, mein gutes Stück Esel. Mache daß du fort kömmst.

Daniel.

Ihr werdet sehn, was Ihr zu verantworten habt. Ich laufe mein Seel aus Desperation in die Stadt hinein, und suche mir dann den allerbesten Dienst in der ganzen Welt, und dann habt Ihr's Nachsehn, dann schreit Ihr weit weit über das Feld nach Eurem Daniel, und wer dann funfzig Meilen von hier sitzt und Euch wacker auslacht, der bin ich!

Wirth.

Jezt geh gleich, Narr, oder —

Daniel.

Adieu, adieu, wir wollen im Guten auseinander;

braucht mich nicht wie einen Spaz vom Vogelleim los- zureißen, sacht geh' ich ab. ab.

Franz kömmt.

Franz.

Bald hätt' ich vergessen, Euch das Geld einzuhändigen, das der Graf mir vor seiner Abreise wegen des armen Sünders von neulich für Euch gegeben hat. Lebt wohl. geht ab.

Wirth.

Zwei Thaler! und die Rechnung betrug sechs. Der Vagabunde war auf meine Unkosten großmüthig, der Graf nahm ihm sein Geld, und giebt mir die zwei Thaler davon statt sechs. Je nun, man muß auf andre gute und verständige Reisende rechnen. Eins muß das andere tragen, sonst käme kein Mensch in der Welt zurecht. geht ab.

Fünfte Scene.

Platz in Angers.

Fortunat, in prächtigen Kleidern; Diener, die ihn begleiten.

Fortunat.

Entronnen war ich glücklich dem Verderben,
Nun gilt's, den Kopf nicht wieder zu verlieren.
Seh' ich so viele doch mit Geld und Gut,
Vornehmen Stands, die ohne Anstrengung
In Sicherheit und Freude leben können:
Auch hat mir das bei Fürsten wohlgefallen,

Daß sie den Kanzler, einen alten Rath,
Der Jahr', Erfahrung, Kenntniß hat und Witz,
Für sich regieren lassen, und in jedem Fall,
Sei er auch dringend und gefährlich immer,
Den besten Rath, die sichre Hülfe finden.
Da trat zu unsrer Tafel gestern ein
Ein Mann gesetzten Alters, der uns bat
Ihm beizusteuern, daß zum Vaterland
Er wiederkehren könne; viel gewandert
Ist er im Orient, durch ganz Europa,
Hat vielerlei erlebt, vielleicht daß er
Mein Rath, mein Helfer wird auf meinen Reisen. —
Sprachst, du da: jenen Herrn aus Irland? he!

Diener.

Er wird in Kurzem, gnäd'ger Herr, erscheinen.

Fortunat.

Bleib' einer hier, wenn der Irländer kömmt,
Daß er ein wenig warte, ich indeß
Will jezt das neue Roß zur Probe reiten.

ab mit Gefolge.

Der Graf vom Walde tritt auf. Ritter Balthasar.

Graf.

Ja, Ritter Balthasar, mein gnäd'ger Herr
Der Herzog hat nach Euch gefragt, gerühmt
Eu'r tapfres Thun, er wird Euch gern befördern,
Wenn wieder Krieg entsteht.

Ritter.

Viel Dank, Herr Graf,

Daß Ihr Euch so bemüht. Ihr macht ihm Ehre
Und ziehet diesesmal gar prächtig auf.

Graf.

Ja, Bruder, das ist wunderlich gekommen.
Ich war in Noth, mehr als in meinem Leben,
Da schickte mir der Himmel unverhofft
Zur rechten Zeit sechshundert Rosenobel,
Nicht aufgeborgt, die ich guten Gewissens
Verzehren darf, und gnädig wird's vermerkt
Vom Herzog, der es mir wohl mal gedenkt.
Sagt doch, kennt Ihr den fremden jungen Herrn,
Der prächt'ger aufzieht hier, wie einer sonst?

Ritter.

Man sagt, er sei ein italiän'scher Graf.
Da kömmt er wieder her mit dem Gefolge.

Fortunat mit seinem Gefolge.

Graf.

Verzeiht mir, edler Herr, die dreiste Frage,
Ich höre, daß Ihr aus Italien seid,
Vielleicht habt Ihr von einem Umfrevile
Gehört, der in Turin gefangen saß,
Und der sich klug aus seinen Eisen brach,
Auf sonderbare Art entfloh; ich kenn' ihn,
Und wüßte gern, was nun aus ihm geworden.

Fortunat.

Gern dient' ich meinem Herrn mit sichrer Nachricht,
Allein ich bin seit lange schon aus Welschland
Und komme kürzlich nur von Irland her.

Graf.

Vergebt der Neugier, ich empfehl' mich Euch.

Fortunat.

Mein Stolz, wenn ich Euch irgend dienen könnte.

Graf und Ritter gehn ab.

Matthias tritt auf.

Matthias.

Nichts also, mein gnädiger Herr, von meiner Waare Euch anständig?

Fortunat.

Ich bin versorgt mit Rossen, mein Guter; auch scheint's, Ihr habt die besten verkauft, denn die Euch noch übrig geblieben, sind nicht sonderlich.

Matthias.

Im Grunde wahr, Herr Graf: o ich hatte drei Hengste von arabischer Zucht, die hätt' ich solchem edlen Herrn präsentiren mögen, aber die hab' ich leider unter dem Preise an einen filzigen Großthuer losschlagen müssen, der mir zwar nichts helfen, doch gewiß viel schaden könnte. Ein andermal, gnädigster Herr Graf, nicht?

Fortunat.

Es wird sich finden. Matthias ab. Keiner kennt mich und ich bin nun dreist geworden; am ersten Tage setzten mich diese Gesichter in Verlegenheit. Da ist auch noch der Bursche aus der Schenke, der immer um mich herstreicht und mich allenthalben aufsucht.

Daniel kömmt.

Daniel.

Nehmt's nicht übel, Gnaden, seid Ihr's, oder seid Ihr's nicht?

Fortunat.

Wer soll ich denn sein, thörichter Mensch.

Daniel.

Je, natürlich, seid Ihr's! Nun, das freut mich, daß ich Euch gefunden habe.

Fortunat.

Ich kenne dich nicht, Bursch. Wer bist du denn?

Daniel.

Je, Ihr wißt's ja, Ihr seid ja der Malefikant, der damals bei uns war, der mich in seine Dienste genommen hatte und nachher ins Gefängniß kam.

Fortunat.

Unverschämter! gleich werd' ich deiner groben Zunge Einhalt thun lassen!

Daniel.

Nehmt's nicht übel, gnäd'ger Herr, Ihr habt im Grunde Recht, und ich habe es auch schon gedacht, daß Ihr es nicht sein könnt, denn dem armen Schelm haben sie ja alles bis auf den letzten Pfennig abgenommen; Ihr müßtet ja ein Hexenmeister sein, wenn Ihr mit einem Male wieder so reich sein solltet: aber nehmt mich in Eure Dienste, bester, edelster Herr; seht, ich habe damals auch für Euch vorgebeten, als Ihr so in Noth wart, Ihr wißt ja wohl.

Fortunat.

Ich glaube, der Mensch ist unsinnig.

Daniel.

O nichts für ungut, mein Herr Graf, daß ich immer wieder in die Dummheit verfalle, aber wahrhaftig, es giebt so Aehnlichkeiten, Ihr solltet den andern guten Menschen nur selber sehn, und Ihr würdet Euch mit ihm verwechseln.

Fortunat.

So bleibe, du wunderlicher Gesell, in meinem Gefolge; aber ich gebiete dir bei meinem Zorn, laß diese albernen Reden. Nehm' einer von Euch ihn mit, und gebt ihm die Livree.

Daniel.

Ha ha! Herr Wirth! Ist's nun nicht gekommen, wie ich sagte, alter Hasenfuß?

geht mit einigen ab.

Leopold kömmt.

Leopold.

Ihr habt mich sprechen wollen, gnäd'ger Herr?

Fortunat.

Ihr seid ein vielgereister Mann, mein Herr,
Ihr kennt, so scheint's, die Länder, ihre Sitten,
Die Sprachen, habt wohl manches überstanden,
Und wißt Euch drum in Fährlichkeit zu finden;
Da nun mein Sinn zu fremden Ländern steht,
Wünsch' ich mir solchen Mann in mein Gefolge
Als Freund und Rath; nehmt Ihr den Vorschlag an,
Stehn Euch zwei Ross', zwei Diener zu Gebot;

Ihr selber sollt mein' Freund, nicht Diener sein,
Auch was Ihr irgend braucht, gewähr' ich Euch,
Und sind wir heimgekehrt, Gut und Vermögen,
Daß Ihr dann Euer Alter pflegen könnt.

Leopold.

Dies gût'ge Anerbieten, gnäd'ger Herr,
So sehr es alle Hoffnung übersteigt,
Die ich je hegen konnte, zwingt mich doch
An zweierlei Euch zu erinnern. Reisen,
So weit, wie Ihr es wünscht, mit reichem Zuge,
Macht große Kosten, mehr, als Ihr wohl denkt,
Zwar kenn' ich manches Land und seine Sprache,
Doch wenn in ferner Gegend uns die Mittel
Ermangelten, dafür wüßt' ich nicht Rath.

Fortunat.

Deshalb seid unbesorgt, rechnet das Höchste
Was wir nur brauchen, doppelt diese Summe
Soll uns nicht fehlen. Nun der zweite Einwurf.

Leopold.

Durch Hülfe gût'ger Herrn, vorzüglich Eure,
Bin ich ansehnlich jüngstens erst beschenkt,
Und wollt' nach Irland zu den Meinigen.
Sie haben lange nicht von mir gehört,
Sie sind von Noth bedrängt, so muß ich fürchten,
Wie könnt' ich jezt, der Heimath schon genähert,
Von neuem mich auf lange Zeit entfernen,
Und sie in Sorg' und Kummer dort verlassen?

Fortunat.

So wollen wir nach Irland erst hinüber,
Versorgen Frau und Kind und Anverwandte,

Denn fest beschlossen ists, Ihr bleibt bei mir.
Gleich wollen wir nach Schiffen uns erkund'gen,
Und lieber heute noch als morgen fahren.
Kommt, theurer Freund, um alles einzurichten.

alle gehn ab.

Sechste Scene.

Kreuzgang eines Klosters.

Pater Ambrosius. Pater Placidus.

Ambrosius.

Heut ist unser gnäd'ger Herr Abt wieder einmal wenig aufgeräumt.

Placidus.

O Freund, ein böses Gestirn hat mich zu meiner Buße hieher versetzt; wie hatte ich es so gut in meinem vorigen Kloster, freundliche Vorgesetzte, wenig wurde die Strenge der Regel beobachtet, eine schöne Gegend, viel Freiheit und Spazierstunden; da führt mich der böse Geist in dieses Land voll Melankolie, Unzufriedenheit, Hunger und Kummer.

Ambrosius.

Ja, wir müssen es empfinden, daß wir das Fegefeuer des heiligen Patricius in unsrer Nähe haben, die armen Seelen dort werden nicht mehr gemartert als wir.

Placidus.

Wenn man nur wenigstens Wein hätte, um die Sorgen etwas zu zerstreuen, aber das schaale, traurige

Bier, die strengen Fasten, der Gehorsam, der mürrische, scheinheilige Abt, alles ist zum Verzweifeln.

Ambrosius.

Ist doch kaum so viel Wein da, als die Messe bedarf. Der Wein ist hier zu Lande theuer, und der gnädige Herr verschreibt nur selten.

Placidus.

O Irland! Irland! du trauriges, finstres Land! Und diese Gegend hier ist gewiß die unglückseligste der ganzen Insel.

Ambrosius.

Warum habt Ihr aber auch im vorigen Kloster so wilde Streiche gemacht, daß sie Euch zur Strafe hieher setzten? Und wie müssen wir erst klagen, die wir ohne alle Vergehungen hier ein so strenges Leben führen müssen?

Placidus.

Richtet Euch so ein, daß Ihr Eure künftigen Sünden hier im voraus abbüßt.

Bruder Marcus kömmt.

Marcus.

Wo ist der Herr Abt?

Placidus.

Er wandelt drüben im Garten; was giebt es denn?

Marcus.

Pilgrimme, die das Fegefeuer besuchen wollen, vornehme, reiche Leute. schnell ab.

Ambrosius.

Könnt Ihr's begreifen, daß sich immer noch zu Zeiten

Menschen finden, die da hinten in den finstern Löchern herum kriechen mögen?

Placidus.

Einer thut's dem andern nach, um doch sagen zu können, er sei dort gewesen.

Ambrosius.

Lange schon hat's uns an Besuch gefehlt. Wenn sie reich sind, werden sie gewiß gut aufgenommen werden.

Der Abt, Fortunat, Leopold, Diener, Mönche.

Abt.

Gesegnet sei der Gang in diese Hallen,
Das fromme Herz, der tief gerührte Sinn,
Die demuthsvoll zum Haus des Herren wandeln,
Zu schauen seine Unbegreiflichkeit.

Fortunat.

Ihr nehmt uns wohl, ehrwürdiger Herr Abt,
Auf einen Tag in Euern Mauern auf.

Abt.

Es ist dies arme Häuslein hochgeehrt,
Daß es herbergen darf den Wohlthäter,
Der Armen Vater, der so viel uns lieh.
He! Pater Kellermeister! schafft den Wein,
Zwei große Fässer sinds, die der Herr Graf
Uns gnädigst hat verliehn, in Eure Keller:
Die Wohlthat zwingt zu hoher Dankbarkeit,
Da selten hier der Trank des Rebenstocks.
Für dies und alles andre was ihr gabt
Soll stets inbrünstiges Gebet von uns
Für Euer Wohl zum Thron des Himmels steigen.

Fortunat.

Ich bin schon viel gereist, und hörte oft
Von Sanct Patricius Fegefeuer reden,
Sagt mir, Herr Abt, wie ist's um diese Sache?

Abt.

In dieser rauhen Gegend, edler Herr,
Die rings von Felsen starrt und Tannenwäldern,
Lehrte zur Zeit, als hier noch Heiden wohnten,
Ein frommer, heil'ger Mann, Patricius.
Andächtig betend und im tiefen Sinnen
Verlor er sich im Wandeln bis hieher,
Wo vieler Höhlen unterird'sche Gänge
Sich weit verbreiten, hoch und niedrig bald;
Da hört er Windessausen und Geheul,
Furchtbarer Stimmen Klageton und Winseln,
Ein schrecklich Aechzen und dazwischen Lachen,
Und wie er betet, fällt von seinen Sinnen
Der ird'sche Schleier, und auf seine Fragen
Wird ihm die Antwort von gequälten Seelen,
Daß sie allhier von Schuld gereinigt werden.
Seitdem ward hier vom heil'gen Mann der Platz
Für eines Kirchleins Gottesdienst geweiht;
Dann hat man dieses Kloster aufgebaut,
Und hinter unserm Altar in der Kirche
Ist eine Thür, die in die Höhlen führt,
Wo fremde Pilger oft, die dort hineingehn,
Seltsam Geheul und Brausen, Klageton
Der armen Seelen immer noch vernehmen:
Und dies ist Sanct Patricii Fegefeuer.

Fortunat.

Führt uns alsbald dorthin, ehrwürd'ger Herr,

Mich, meinen Freund, denn dazu kommen wir
Aus ferner Gegend her in diese Oede.

Abt.

Geruht vorher noch Messe zu vernehmen,
Geht dann gestärkt zur Dunkelheit hinein.

alle gehn ab.

Siebente Scene.

Refectorium.

Ambrosius, Placidus, Marcus, andre Mönche, welche trinken.

Placidus.

Auf die Gesundheit unsers Wohlthäters!

Ambrosius.

Ein wackrer, edler Herr.

Marcus.

Dies edle Getränk haben wir lange nicht über die Zunge gebracht, diese liebliche Gabe des Himmels.

Ambrosius.

Und wie freundlich unser Herr Abt geworden ist, daß er es uns Armen auch gönnt.

Placidus.

Nun, Brüder, laßt uns einmal wie Menschen leben, stimmt alle mit mir aus voller Kehle das herrliche Lied an: mihi est propositum.

Marcus.

Sacht, Bruder, das Ding laßt hier bleiben, wenn Euch der weltliche Hafer wieder sticht, werdet Ihr sehn —

Placidus.

Nun? Was könnte mir denn geschehn? An einen noch schlimmern Ort wüßte mich doch zur Strafe kein Mensch hinzubringen.

Ambrosius.

Laßt's gut sein, wenn Euer letzter Convent nicht unten das Gefängniß sein soll. Hütet Euch, ein solcher stiller Einsiedler zu werden.

Placidus.

Wo ich doch wenigstens singen dürfte.

Der Abt kömmt mit Gefolge.

Abt.

Um Gotteswillen, Freunde, wo ist der Pater Pförtner?

Marcus.

Hier, gnädiger Herr Abt. Was soll's?

Abt.

Die beiden fremden Herrn sind noch aus den unglücklichen Höhlen nicht heraus, wir rufen hinein, alles schreit, keine Antwort; wenn sie umgekommen sind, wenn sie in unterirdische Gruben fallen, heiliger Gott, wie entsetzlich! drum, Bruder Marcus, geht, eilt zu dem Manne, der im vorigen Jahr diese unterirdischen Löcher ausmessen wollte und sich so weit hinein gewagt hat, er weiß dort noch am meisten Bescheid, vielleicht findet er sie noch wieder; von uns getraut sich kein Mensch hinein.

Marcus.

Ich hole ihn, er muß Seile und Lichter mitnehmen.

geht ab.

Abt.

Schon so lange sind sie drinn! Niemand kömmt mehr zu uns, den heiligen Ort zu besuchen, wenn ein so erschreckliches Unglück uns begegnen sollte. Und gerade ein so vornehmer, reicher, edler Herr! Ich mag es nicht denken, so fürchterlich. Kommt, kommt, Brüder, alle zum Gebet und glücklichen Ausgang in die Kirche.

alle gehn ab.

Achte Scene.

Unterirdische Gänge. Finsterniß.

Fortunat. Leopold.

Fortunat.

Mein Leopold, bist du in meiner Nähe?

Leopold.

Ja, edler Herr, ganz nah an Eurer Seite.

Fortunat.

Wie geht es dir, mein guter treuer Freund?

Leopold.

Recht tief um Euch bekümmert, lieber Herr.

Fortunat.

In dieser wüsten, schreckenvollen Nacht,
Wo sich kein Ausgang beut und keine Hülfe,

Kein Mensch uns hört, weit in das Labirinth
Der unterird'schen feuchten Höhlungen
Verirrt, hier, Freund, hier sollen wir verschmachten,
Und nie das Licht des Tages wieder grüßen?

Leopold.

Wir haben uns zu weit hineingewagt,
Ihr seid zu kühn, es kennt Eu'r starkes Herz
Nicht Furcht und Vorsicht, und nun muß ich klagen,
Daß ich Euch hier mit Rath nicht nutzen kann,
Euch keine Hülfe hier gewähren, daß
Der Edelste, der Freundlichste der Menschen,
Der meinem Weib und meinen Kindern hülfreich
Und gütig war, der alle reich gemacht,
Für den ich Blut und Leben möchte opfern,
Daß er in frischer Jugend hier vergessen,
Verschmachtet, hier begraben bleibt auf ewig.

Fortunat.

Ja, schrecklich! schrecklich! welche schwache Neugier
Trieb mich in dieses höllische Geklüft?
Sehr bald erloschen uns die Lichter, bald
Verscholl der Mönche Singen fern und ferner,
Ein dumpfer Hauch wie Tod zog uns entgegen,
Trübsel'ge Einsamkeit lag vor uns da:
Was haben wir gesehn und was gehört?
Ein Windessausen, das der Strom der Luft
Durch diese vielverschlungnen Höhlen weht,
Oft klang's wie höhnend zischendes Gelächter,
Daß sich ein Thor in dieses Grab gebettet.
Mein Leopold, geh nochmals in die Ferne,
Und rufe laut, vielleicht vernimmt man dich.

Leopold.

Wenn ich die Richtung nur behalten hätte,
So komm' ich wohl dem Kloster immer ferner.

er geht, man hört ihn nachher fern rufen.

Fortunat.

Bisher konnt' ich noch stets von Unglück sagen,
Wenn mich mein leichter Sinn in Thorheit führte:
Der Graf von Flandern wollte mich beschimpfen,
In London ward von Weibern ich betrogen
Und falschen Freunden, wie so oft geschieht,
Nur Unglück war es, was mich in den Sturz
Des Hieronimus verwickelte;
Auch war's allein nicht Unbesonnenheit
Die mich zum Kerker des Waldgrafen führte:
Doch das, was mich auf diesen Stein gesetzt,
Ist nur mein eigner dumpfer, schwacher Sinn.
Nun hilf dir, Thor! Was nützt dir nun dein Säckel?
In diese finstern Todeskammern mag
Selbst niemals nicht die heitre Göttin dringen. —
Mein Leopold! o weh, er ist versunken, —
Weit ab verirrt — und jeder stirbt dann einzeln,
Selbst ohne Freundestrost in letzter Stunde —
Mein Leopold! — Auch ihn stürzt' ich dem Tode
In seinen grausenvollen Schlund hinein!
He! Leopold!

Leopold ganz fern.

Herr Graf!

Fortunat.

Ha! ha! Herr Graf!
Ich möchte rund um diese Felsenkeller

Ein wildes höhnendes Gelächter senden,
Daß ich so reich bin, daß ich Graf mich nenne,
Daß ich in meiner letzten Stunde noch
Ein Grabmal mir von Gold aufthürmen kann.
Herauf! ihr Seelen, wenn in Feuerschlünden,
In Seen von kristallnem Frost ihr heult,
Herauf aus eurem grimmen Bett der Schmerzen,
Mit euch zu nehmen den Verzweifelnden,
Der gleich sein Hirn an diesen Felsenkanten
Ausschmettern wird, daß nur der Geier Hunger
Ihn nicht von innen schaudervoll verzehrt.

Leopold kömmt zurück.

Geduldet Euch mein lieber, guter Herr,
Nur nicht verzweifeln, sammelt Eure Seele,
Laßt nicht dem bösen Feinde so Gewalt.
Als ich dort unten, ganz dahinten war,
Da dünkte mir, als wenn aus fernster Ferne
Ein ganz verlornes Schimmerlein aufblickte,
Wie Widerschein von Widerschein, daß kaum
Die schwarze Nacht davon durchäugelt ward:
Entweder ist es Licht von Menschen, uns
Zu suchen, oder ferner Schein des Tages,
Darum seid muthig, denn noch leben wir;
So lang wir leben, sollen wir auch hoffen.

Fortunat.

Wohl hast du Recht, mein guter Leopold.
Sieh, ist es Traum, ist's Blendung meines Auges,
Ist's wirklich, daß ein Glanz dort unten sprüht
Und rings die feuchten Felsen schnell umleuchtet?
Ja, Lichter seh' ich, Stimmen hör' ich auch!

Das sind vielleicht die Wunder dieser Höhle,
Die irren Geister in der Quaal hier unten.

Leopold.

Nein, es sind Menschen, Herr; hieher! hieher!
Sie suchen uns, laßt uns entgegen gehn.

Fortunat.

So war der böse Traum denn auch vorüber.

Der Abt, Marcus, Michael, Daniel, Diener.

Abt.

Gottlob! da seid Ihr, liebster Herr! Was wir uns um Euch geängstigt haben! Dieser gute Meister Michael unternahm es endlich, Euch vermittelst Seile und Faden wieder heraus zu winden.

Daniel.

Hübsch gegrüßt am Tageslicht, mein Herr, das noch nicht da ist! Willkommen hier in der dunkeln Finsterniß!

Fortunat.

Nur wer so lebendig eingegraben lag, und an Hülfe und Rettung verzweifelte, kann fühlen, mit welchem Dank sich das Herz zum Himmel erhebt; darum laßt uns in die Kirche eilen, und an geweihter Stätte, mein Leopold, wollen wir unser gerührtes Herz dem darbringen, dessen Auge uns auch in diesen Gewölben zu finden wußte.

Abt.

Ihr seid in allen Dingen ehrwürdig und löblicher Gesinnung, edler Herr.

Fortunat.

Dann soll dieser Meister Michael mit meinem Dank eine ansehnliche Belohnung empfangen, da wir ihm unser Leben schuldig sind. — Kommt, Herr Abt; aber das versichr' ich Euch, weder des Patricius noch ein andres Fegefeuer wird von mir wieder besucht, ehe nicht meine Seele selbst hingesandt wird, um mit andern Gebrechen und Thorheiten auch diese abzubüßen, daß ich hier hineingegangen war.

alle gehn ab.

Vierter Akt.

Erste Scene.

Straße in Constantinopel.

Volksgedränge.

1. Mann.

Seit Constantinopel steht, ist wohl noch nicht solches Gedränge in den Straßen gewesen.

2. Mann.

Wo hinaus, Mann? Sieht er denn nicht, daß er hier nicht durchkommen kann? Die Leute sind doch wie das liebe Vieh.

3. Mann.

Ihr könnt doch wohl etwas Platz machen. Und warum sagt Ihr liebes Vieh? Ihr seid wohl aus der Familie.

1. Frau.

Seht doch den Angstmenschen! Aus der Familie! Und das leidest du auch so, dummer Mann? Kannst ihm keine Antwort geben, Schaafsgehirn?

2. Mann.

Am besten sich mit solchem Pöbel nicht einzulassen.

3. Mann.

Pöbel! So'n Kerl mit seinem lieben Vieh will von

Pöbel sprechen! Weiß Er, wen Er vor sich hat? Ich bin der Tafeldecker beim Gastwirth zur goldnen Traube.

1. Frau.

Da haben wirs! Tafeldecker, Bedienter! Povrer Mensch, mein Mann ist Bürger und Viehmäster.

3. Mann.

Seht doch die große Charge!

1. Frau.

Kurz und gut, andre wollen auch die Krönung des jungen Kaisers mit ansehn, die Decken sind schon gelegt, der Thronhimmel ist schon abbrettirt, die Noppelgarden stehn schon parat, gleich muß der Zug vor sich gehn.

Alexis, Isidore, Wasmuth und Helena kommen.

Alexis.

Macht uns ein wenig Platz, liebe Leute.

1. Frau.

Nun, wollt Ihr denn etwa mit Eurer Koppel durch unsern Leib marschiren, junger Mensch?

Isidore.

Wir hätten zu Hause bleiben sollen, Alexis.

1. Frau.

Ja, guter Alexis, ja, Ihr brauchtet hier mit Euren Ellenbogen nicht so um Euch zu stoßen, um Eurer Trödelwaare Platz zu machen.

Helena.

Trödelwaare? O, liebe Frau, nur nicht so hoffärtig, ich habe Euch gekannt, als Ihr noch schlechter aufzogt als wir, dankt Gott, daß Ihr ein bischen zu Glück gekommen seid.

1. Frau.

Noch schlechter? Ei Gott im Himmel sollte doch jeden Christenmenschen vor solcher Schande bewahren! So in lauter Fetzen bin ich in meinem Leben noch nicht gegangen.

Isidore.

Komm, Alexis, wir wollen nach Hause.

Alexis.

Weine nicht, Isidore, sei zu stolz, dich von diesem Pöbel betrüben zu lassen.

1. Frau.

Pöbel? O nun wird mir übel. Ich merke, das Wort ist mit den neuen genuesischen Schiffen aus der italiänischen Lombardei herüber gekommen.

Wasmuth.

Seid ruhig, Frau, Ihr habt ein zu großes Maul.

Abel tritt auf.

Abel.

Platz da! Platz! Mauert Euch nur nicht in meine Thür hinein, weg da, Ihr verhindert mein Gewerbe.

1. Frau.

Geht aus dem Fenster oder Schornstein, wenn Ihr nicht aus der Thüre könnt, hier wird sich kein Mensch drum grämen.

Abel.

Das Volk ist heut wie besoffen und toll, und die Weiber am meisten.

1. Frau.

Besoffen, sagt Ihr, Herr Abel? O ja, wir dürfen Wein trinken. Euch ist er lange verboten gewesen, armer Mensch; nun Ihr Euch zum Christenthum bekehrt habt, ist er Euch wohl noch was Neues und steigt Euch rasch zu Kopfe? Nicht wahr?

Abel.

Unverschämtes Gesindel! Ich werde meine Pferde mit dem Wagen herausjagen, so werdet Ihr wohl Platz machen. schnell in das Haus ab.

1. Mann.

Was sagtet Ihr da, Frau Viehmästerin?

1. Frau.

Es ist ja bekannt, er ist vor etwa zwei Jahren als ein Türke zu uns gekommen, bettelarm und stellte sich so fromm, als wenn er allen Heiligen die Füße abbeißen wollte. So tauften sie ihn denn aus Barmherzigkeit, und etliche Vornehme schossen zusammen, daß er wie ein ehrlicher Mann leben konnte; so fing er an zu wuchern, und hat nun diesen großen Gasthof gekauft, aber Niemand will bei ihm einkehren, weil er die Leute so übermäßig schindet.

2. Frau.

Ganz recht, Gevatterin, und er soll ehedem schon mal ein ordentlicher geborner und getaufter Christ gewesen sein, und sich in der Türkei zu einem reinen Gaten gemacht haben, des Geldes wegen. Abel nennt er sich, aber er sollte Cain heißen, der hochmüthige Spitzbube!

Einige.

Platz! ich höre schon die Musik.

Andre.

Weg, eilt, daß wir noch etwas zu sehn kriegen.

die meisten ab.

Isidore.

Wenn wir zu Hause geblieben wären, hätten wir das nicht erlebt.

Abel kömmt zurück.

Abel.

Noch da, Isidorchen? Seid Ihr denn gar nicht neugierig, mein allerliebstes Kind?

Alexis.

Komm, Liebe, es ist die höchste Zeit.

Abel.

Was der junge Mensch eifersüchtig ist! Wer weiß, ob die junge Einfalt mich doch nicht einmal Euch vorzieht, und ich hätte sie Euch wohl längst weggeheirathet, wenn sie nur eine irgend räsonable Aussteuer hätte, aber sie ist ja ärmer als eine Kirchenmaus.

Isidore.

Zum Heirathen gehören zwei, Herr Abel.

Abel.

Wie schnippisch, und wie hübsch es ihr steht, wenn sie einem so grob begegnet.

Wasmuth.

Herr Abel, Euch steht es auch gut, wenn Euch so grob begegnet wird. Kommt, Frau und Tochter, nun wird mir selber die Zeit lang. gehn.

Abel.

Was solch Lumpengesindel noch hoffärtig sein kann, Volk, das nicht das liebe Brod hat. Aber hübsch ist sie bei alledem. — Was kommt denn da angezogen? Vielleicht Fremde, vielleicht Gäste; es hat ganz den Anschein. Mir wär's schon Recht, denn das verdammte Vorurtheil macht, daß die wenigsten bei mir einkehren, weil ich ein neuer Christ bin, weil man sagt, — ja die verfluchten bigotten abergläubischen Zeiten, wodurch ein ehrlicher Mann in seiner Nahrung gehindert wird.

Fortunat, Leopold kommen.

Fortunat.

Wir sind nun schon die ganze Stadt durchwandert, wir versäumen die Festlichkeiten, und kommen doch nicht unter. Welch Gedränge! Welche Menge Volks! Sieh, hier ist noch ein Gasthof.

Abel.

Befehlen meine gnädigen Herren vielleicht ein Quartier?

Fortunat.

Könnt Ihr uns aushelfen? Seid Ihr vielleicht der Wirth von diesem großen Hause?

Abel.

Unterthänigst aufzuwarten. Ist Euer Gefolge stark?

Fortunat.

Zwölf Pferde und acht Diener.

Abel.

Alles bei mir steht so würdigem Herrn zu Befehl, ich werde gleich Anstalten machen.

Fortunat.

Eile, mein Leopold, zurück und bringe die Leute hieher.

Leopold.

Nachher, Herr Wirth, werd' ich mit Euch des Quartiers, der Bedienung und Speisung wegen rechnen.

geht ab.

Fortunat.

Ich will hineingehn und die Zimmer betrachten.

Abel.

Spaziren der Herr Graf hinein. — Herrlicher Fund! Wenn nur der alte Murrkopf nicht bei ihm wäre! — Hier, edler Herr Graf, treten wir gleich in den großen Saal.

gehn hinein.

Zweite Scene.

Kleine Hütte.

Wasmuth, Helena, Isidore.

Helena.

So giebt es keine Hülfe, keinen Rath und Trost mehr?

Wasmuth.

Unser Elend wächst von Tage zu Tage; nun haben uns die hartherzigen Menschen auch noch unser Handwerkszeug genommen: das nächste ist verhungern.

Helena.

Alle Kleider sind verkauft, wir dürfen uns vor Niemand mehr sehn lassen.

Isidore.

Liebste Eltern, — o Vater, weint nur nicht, — ich will arbeiten, ich will alles thun: Ihr habt mich so lange ernährt und geliebt, es ist nicht zu viel, wenn ich mein Leben für Euch hingebe.

Wasmuth.

Kind, du mein Trost, du meine wohlgerathene Tochter, daß ich dich so muß vergehn sehn in blühender Jugend! daß du als eine Elende in die weite wüste Welt hinaus gestoßen wirst, und nach meinem Tode vielleicht ein Bösewicht — Kind, versprich mir, wie Gott dich auch prüfen mag, der Tugend getreu zu bleiben.

Isidore.

Vater, ich werde immer daran denken, daß ich Euer Kind bin.

Wasmuth.

Sieh, liebes Herz, wenn der gute Alexis nur nicht eben so arm wäre, wie wir, der mit seinem Handwerk schon seine alte blinde Mutter ernähren muß —

Helena.

Daran ist ja nicht zu denken, das hieße ja nur Elend auf Elend bauen.

Abel tritt herein.

Abel.

Nun, ihr armes Volk, wie geht's? Noch immer so großmäulig? Noch immer so viel großthuige Tugend und moralische Herrlichkeit in Euren Lumpen?

Wasmuth.

Was wollt Ihr immer wieder in unserm Hause?

Wir haben Euch einmal und vielmal die Meinung gesagt.

Abel.

Ich komme darum nicht, ich weiß, daß Ihr auf vornehmere Freiwerber wartet, auf Leute, denen auch die blanken Ellenbogen so durch die Jacke glänzen. Ich bin heut mit einem Auftrage von jemand hergeschickt, der Euch weiter gar nicht kennt.

Helena.

Was sollen die vielen Flausen? Kommt zur Sache.

Abel.

Ihr verdient's nicht, Ihr Gesindel, was ich für Euch thue; indeß, was hat man anders als Undank vom Menschengeschlecht?

Wasmuth.

Macht's kurz und gut, Herr Abel, denn Euer freundschaftlicher, herablassender und höflicher Ton fällt mir herzlich zur Last.

Abel.

Also denn: in meinem Gasthofe ist ein fremder reicher Mann mit einem großen Gefolge eingekehrt, dem Patron muß ein Ueberfluß von Barmherzigkeit den Magen drücken, denn er hat mir den Auftrag gegeben, ihm ein armes Mädchen vorzuschlagen, die er anständig und reichlich ausstatten will. Da bin ich nun gleich auf Euch gefallen, ich habe dem Wurmdoctor Euren Namen genannt, und er wünscht, das Kind morgen früh zu sprechen. Wenn Ihr sie also in der achten oder neunten Stunde zu ihm schicken wollt, so will er selbst das Nöthige mit ihr verabreden, ich glaube aber, er wird die Bedingung dabei machen, daß die Jungfer Isidore mich heirathen soll, weil er sein Geld auch nicht geradezu wird wegwerfen wollen.

Wasmuth.

Nun hab ich's genug, nun sucht die Thür, armsel'ger Mensch! Also den Kuppler macht Ihr auch schon? Mein Kind soll ich einem fremden, nichtsnutzigen reichen Menschen nur so auf's Zimmer schicken? Und Ihr habt die Frechheit, das einem Vater selber zu sagen? Meint ers ehrlich, so kann er hieher kommen, sich erkundigen, sehn; aber solche Leute giebt's in unsrer Welt nicht, darum packt Euch!

Abel.

Ich bin schon fort. Ich habe nie Leute gesehn, die so ihr Glück mit Händen und Füßen von sich stoßen. geht ab.

Helena.

Du hast dich wieder geärgert, lieber Alter, und bist doch vielleicht allzumißtrauisch.

Wasmuth.

Lehre mich die Welt und Menschen nicht kennen! das wäre ja wie aus alten Mährchen und Wundergeschichten, daß es wieder Leute gäbe, die in der Welt herumreisten, um Nothleidende glücklich zu machen. Kommt hinein, wir haben heut nur Brod und Wasser, aber wir können uns sagen, daß wir ehrlich sind; ist morgen die Noth noch größer, so muß der himmlische Vater sorgen. sie gehn.

Dritte Scene.

Gasthof.

Abel allein.

Das ganze Wesen mit meinem Gaste ist mir ein Räthsel. Er thut so reich, er hat so viele Pferde und Menschen bei sich, sein Benehmen ist so vornehm, und doch kein baares Geld! Nun will er ein Mädchen ausstatten, — und wovon? Ein kluger Wirth läßt sich nicht gern bei der Nase führen; ich habe da unter ihrer Schlafkammer einen Eingang in ihre Stube, von dem sie sich nichts träumen lassen, und wie ich vergangene Nacht meine Visitation anstelle, ist doch auch in keinem von allen ihren Beuteln ein einziger Kreuzer. Die Leute muß ich genauer beobachten.

Fortunat kömmt.

Fortunat.

Nun, Herr Wirth? Habt Ihr meinen Auftrag besorgt?

Abel.

Gnädiger Herr, ich muß die Ehre haben zu versichern, daß das Menschengeschlecht im Ganzen gar nichts taugt; geht man aber vollends in's Detail, so stehn einem ehrlichen Mann die Haare zu Berge, und läßt man sich endlich gar mit den sogenannten Armen ein, so findet man doch auch nichts, als die ausgemachteste Niederträchtigkeit.

Fortunat.

So?

Abel.

Ich komme dahin zu den Leuten, ich kann wohl sagen, mit gerührtem Herzen; ich trage das gnädige Anerbieten, die unerhörte Großmuth vor, und bilde mir ein, die Leute werden in der niedrigen Stube vor Freuden bis an die Decke springen; und was wird mir? Grobe Begegnung, die Thür wird mir unter anzüglichen Redensarten gewiesen, und ich muß froh sein, nur ohne körperliche Mißhandlung davon zu kommen.

Fortunat.

So?

Abel.

Kuppler nennt man mich, und giebt Euch, mein gnädiger Herr, diesem Wohlthäter, die ehrenrührigsten Schimpfnamen. Selber kann der fremde Patron sich herscheeren; schreit der großmäulige Vater, wenn es ihm ums Großthun so sehr zu thun ist, ich schicke meine Tochter keinem solchen liederlichen Laffen ins Haus! und dergleichen mehr, wie ich mich nie unterstehen werde, gegen einen solchen vornehmen Herrn nur in den Mund zu nehmen.

Fortunat.

So?

Abel.

Drum dächt' ich, wir ließen dieses gemeine Geschlepp fahren, das in seinem Bettel ein Privilegium zur Grobheit zu haben glaubt. Es finden sich wohl andre, würdigere Subjekte in dieser großen Stadt, die eine so ungeheure Wohlthat mehr zu würdigen verstehn.

Fortunat.

So?

Abel.

Oder wollen der gnädigste Herr doch in denselben Gesinnungen, trotz des Unwerthes der Menschen, fortfahren, so könnte die unerhörte Großmuth mehr als einen beglücken, wenn der Wohlthäter es dem Mädchen bei der Aussteuer (die, wie ich mir denken kann, ansehnlich sein wird) zur unerläßlichen Pflicht machte, Euer Gnaden unterthänigsten und unwürdigsten Diener, den Gastwirth Abel zu heirathen, da mir das schöne Mädchen schon längst mein Herz geraubt hat.

Fortunat.

So?

Abel.

Ich bitte um Verzeihung, wenn ich vielleicht zu dreist gewesen bin.

Fortunat.

Herr Wirth, von dem Mädchen und den Eltern kann ich darum nicht schlimmer denken, weil sie nicht zu mir kommen will; morgen früh führt mich zu ihr, und ich will ihr die Aussteuer einhändigen, die ich ihr zugedacht habe. ab.

Abel.

So? Und wo das Geld hernehmen, mein allerliebster hochfahrender So-Herr? Das ist ein Geheimniß, dem ich noch auf den Grund kommen muß. Gewiß haben sie's eingenäht in Kleider und Wäsche, denn er bezahlt jede Mahlzeit, den Wein, jedes Futter für die Pferde gleich baar und ohne etwas abzudingen. Also nun will er, wer weiß wie viel Zechinen, an ein armes Mädchen wegschmeißen? So? die ich aber besser brauchen kann. Ich muß aber nicht versäumen, noch diese Nacht meine Operation vorzunehmen, denn morgen zahlt der Narr das Geld und reist dann vielleicht fort; hab' ich's, dann heißt es: mein Geld ist fort! Und ich: So? und immer wieder mein: So? eben so unschuldig und kaltblütig wie er, mein: So? ab.

Vierte Scene.

Ein andres Zimmer.

Daniel, Jakob, Adam, Ulrich.

Adam.

Setzt Euch daher Camerad, denn ich höre ja, daß Ihr ehemals auch von unserm Stande gewesen seid, hier laßt uns eins trinken, wo Niemand uns sieht, alles schläft, auch unser Herr Abel ist zu Bett gegangen, und wir können nun einmal ungehindert fröhlich sein.

Jakob.

Hier, Daniel, versucht einmal diesen Wein.

Daniel.

Auf Eure Gesundheit, Freunde und Cameraden. Er schmeckt trefflich.

Ulrich.

Er ist ein Gewächs von den griechischen Inseln.

Daniel.

Will's glauben, denn ich bin doch nun schon weit mit meinem Herrn herumgekommen, der immer auf

Reisen ist, aber solch liebliches Getränk ist mir noch nirgend durch die Kehle geflossen.

Adam.

Was ist denn Euer Herr eigentlich?

Daniel.

Seht, Mann, da werft Ihr mir eine Frage vor, die mir zu schwer und hart ist. Was er ist? Er weiß es vielleicht selbst nicht recht, so etwas Besonderes muß er sein. Oft denk' ich, er ist ein Kaiser, der incognito reist, oder der Priester Johann von Indien, oder der ewige Jude, oder noch was Kurioseres. Geld hat er immer, und immer das schönste Gold, er bezahlt ohne sonderlich nach dem Preise zu fragen, wir alle leben bei ihm im Ueberfluß, aber keiner weiß, wo er's hernimmt.

Jakob.

Vielleicht hat er ein Bündniß mit dem Teufel gemacht und ihm seine Seele verschrieben.

Daniel.

Das hab' ich auch schon gedacht, aber er ist fromm und versäumt nicht leicht seine Messe; auch liest er oft; er ist ein stiller, tugendhafter Herr.

Ulrich.

So hat er wohl den Stein der Weisen?

Daniel.

Das muß sein, denn aus sich selbst kann er doch das Geld nicht münzen.

Adam.

Und wer weiß. Seht, Freunde, was man in der

Welt Fratzen, Mährchen und Alte=Weibergeschichten nennt, hat oft seinen guten Grund in den Geheimnissen der Natur; die Folgezeit, ich will sagen, was nach der Vorzeit zu kommen pflegt, erklärt oft, und macht das begreiflich, was wir früher, oder in der Vorzeit einen Aberglauben genannt haben; so sind nun von tiefsinnigen Männern schon viele Geheimnisse entdeckt, und so kann jene wunderliche, beinah' abgeschmackte, von vielen Kunstverständigen für unanständig erklärte Figur, die manche Leute wohl ihren Kindern zu Weihnachten zu schenken pflegen, doch auch als alte Sage und Tradition ihren guten Grund in der Wirklichkeit haben, und Euer Herr ist vielleicht selbst ein solches Männchen.

Daniel.

Teufel, Adam, Ihr seid ein tiefsinniger Denker, Ihr bringt mich da auf einen nagelneuen Gedanken. So müßte man nur einen rechten Gelehrten über ihn schicken, um seine Beobachtungen über solch Naturwunder anzustellen.

Adam.

Der Lamadienst hat gewiß dieselbe Veranlassung gehabt, der erste Dalai Lama war ein so begabter Mann; seine Nachfolger haben es ihm freilich nicht nachmachen können, und darum verfällt die Religion auch von Jahr zu Jahr. Der eigentliche wahre Lamadienst ist in der ganzen kultivirten Welt verbreitet.

Daniel.

Wie seid Ihr, große Seele, mit den Kenntnissen und Eurem Ahndungsvermögen nur zum Aufwärter in einem Wirthshause geworden?

Adam.

Bei uns in Griechenland sind zu viele Denker, und darüber bleibt keinem was Rechts zu denken übrig, tausend theilen sich in die Masse, und keiner bekömmt deshalb das Maul voll. Will man mit einer Ansicht heraus rücken, so haben sie alle Menschen schon gehabt und wieder vergessen, so wie sie vorgeben. Ich wollte mich erst zum Denker aufwerfen; ich habe die Welt gesehn, ich kann gründlich und umfassend sprechen, ich bin nicht ohne Gaben; aber mein Beifall verlor sich bald, und da ich außer meiner geistigen Kraft eine große Inklination zum Trinken habe, so dachte ich mich an die Quelle zu begeben, und bin darum in diesem Wirthshaus als Küfer in Dienste getreten.

Daniel.

Und geht's Euch nicht, wie den Lehrlingen der Zuckerbäcker, denen man das Naschen erlaubt, weil sie sehr bald übersättigt werden, und nachher aus Ekel nichts von den Süßigkeiten mehr anrühren mögen?

Adam.

Nein, Herr Camerad, im Gegentheil, je länger ich mich unter den Fässern umtreibe, je mehr ich probire und koste, um so mehr komm' ich auf den richtigen guten Geschmack. Unter uns, Freunde, ich saufe oft mehr als die Gäste, besonders wenn dummes Volk ins Haus kommt, das nichts davon versteht, die müssen das hiesige gesunde Brunnenwasser mit einschlucken, so daß den Neulingen der Wein gewiß nicht schädlich wird. Wenn mir mein Herr nur nicht so vorarbeitete. Aber der sitzt selbst tagelang im Keller, in chemischen Prozessen, und versucht die Verwandtschaft des Wassers zu den Weinen, der Gewaltsspitzbube!

Daniel.

Ist es denn wahr, daß er Türke, und vorher schon Christ gewesen ist?

Adam.

Er hat alle Religionen kursorisch durchlaufen. Er wird bei der Auferstehung viel Verwirrung anrichten, denn man wird nicht gleich wissen, ob man den Kerl als Juden, Heiden, Türken, oder Ketzer verdammen soll; er gehört in zu viele Rubriken.

Ulrich.

Das ist ein Halunke, der nicht nur die Gäste schindet, was mancher ehrliche Mann thut, sondern auch seine eigenen Leute.

Jakob.

Und zu betrügen sucht er uns bei jeder Gelegenheit, heftet uns falsches Geld auf, giebt uns die Auslagen nicht wieder, nimmt oft, wenn wir nicht gleich bei der Hand sind, das Trinkgeld nach sich, und sagt, die Gäste wären Hungerleider gewesen und hätten nichts gegeben, und solcher Kniffe mehr, in denen er unerschöpflich ist.

Daniel.

Arme Männer! Aber Ihr scheert ihn doch rechtschaffen wieder?

Adam.

Lieber Mann, darin braucht uns gewiß der größte Virtuos keine Stunden zu geben. Was wir ihm nur an den Augen absehn können, thun wir ihm zum Possen.

Daniel.

Und wo Wein auslaufen will, wo Geschirre umstürzt, wo das Essen verdirbt, wo gestohlen werden könnte, da seid Ihr doch auch nicht zu schnell bei der Hand, um den Schaden zu verhüten?

Jakob.

Gewiß nicht, wenn's platzregnet, lassen wir gern die Fenster zu den besten Stuben auf, das hat noch den Vortheil, daß der Zugwind oft, wie die Thür aufgeht, sie zerschlägt, die guten Möbeln lassen wir in der Sonne stehn, daß sie sich werfen müssen, wo wir Motten merken, stören wir sie gewiß nicht, die Mäuse noch weniger, so daß der gute Bursche mit dem Haushalt auch alle Hände voll zu thun hat.

Daniel.

Recht so! so hab' ich's auch immer gemacht, und habe doch wohl bei zwölf Wirthen gedient. Sie treiben's einem wohl danach, daß man die Tugend einbüßen muß.

Adam.

Ei was, es ist Tugend, solchen Schelmen das Leben recht sauer zu machen.

Abel tritt herein.

Abel.

Wie? Was? Es sitzen hier noch die Gesellen
So spät, daß es bald wieder Morgen wird?
Scheert Euch zu Bett, Ihr Tagedieb', es fehlt noch,
Daß Ihr die Nächt' in Saufgelagen hinschwelgt!

Adam.

Wir sprechen hier in aller Lieb' und Güte

Als gute Freund' und Cameraden nur
Von Euch, mein bester Herr, und Euren Gaben.

Daniel.

Und ich, mein Herr, bin so zu sagen Fremder,
Ein Gast bin ich, und kann für baares Geld
Essen und trinken, wann, und wo ich will.
Ich bin nicht da, um angeschnauzt zu werden;
Es kann sich fügen, daß Ihr selber mir
Den Wein auftragen müßt, Herr Wirth! Verstanden?

Abel.

Vollkommen, aber diesen meinen Leuten
Hab' ich das Recht zu sagen: marsch! fort! packt euch!
Und wenn Ihr klug seid, Gimpel, geht Ihr auch!

Daniel.

Ein Gimpel? Lieber noch als Eul' und Schufut.

sie gehn ab.

Abel.

Ja, zum Verzweifeln ist's, und unbegreiflich!
Erbeutet nichts, als zwanzig Stück Dukaten.
Ich mache mich da unterm Bett hervor,
Wo meine Fallthür ist, sie schlafen all,
Da schneid' ich still dem Leopold den Säckel
Und finde zehn, den andern Dienern auch
Und finde zwei und drei und wieder zwei,
Und so bis zwanzig Stück beisammen sind,
Nun zitternd schon vor Freude, athmend kaum,
Mach' ich mich an den großen Prahler selbst,
Das scharfe feine Messer nimmt auch gleich
Die Schnüre weg; ich habe schon den Säckel,
Den er an seinem Leibe immer trägt,

Und fühl' ihn leicht und leer von außen schon,
So daß ich ihn im Zorn weit hin von mir
Dort unter's Bett' hinwarf: drauf macht' ich schnell
Die Fenster auf, als wären nächtlich Diebe
Hereingestiegen. Wie in aller Welt
Will er die Ausstattung nur möglich machen?
Am nächsten Tage mir bezahlen? Fort,
Daß er nicht glaubt, ich hätte noch gewacht. ab.

Fünfte Scene.

Saal.

Leopold tritt auf.

Leopold.

Um's Himmels Willen! gnäd'ger — gnäd'ger Herr!

Fortunat kömmt im Nachtkleide.

Fortunat.

Was fehlt dir, Freund? Du bist verwirrt? Siehst bleich?

Leopold.

All' unsre Fenster auf, mein Geld entwandt,
So auch den Knechten, die etwas besaßen —
Seid Ihr denn auch beraubt?

Fortunat.

O weh! mir schwindelt!
Ich sinke, — reich mir schnell den Sessel her —

Leopold.

Ich hole etwas, Euern Sinn zu stärken. ab.

Fortunat.

So ist mein Glück dann wie ein Traum verschwunden?
Es war, es ist nicht mehr — ich bin verloren!
Ich kann nicht mehr — dies ist die Todesstunde.

Leopold kömmt zurück mit Dienern.

Leopold.

Hier, gnädiger Herr, braucht diesen starken Geist —
Nehmt auf den Schreck hier diesen Becher Weins —
So habt Ihr auch, wie's scheint, Verlust erlitten?

Fortunat.

Mein Freund, ich habe Alles eingebüßt —
Ja, Weisheit, Göttin, hätt' ich wählen sollen,
So wäre mir Verstand nicht mit dem Geld
Entwichen, — ja, ich sehe noch den Blick,
Halb höhnend, halb in Mitleid eingetaucht,
Mit dem sie von mir schied, — hätt' ich gewählt
Nicht nach dem Schein, nein nach dem innern Werth,
So hätte mich kein Dieb berauben können.

Leopold.

Er phantasirt, lauft schnell zu einem Arzt —

Fortunat.

Was sprach ich, Freund? Ich weiß nicht, wo ich bin,
Hört nicht auf meiner Rede leeren Klang —
Nicht weiß mein Geist, was meine Zunge spricht.

Leopold.

Vor allem, gnäd'ger Herr, beruhigt Euch,
Zwar weiß ich nicht, wie viel Ihr habt verloren,

Doch haben wir noch Pferde, reich Geschmeide,
Wir suchen zu verkaufen, und entlassen
Von Dienern, was Ihr nicht höchst nöthig braucht,
So trau' ich es mit Gott noch zu vollbringen
Euch in die Heimath, und zu Euren Gütern,
Mit Ehren, ungefährdet, heimzuführen,
Ich bin wohl schon in größrer Noth gewesen.

'Fortunat.

Du weißt nicht, Leopold, — du kannst es nicht
Begreifen noch verstehn, wozu der Worte?
Ich bin verloren, laß mich nun verzweifeln!

Leopold.

So viel ich weiß, mein gnäd'ger Herr, beträgt
Doch der Verlust nur wenige Zechinen,
Ihr wolltet morgen eine große Summe
Aus freier Gunst verschenken, unterwegs
Habt Ihr auf Gut und Geld nie sehr geachtet,
Wie fass' ich's, daß Euch dies so nieder wirft?

Abel kömmt.

Abel.

Was muß ich hören, mein erlauchter Herr?
In meinem Hause? Wie nur war es möglich?
Wer war so nachlässig in seinem Dienst,
Daß nur der Dieb die Fenster öffnen konnte?
Das bringt in üblen Ruf mein redlich Haus.

Leopold.

Seid still, der Herr ist völlig außer sich.

Fortunat.

Mein Säckel, — hier am Wammse trug ich ihn —
Wo kann er sein? Wer kann ihn wiederschaffen?

Abel.

Sucht, Leute, denn vielleicht mag er sich finden.

ab mit Dienern.

Fortunat.

Mein Leopold! vorüber Glück und Heil —
Jezt seh' ich, daß du nicht ein Diener bloß,
Daß du ein Freund mir bist, — wie schmerzt es mich,
Daß ich nicht deine Liebe kann belohnen!

Leopold.

Wenn Ihr Euch mir nur ganz vertrauen wolltet.

Abel kömmt mit Dienern.

Abel.

Da unter Eurem Bett fand ich den Säckel
Von simpeln Leder, — ohne Zier, und leer —

Fortunat.

Gieb her! Er ist's! Gieb her!

Abel.

Da, gnäd'ger Herr —
Wie seid Ihr nur so eifrig nach dem Dinge?

Fortunat.

Weil du's nicht weißt; weil drinn ein großer Wechsel,
Den mir am Morgen soll ein Kaufmann zahlen. —
Bringt mich hinein, ich lege mich zu Bett,
Und laßt mich nun noch ein'ge Stunden ruhn,
Der Schreck hat mich nur zu sehr angegriffen.

mit Leopold und Dienern ab.

Abel.

Der Beutel! Hm! Der Beutel! Etwas mehr

Muß es mit diesem Säckel auf sich haben.
Welch Vieh war ich, ihn gleich so abzugeben,
Nicht erst zu untersuchen! — Drinn ein Wechsel?
Ich fühlte nichts. — In nächster Nacht erfahr' ich's.
Will er als Narr sein Geld nur so hinaus
Zum Fenster werfen, bin ich ihm der nächste,
Der ihn beherbergt, speist, und für ihn sorgt,
Und hat er Geld, so wird es auch das meine. ab.

Sechste Scene.

Hütte.

Isidore öffnet die Thür, Alexis tritt ein.

Isidore.

Ach! bist du es, mein lieber Alexis? Du weißt ja, du darfst nicht hier sein, geh mein Lieber; wenn dich die Eltern finden sollten, wie würden sie schmähn!

Alexis.

Also das ist dein Empfang? Das deine Liebe? Ich konnte nicht länger leben, ohne dich zu sehn. Aber du kannst mich wohl vergessen, du kannst ohne mich vergnügt sein. Nun, so lebe wohl, Gefühllose, du sollst mich nie wiedersehn.

Isidore.

Nein, bleib, mein Liebster, bleib und höre: bleib und gieb mir einen herzlichen Kuß. — So im Zorn darfst du nicht von mir gehn. Wie kannst du glauben, daß ich dich weniger liebe?

Alexis.

Ich kann dies Leben nicht länger ertragen, zu Hause nichts als Elend, ohne Freund und Hoffnung und Beistand; dich soll ich nicht mehr sehn, was noch Sonne und Frühling in meinem dunkeln Gefängniß war, so muß ich wohl untergehn.

Isidore.

Aber, Liebchen, du weißt es ja, daß es nur meine Eltern deshalb nicht wollen, daß du unser Haus besuchst, weil wir uns doch nicht heirathen können, und weil die Nachbarn gar zu gern klatschen und alles ins Böse drehn, sonst haben sie ja nichts gegen dich, — und ich, — o Gott! daß ich an dich denken kann, ist mir ja Speise und Trank, wenn du vorbeigehst ein hoher Festtag.

Alexis.

Wo sind sie denn, die Alten?

Isidore.

In die Messe gegangen.

Alexis.

Da wundert's mich, daß du hast zu Hause bleiben dürfen, so fromm der Vater ist.

Isidore.

Ich — weint. O laß mich, lieber Alexis.

Alexis.

Was ist dir? Warum weinst du? Nein sprich, sage mir, was dich mit einemmale so überfällt. Kann ich dir helfen?

Isidore.

Ach nein, nein! — sieh nur, ich habe wohl zu Hause

bleiben müssen, weil ich nun gar nichts mehr, auch keinen Schleier mehr habe — ach! ich schäme mich ja, mich selbst vor dir in diesen zerrissenen Lumpen sehn zu lassen. Wenn man eine Stelle zunäht, reißen drei neue wieder auf. Das ist doch wohl der größte Jammer auf der Welt.

Alexis.

Nur nicht weinen, mein Kind, nicht so sehr, — es greift mir zu sehr durchs Herz. Vielleicht ist bald Hülfe da.

Isidore.

Nein, Lieber, so werden wir verkommen, vergehn und verschmachten. — O Himmel, meine Eltern! Sie kommen dir entgegen, du darfst nicht hinaus! versteck dich hier, schnell in meine Kammer hinein.

Alexis ab.

Wasmuth und Helena kommen.

Isidore.

Schon wieder zurück, lieber Vater?

Wasmuth.

Wie immer, der Gottesdienst ist geendigt. — Ist niemand hier gewesen?

Isidore.

Kein Mensch.

Wasmuth.

Fahr mich nur nicht so an, ich glaub's wohl, daß Niemand sich nach unserm Elend umschauen mag. — Wer klopft? Herein!

Abel und Fortunat kommen.

Abel.

Hier ist der edle Herr, von dem ich Euch sagte, er hat sich selber bis zu Euch bemüht, um Euch und Eure Tochter kennen zu lernen, und wenn Ihr es werth seid —

Fortunat.

Laßt mich selber sprechen, Herr Wirth.

Wasmuth.

Vor allem, gnädiger Herr, nehmt diesen Schemel an, und geruht Euch niederzulassen. Ihr tretet in eine arme Wohnung, aber unter ehrliche Menschen, und da Ihr Euch nicht zu groß dünkt, zu uns zu kommen, so wollen wir, so elend wir auch immer sind, uns nicht schämen, uns vor Euch zu zeigen.

Fortunat.

Diese da ist Eure Tochter? Warum tritt sie nicht vor? Warum verbirgt sie sich?

Helena.

Ach, gnäd'ger Herr, sie scheut sich, ihre Kleider, ihre Armuth, sie ist so wenig und so schlecht angezogen —

Fortunat.

Diese Tracht, schönes Kind, macht Euch Ehre; denn in dieser Stadt könnte es Euch wohl an Putz nicht fehlen, wenn Ihr den Anträgen der Schlechten Gehör geben wolltet.

Isidore.

Ihr beschämt mich, edler Herr.

Fortunat.

Sagt mir aufrichtig, liebt Ihr diesen Mann? Sprecht ohne Scheu, denn wenn Ihr ihn erwählt habt, so sei er der Eurige, und die Eltern hoff' ich, geben in diesem Falle meinen Bitten nach.

Isidore.

Ich wünsche freilich im Stande zu sein, meinen Eltern in ihrer Armuth zu helfen, aber, da ich frei sprechen soll, ich bliebe lieber Zeitlebens unverheirathet, als daß ich diesen nähme.

Wasmuth.

Nein, gnäd'ger Herr, sie kann ihn (nehmt's nicht übel, Herr Abel) nicht ausstehn, er hat ihr schon genug nachgestellt.

Abel.

Nun, nun, wir wollen darüber keine Geschichten erzählen, Freund.

Fortunat.

Nennt mir einen andern Mann oder Jüngling und meine Vorsprache und Hülfe soll Euch nicht fehlen.

Isidore.

Lieber, gnädiger Herr, Ihr seid so edel und freundlich, — ach! ich muß sagen —

Helena.

Sprich heraus, Kind, scheue dich nicht; sie hat einen Liebsten, edler Herr, sie hätte ihn auch schon geheirathet, wenn der arme Bursche nicht in demselben Elende lebte wie wir.

Fortunat.

Ruft ihn, ich will Euch geben was Ihr braucht, um Eure Wirthschaft einzurichten.

Abel.

Wenn Ihr befehlt, so will ich den Knecht sogleich holen.

Wasmuth.

Ruhig, ich bin der nächste dazu.

Isidore.

Laßt es noch, lieber Vater, ich bitte.

Wasmuth.

Was soll denn die Ziererei? Gieb mir den Hut her, Frau.

Alexis tritt hervor.

Alexis.

Es wird nicht nöthig sein, Vater, da bin ich schon.

Wasmuth.

Wie? Was? Solche Streiche gehn hinter meinem Rücken vor? Solche Schande macht Ihr mir vor dem fremden Herrn? Nun gleich zum Hause hinaus, und nun wird aus der Heirath in Ewigkeit nichts!

Isidore.

Liebster Vater —

Wasmuth.

Schweig, ungerathene Dirne! Ihr seht, mein würdiger Herr, wir können, wir dürfen Eure Wohlthaten nicht annehmen, denn wir sind es nicht werth!

Alexis.

So laßt Euch doch nur bedeuten, guter alter Wehrwolf.

Isidore.

Sieh, Alexis, was du angerichtet hast. Sagt' ich's nicht?

Wasmuth.

Nichts will ich hören!

Fortunat.

Laßt den jungen Menschen reden, alter Mann, Ihr dürft gegen Eure Kinder nicht ungerecht und grausam sein.

Helena.

Das ist auch wahr, Herr fremder Graf, er möchte sie lieber gleich umbringen, weil sich die jungen Leute gern sehn, was doch vor Gott und Menschen keine Sünde ist.

Alexis.

Hört an, Vater: ich kam, um Eure Tochter nach der langen Zeit nur auf einen Augenblick wieder zu sehn, und weil wir so in Angst vor Euch waren, da Ihr mir das Haus verboten habt, sprang ich, wie wir Euch kommen hörten, hier hinein. Wollt Ihr mir nun darum Eure Tochter nicht geben, da uns der Himmel doch so unverhofft einen edlen Wohlthäter zusendet, wofür wir ihm mit Freudenthränen danken sollten, seht, so seid Ihr ein rechter alter —

Wasmuth.

Was, du Range? Ich will nicht hoffen, Bösewicht—

Alexis.

Nun ja, so seid Ihr ein rechter alter böser unvernünftiger Mensch und kein Vater; aber nein, Ihr seid zu gut, Ihr nehmt gewiß Vernunft und Euer und unser Glück an.

Isidore.

Vergebt mir, lieber Vater, wir dachten nicht Euch zu beleidigen.

Wasmuth.

Wenn der fremde Herr glaubt, daß Ihr seine Wohlthaten noch verdient, so will ich Euch vergeben.

Fortunat.

Vereinigt in meiner Gegenwart Eure Hände und der Himmel möge Euer Bündniß segnen. Empfange, du gutes armes Mädchen, von mir zur Aussteuer diese vierhundert Goldstücke, und möge das Glück Euren Hausstand nie verlassen.

Abel.

Vierhundert!

Alexis.

O Herr — ich möchte danken, — möchte sprechen, — aber es würgt mir so in der Kehle, — ich kann nicht.

Isidore.

Nehmt unsre Thränen, unsre Gebete an.

Helena.

Es ist zu viel, mein theurer, gnädiger Herr.

Wasmuth.

Mir ist, als wenn ich nur im Traume läge. Isidore, Kind, wie haben wir so großes Glück verdient?

Fortunat.

Aber es fehlt Euch an Kleidern, an Geräth, an

Handwerkszeug, theilt Euch mit den Eltern noch diese zweihundert und seid glücklich. Kommt gleich mit mir zur Kirche, und laßt mich ein Zeuge Eures Bündnisses sein.

Wasmuth.

Kommt, kommt Kinder, thut alles, alles, was der Herr befiehlt! Springt und tanzt und jubilirt und betet zu Gott für diesen wundervollen Tag!

Helena.

Drüben, bei der Gevatterin, Mann, können wir uns schnell einen bessern Anzug kaufen.

Isidore.

Ja, liebe Mutter, denn so könnt' ich unmöglich über die Straße gehn.

Wasmuth.

Schnell, und dann in die Kirche! O laßt Euch die lieben theuern Hände küssen, ihr unser Wohlthäter! Kommt, Kinder. alle gehn ab.

Abel.

So kann ich doch sagen, ich habe nun etwas gesehn, was gewiß zu dem Allerseltensten und Wunderlichsten auf der Welt gehört, und das ich nicht glauben würde, wenn es mir ein andrer erzählen wollte. Sechshundert Goldstücke! Verrückt ist der gute Mensch, das leidet keinen Zweifel, ist mir auch gleichgültig; nur woher, woher er das viele Geld nimmt, daß er es so wegschmeißen darf, darauf kommt es an, und dahinter muß ich kommen, noch diese Nacht. Hat er es baar, so entgeht mir's nicht, ist mit dem Beutel, wie ich beinah' abergläubisch werde zu glauben, Hexerei oder Wunder im Spiel, so weiß ich den auch zu finden. Ich habe wohl bemerkt, daß er ihn seit der letzten Geschichte sorgfältig im Busen verwahrt und nicht mehr am Wamms trägt. Er wird mein, und hilft nichts anders, so wird ein Messer, wenn er schläft, seine Dienste thun, daß er nicht mehr erwacht. Sie wollen bald reisen; wie es auch sei, mein muß werden, was er an Schätzen hat. geht ab.

Siebente Scene.

Zimmer.

Fortunat. Leopold.

Fortunat.

Es ist schon spät, und da wir morgen früh
Mit Tages-Anbruch abzureisen denken,
So werf' ich mich bekleidet auf das Bett.

Leopold.

Ich folge gern dem Beispiel, doch Euch, Herr,
Der Ihr deß ungewohnt, wird es ermüden.

Fortunat.

Ich habe größere Beschwer erduldet.

Leopold.

Nach Eurer Heimath zu geht jezt die Reise?

Fortunat.

Ja, du hast mir die Sehnsucht aufgeweckt,
Und, sonderbar, daß ich nicht früher schon

Des Vaterlands, der theuren Eltern dachte;
Der Trieb, mir Land und Städte zu besehn,
Verdeckte ganz mir mein Gemüth und Herz.
Die Nacht ist still, kein Lüftchen regt sich jezt,
Kein Schall, kein Athem in der Einsamkeit, —
Nun schlafe wohl, — das Auge fällt mir zu.

entschläft.

Leopold.

Lieg hier, mein Schwerdt, daß, wenn Besuch uns wieder
So unvermuthet kömmt, du ihn begrüßest;
Doch Fenster, Thüren sind zu gut verwahrt,
Es kann kein Geist, kann keine Hexe sein.

schläft.

Abel kömmt unter dem Bette hervor.

Abel.

Still! sacht! — es ist doch fast zu finster hier —
Der Wein war stark, ich finde nicht das Lager;
Wo bin ich denn? Im eignen Haus verirrt?
Hier liegt er ja: behend und fein ihr Finger!

Leopold schlägt ihn.

Da, nimm dein Handgeld erst, du Diebeshund!

Abel.

O weh! mein Haupt! O weh! ich bin verloren!

Leopold springt auf.

Ihr Diener auf! Besetzt mir schnell die Thür!
Bringt Licht, Gesellen! Auf, mein gnäd'ger Herr!

Fortunat.

Was giebt es denn? Warum mich so erschrecken?

Leopold.

Ich habe unsern saubern Dieb gepackt,
Er soll nicht mehr entrinnen. Bringt doch Licht!

Daniel kömmt mit Licht.

Daniel.

Habt Ihr den Schelm? Herr Jes! Gehorsamer
Diener!
Der saubr' Herr Wirth, so wie er leibt und lebt.

Fortunat.

Weh, Unglücksel'ger! was hast du gethan?

Leopold.

Im Finstern mißt sich's schwer, das Schwerdt ist ihm
Zu tief die Schelmengurgel eingedrungen.

Abel.

Laßt mich nur los, ich sterb', entrinn' Euch nicht, —
Mir widerfährt mein Recht, — o weh mir! weh!
So unvermuthet muß ich enden — — hier,
Im Frevel, — weil ich selbst ein Mörder bin:
Der gute alte Rittersmann in London,
Herr Oldfield, den ich um Kleinod' erschlug —
Er mahnt mich jezt mit seinem Silberhaupt!

Fortunat.

Ihr wart der Mörder jenes guten Herrn,
Weshalb Hieronimus unschuldig litt?

Abel.

So kennt Ihr die Geschichte? Wohl, ich war's,
Und floh geängstet aus Europa fort,
Ward Muselmann in Alexandria,
Doch fand ich nirgend Glück: so kehrt' ich um,

Fand hier Beschützer, Freunde, die mich wieder
Zu Wohlstand brachten, doch des Herzens Tücke —

Fortunat.

Er ist schon todt! O weh! kein Zeuge hier
Seines Geständnisses, wir fremd und freundlos!
So muß denn immer Unheil mich verfolgen?
Nun bin ich selbst hier wie Hieronimus,
Wir haben nichts, den Todschlag zu vertreten,
Und jeder Richterspruch wird uns verdammen.

Leopold.

Beruhigt Euch, und sammelt Eure Geister,
Wir finden wohl noch Mittel zu entkommen.
Daniel, hinaus, kein Wort von deinen Lippen,
Was du hier hast gesehn! Treib alle Diener,
Daß sie in schnellster Eil' die Rosse satteln,
Die Bündel, das Gepäcke schleunig schnüren,
Daß binnen einer Stunde schon die Stadt
In unserm Rücken liegt, und laß sie singen
Und fröhlich sein, sing selbst mit lauter Stimme,
Daß jeder sehe, wie vergnügt wir sind.

Daniel.

Herr Leopold, ich hab' nur schlechte Stimme,
Und was ist's denn, was wir so singen sollen?

Leopold.

Fort, Narre! Liebeslieder! Was Ihr wollt!

Daniel.

Als wenn sich's auf Commando singen ließe! ab.

Leopold.

Noch ist es finster, Niemand wach im Hause,

Es liegt ein alter Brunn hinter den Ställen,
Da werf' ich in den tiefen Raum den Schelm;
Der Born wird nicht gebraucht, da find't ihn keiner,
Und find't man ihn, sind wir schon weit entfernt.

trägt den Leichnam fort.

Fortunat.

So folgt mir denn Gefahr stets auf der Ferse? —
Man zieht uns ein, — wer sag' ich, daß ich bin?
Mich kennt hier Niemand. Man wird tiefer forschen
Nach meinen Schätzen; die verderben mich! —
Sollt' ich den Säckel einem Treuen lassen,
Ihm dessen Kraft entdecken? Daß er mich
Durch Gold vom harten Richterspruch erlöse?
Dem alten Bürger etwa? Der schien redlich.
Doch wird man fragen, woher er so reich
Urplötzlich worden, mit der Folter dann
Ihm das Geheimniß zu erpressen wissen.
Auch giebt es keinen Sterblichen, der einmal
Des Säckels Kraft erkannt', ihn willig wieder
Aus seinen Händen läßt, ich selber würde
Mein Leben gern an solches Kleinod setzen.
Drum, wie es kommen mag, soll selbst in Folter
In Todesnoth den Lippen nimmermehr
Dies theuerste Geheimniß mir entschlüpfen.

Leopold kömmt zurück.

Leopold.

Begraben besser als er es verdient
Liegt nun der saubre Herr, den Kopf nach unten,
Und Stein' und Erde über ihn gewälzt.
Die Pferde stehn bereit, die Diener warten,

Nur heiter, gnäd'ger Herr, so laßt uns ziehn,
Und keiner ahndet was von diesem Vorfall.

Diener treten ein. Daniel.

Daniel singt.

Und soll es denn gestorben seyn,
So lebe wohl zu tausendmal,
Gehst du vorbei dem Rabenstein,
Gedenke meiner Lieb' und Quaal.

Leopold.

Was ist das für ein dummes Lied, du Narr?

Daniel.

Jedweder Vogel singt nach seinem Schnabel. —
Die Leute aus dem Hause sind schon auf.

Fortunat.

Hol' mir den Mantel aus dem andern Zimmer.

Daniel ab.

Adam, Ulrich, Jakob kommen.

Adam.

Nun reist Ihr wieder ab, hochedler Herr?

Fortunat.

Theilt, Freunde, dieses Gold für Eure Dienste.

Jakob.

Wir danken, königlich freigeb'ger Herr.

Daniel kömmt mit Mantel und Degen.

Daniel.

Hier ist der Mantel und das Schwerdt, Herr Graf.

singt.

Ach, du warst mein Verlangen!
Seit lange dacht' ich dich zu frein,

Dein vielgeliebter Mann zu sein,
Und soll nun morgen hangen.

Leopold.

Ist nicht der Mensch besessen mit den Liedern?
Kannst du nichts Beßres singen, halt dein Maul!

Daniel.

Ich falle so auf alte Liebeslieder.

Fortunat.

Bring mir den Malvasier, der dorten steht,
Es geht ein Trunk noch grade einmal um.

Daniel ab.

Adam.

Im Haus' ist hier was Großes vorgefallen.

Fortunat.

Wie so? Doch nichts Bedenkliches und Schlimmes?

Adam.

Nein, gnäd'ger Herr, nur allgemeiner Aufstand,
Der Herr hat alle Mägde durchgeprügelt
Als gestern früh, die sind nun diese Nacht
Auf und davon. Es fehlt ihm an Conduite,
An Einsicht: unsre Dienstzeit ist auch um,
Wir gehen alle noch heut Morgen fort.

Leopold.

So bleibt das Haus ja leer?

Ulrich.

Nicht wahr, es ist
Sich krank zu lachen, wenn der Kerl erwacht
Und find't so sauber alles ausgefegt?

Daniel kömmt mit Wein.

Daniel singt.

Und muß es denn gestorben werden,
So schlage lind den Kopf herab,
Bestattet ehrlich mich zur Erden,
Dann weint mein Schatz auf meinem Grab.

Leopold.

Woher, du Vieh, hast du die Galgenlieder?

Daniel.

Als ich mit Euch in Deutschland draußen reiste,
Hab' ich sie so den Sängern abgehört,
Liebherzig, treu, sanftrührend ist ihr Ton.

Fortunat.

Hier, Leopold, trink, laß den Becher umgehn.

Leopold.

Da, Leute. Auf des gnäd'gen Herren Wohl.

Alle.

Er lebe, lebe viele tausend Jahr!

Fortunat.

Viel Dank; wenn unser guter Wirth hier wäre,
Er thät' uns auch auf diesen Trunk Bescheid.

Leopold.

Ei, laßt den schlafen, alles ist bezahlt,
Und setzt Euch auf, der Morgen dämmert schon.

Adam.

Ja, laßt den alten Bär nur dorten schnarchen,
Es schmeckt uns nur, wenn er nicht bei uns ist.

Fortunat.

Lebt wohl, Ihr guten Leute, künft'gen Monat

Gedenk' ich wieder hier zu sein und kehrte
Da gerne ein, wo ich Euch wieder finde.

Jakob.

Nur nicht bei diesem Menschenschinder hier.

Fortunat mit den Dienern ab.

Daniel.

Lebt wohl, Ihr Freunde.

Adam.

Macht! der Herr ist schon
Zu Pferde.

Daniel.

Lebt denn alle wohl. Adieu! geht ab.

Jakob.

Schnell laßt uns in ein gutes Wirthshaus gehn,
Und da verzehren, was man uns geschenkt.

Ulrich.

Wir wollen uns mal gute Tage machen
Nach all den Plackereien hier.

Adam.

Recht so.
Hu! wie die reiten! Alle sind sie fort!
So liebe Gäste kommen niemals wieder.
Zum Keller steig' ich noch einmal hinab,
Und bringe ein'ge Flaschen Wein für uns,
Dann fort, die goldne Freiheit zu genießen.

alle gehn ab.

Fünfter Akt.

Erste Scene.

Oeffentlicher Platz.

Leopold, Daniel, Diener.

Leopold.

Die Teppiche, die Stoffe, die Gemälde,
Mit Vorsicht tragt sie, daß sich nichts beschäd'ge,
Sorgt dann, daß man die Sessel, Ruhebetten,
Die feinen Schränke in den Pallast schafft.

Daniel.

Hier lebt sich's anders, als so unterwegs,
Bei knick'rgen Wirthen, schmier'gen alten Weibern,
In schmuz'gen Stuben, oft mit Angst und Noth.

Leopold.

Thu dein Geschäft und laß das lose Schwatzen.

Daniel.

Ich freue mich ja nur der grimm'gen Pracht
Des königlichen Herrn und seines Glücks,
Nein, für so reich hätt' ich ihn nie gehalten.
Gesegnet sei der Augenblick, die Stunde,
Der Tag, da ich von meinem Gastwirth lief. ab.

Leopold.

So wären wir in Cypern angelangt,
Und mehr, wie dieser Narr, bin ich erstaunt.

Ich glaubte, daß er Güter hier besäße,
Von altem reichem Stamme, Freund' und Eltern,
Doch scheint's, ihn kennt hier auf der Insel Niemand,
Er hat kein Haus, er kaufte diesen Pallast,
Den er mit Gold und Silber fürstlich schmückt.
Nichts ist zu theuer, kein Geräth zu reich,
Mit fremdem Namen zieht er prachtvoll auf,
Die schönsten Rosse, Libereien, Falken,
Und was nur selten herrlich ist zu nennen,
Das nennt er sein, kauft es zu jedem Preis;
Täglich sieht er als Freund des Landes König,
Und ihm, seiner Gemalin, hat er Perlen
Und Edelsteine zum Geschenk gesandt,
So hohen Werths, daß Beide drob erstaunten;
Was er als Reichthum auf den Reisen zeigte,
Ist Armuth nur und kahle Bettelei
Gegen des Glanzes reiche Wunderwelt,
Die jezt wie goldnes Traumbild um ihn schwebt:
Doch sank er leblos, todt darnieder einst
Als er die wenigen Zechinen mißte;
Ich darf, ich will darüber nimmer sinnen,
Er ist der gütigste, der beste Herr,
Der Armuth Engel, der Verwaisten Trost,
Und mich hat er mit Wohlthat überschüttet.

Fortunat kömmt mit Gefolge.

Fortunat.

Nun sind wir denn zur Ruhe, lieber Freund,
Bald denk' ich mich ganz häuslich einzurichten,
Wenn erst der Güterkauf geendigt ist:
Morgen sollst du mich über Land begleiten,
Mir darf dein Rath noch immer nicht entstehn.

Leopold.

Nur meine Lieb' und Treue nehmt in Anspruch,
Euch Rath zu geben bin ich zu gering.

Fortunat.

Still! mehr davon nachher, aus meinem Hause
Steigt jezt des Königs Majestät und naht.

Leopold geht ab.

Der König von Cypern kömmt mit Gefolge.

König.

Graf, Eure Gallerie ist zu bewundern,
Nicht seltne Stücke nur, auch ausgewählte,
Sie zeigt von Reichthum, mehr noch von Geschmack.

Fortunat.

Wie gütig ist mein Fürst und nachsichtsvoll;
Die besten Werke muß ich noch erwarten,
Die von Venedig die Galeere bringt.

König.

So reiche edle Stoffe sah ich kaum;
So groß das Haus ist, ist es schon erfüllt,
Was Asien und Europa Köstliches,
Was Meer und Land nur Herrliches gewährt,
Das glänzt von Wänden, von der Deck' und Boden.
Allein wozu, fragt das erstaunte Auge,
Die Menge Sessel, Tische, Ruhebetten,
Des Silbers aufgehäufter Prunk und Hausrath,
Wenn unvermählt der reiche Eigner wohnt?

Fortunat.

Da meine Reisen nun beschlossen sind,
Mein gnäd'ger Herr, und ich die Ruhe wünsche,

So ist in meinen Jahren, der ich weder
Zu jung noch alt mich fühle, der Gedanke
Der nächste, eine Hausfrau mir zu suchen.

König.

Dann glaubt' ich Euch gewonnen erst zu haben.
Saht Ihr auf Euren weiten Reisen nirgend
Ein Bild, das Euren Sinn gefangen nahm?

Fortunat.

Gelesen hab' ich viel von dieser Macht,
Die Dichter uns als allbesiegend preisen;
Doch hab' ich noch das Auge nicht gefunden,
Deß Blitzen meine Ruhe mir genommen.

König.

So macht die Jungfraun dieser Insel stolz,
Das nie besiegte Herz in Bann zu legen,
Die schönen Mädchen hier sind weit berühmt.
Kennt Ihr des Grafen Nimian Töchter nicht?

Fortunat.

Das Lob der Tugend, wie der hohen Schönheit,
Vernahm ich oft aus aller Mund, doch nie
War ich so glücklich, sie bei Jagd und Tanz,
Noch in des Schlosses Gärten anzutreffen.

König.

Die Mutter hält sie streng und eingezogen,
Doch reitet morgen auf das Gut hinüber
Und übergebt der Gräfin diesen Brief:
Ihr müßt die wackern Leute kennen lernen,
Die ich vor allen lieb' und höchlich achte,
Die immer mir und meiner Königin

Die nächsten bleiben werden. Ihr habt Augen
Für Bilder, zeigt, daß, wenn die Schönheit lebt,
Sie auch den Sinn zum Wohlgefallen reize.

Fortunat.

Des Königs Wunsch ist dem Vasall Befehl.

König.

Nicht so, mein lieber Graf, nicht diesen Ton,
Es bleibe dies Vertraun stets unter uns,
Dies freundliche Verhältniß ändre nie.
Mögt Ihr mir nicht eröffnen, welches Land
Euch seinen edlen Sprößling nennen darf?

Fortunat.

Mein Lehnsherr, durch Eure hohe Güte
Ward mir erlaubt, des Grafen von Lanfranco,
Der erblos starb, Besitz, Pallast und Güter
Als Eigenthum zu kaufen, und vom Lande
Den Namen anzunehmen, Eu'r Vasall;
Doch will ich Euch eröffnen, was nur sollte
Geheimniß bleiben noch auf wen'ge Tage,
Ich bin nicht fremd, bin Euer Unterthan.

König.

Von Cypern wäret Ihr? Und das Geschlecht?

Fortunat.

Mein Vater, nur ein armer Edelmann,
Ist Theodor, wenn Ihr den Namen kennt.

König.

So wärt Ihr Fortunat denn, der Vermißte?

Fortunat.

Derselbe, gnäd'ger Herr, doch sei Eu'r Hoheit

So huldreich mir, nur auf geringe Zeit
Unwissend deß zu sein, und mir die Gnade,
Die mich so hoch erhebt, nicht zu entziehn,
Weil ich von armen Adel nur entsprossen.

König.

Ihr bleibet Graf, Ihr seid mein theurer Freund,
Verdienste, Tugend sind's, die wahrhaft adeln,
Doch seid Ihr auch von edlem Stamm entsprossen,
Jedweder Herzog, Graf war Edelmann.

Fortunat.

Erlaubt mir, Herr, die theure Hand zu küssen.

König.

Umarmt mich, lieber Graf, und lebet wohl.

Fortunat ab.

Geht dort nicht eben Nimian, Kammerherr?

Kammerherr.

Ja, hohe Majestät!

König.

Ruft mir ihn her.

Nimian tritt auf.

Nimian.

Was ist der Wille meines hohen Herrn?

König.

Ist's wahr, mein guter Graf, daß nothgedrungen
Ihr Eure Grafschaft zu verkaufen sucht?

Nimian.

So ist es, gnäd'ger Herr, die Kriegesschäden,
Verlust bei großen Häusern in Venedig,

Und freilich auch des Sohnes wilder Leichtsinn,
Unüberlegtes Thun, das ihn verbannte,
Von Gläubigern, Beleidigten verfolgt,
Dies Heer von Uebeln ist die Züchtigung
Für Jugendthorheit meinem schwachen Alter.

König.

Ich hoffte, daß noch Rath und Hülfe wäre,
Ihr habt Euch näher niemals mir vertraut,
Zwar war mein Schatz durch Krieg, durch Rüstungen
Und neue Flotten selbst mehr als erschöpft —

Nimian.

Zu hohe Gnade! kannt' ich doch die Noth
Des Vaterlands, und das schloß meinen Mund
Den König zu beläst'gen, der für Tausend
Zu sorgen hat, die täglich zu ihm schrein.

König.

Und der Verkauf ist nun schon abgeschlossen?

Nimian.

Heut kam ich in die Stadt, zu untersiegeln.
Doch seltsam, noch kenn' ich den Käufer nicht,
Er nennt sich nicht, läßt durch Valerio handeln,
Dem ich die größten Summen schuldig bin.

König.

Ich suche darin meinen größten Stolz,
Treu meiner Freunde immer zu gedenken,
Es kömmt, veranlaßt so durch mich, zu Euch
Der reiche Fremde morgen auf das Land,
Empfangt ihn freundlich, denn er ist gesinnt,

Der schönen Töchter eine als Gemal
In diesen seinen Pallast zu entführen;
Ihm ziemt es wohl, Euch hülfreich dann zu sein.

Nimian.

Mit neuer Wohlthat überdeckt mein Herr
Die alten stets, und thürmt so hoch sie auf,
Daß jeder Dank nur niedrig schwebend bleibt:
Ich könnte keinen reichern Eidam wünschen,
Wenn ich auf Irdisches die Augen richte,
Allein es wohnt Unsterbliches in uns,
Die Ehre, die von Ahnen uns gekommen;
Wenn man den seltsam räthselhaften Mann
Nur kennte, Vaterland und Stammbaum wüßte.

König.

Das ist es, was Euch immer noch bethört?
Ihr seht, daß er Millionen muß besitzen,
Er ist mein Lehnsmann, durch der Landschaft Kauf
Und meiner Briefe Kraft ein edler Graf,
Dazu genießt er meiner Gunst und Liebe,
Die wohl soviel vermag als Eure Ahnen,
Die wohl noch Kraft und Lebensodem giebt
Dem Niedrigsten, ob allen hoch zu schweben,
Genügt das nicht, so glaubet meinem Wort,
Er ist ein Edelmann, ich kenn' ihn ganz.

Nimian.

Nicht zürnet Eurem allertreusten Diener,
Ist er nur Edelmann, genügt es mir.

König.

Ich that das Mein'ge, thut nun, was Ihr wollt.
geht.

Nimian.

So wäre alles bald ins Reine wieder,
Wenn mein Gemal, die ängstliche, nicht wäre;
Schon tönt vor meinem Ohr der Fürst Athens,
Von Canada der Herzog, die Comthure,
Malthefer, Johanniter, Tempelritter,
Die seit Jahrhunderten in ihrer Freundschaft
Am meisten in dem Stammbaum hell gestrahlt.
Doch freilich werden wir uns fügen müssen,
Wie Bruder ist der Wundermann dem König. ab.

Zweite Scene.

Zimmer.

Valerio, Felix.

Valerio.

Du hast nun, dummer Bursche, Frau und Kinder,
Und wirst nicht klug und wirst nicht ausgebildet;
Wie könntest du sonst einem Menschen borgen,
Der dir von nirgendher Creditbrief brachte?
Das wächst alltäglich in die Dick' und Breite,
Das kriegt schon graues Haar an manchen Stellen,
Und immer will der Weisheitszahn nicht kommen.

Felix.

Der Mann sprach so vernünftig und so rührend.

Valerio.

Ja wohl, im Beutel hat er dir gerührt.
So rührend! solch ein dummes Wort der Mode
Muß in soliden Kaufmanns Mund nicht kommen.

Felix.

Es sind ja auch nur vierzig Stück Dukaten.

Valerio.

Und wenn es vier, ja nur ein einz'ger wäre,
So ziemt sichs, recht darum zu lamentiren,
Verlornes Geld giebt uns nur den Genuß.

Antonio kömmt.

Antonio.

Recht schönen guten Abend, theure Freunde.

Valerio.

Den Dicken nimm dir nur zum Muster da,
Der wird was vor sich bringen, der verstehts,
Treuherzig, bieder, ruhig, freigebig,
Und stets den Schalk, doch rüstig hinter'm Ohr;
Hat auch als Narr die Jugend hingebracht,
Hat auch mit dir in London Blindekuh,
Wolf, und Versteckens mit dem Geld gespielt,
Doch dann brav klug geworden, treibt's fast schlimmer
Und knausert mehr als wir, die Alten selbst,
Und doch dabei so dick und fett, das heiß' ich
Noch Kunst!

Antonio.

Jezt ist, Valerio, alles richtig,
Zurück kann der Verkauf nun nimmer mehr,
So kommen wir zu unserm baaren Gelde,
Das wir schon in den Schornstein schreiben mußten,
Und überschlagen, sinds wohl hundert funfzig
Und mehr Prozent, die wir dabei gewinnen.

Valerio.

Gewiß, das muß vom Zinse wieder zinsen,

Was ausgelegt, ist nie so groß gewesen;
Allein der Aufschub, die Termine, Zögern,
Neue Verschreibungen, die machen's dann.

Felix.

Ach, armer Nimian!

Valerio.

Er war reich genug;
Was mußt' er so verschwenden? Mußte denn
Der liebe Sohn die halbe Insel prügeln,
Die vielen saubern Liebesavantüren,
Die läppischen Duellgeschichten haben,
Grob sein mit aller Welt, sich überwerfen?
Dem Hofmarschall die Fenster einzuschmeißen?
Dem Präsidenten seine Prunkgemächer
Unsauber machen? Sind das solche Thaten,
Die ihm im Catechismus vorgeschrieben?

Antonio.

Der fremde Graf hat viel bei uns bestellt,
Die trefflichsten Brokate, alle Schneider
Und Juwelier sind auch für ihn in Arbeit.

Valerio.

Bei mir die schönsten Seidenzeuge auch;
Er ist ein Segen für das Land, stets baar,
Und eine Freude ist's, mit ihm zu handeln,
Er dingt Euch kaum, macht keine Winkelzüge,
Merkt er, daß man zu viel ihm abgefordert,
So hat er höchstens nur solch feines Lächeln,
Als wollt' er sagen: der versteht's Gewerbe.

Antonio.

Und gar nicht grob, wie andre große Herrn,

Läßt auch nicht hundert mal vergeblich kommen,
Um alles auszukramen, einzupacken,
Und wieder darzulegen, um am Ende
Zu sagen: brauche nichts, bin schon versehn;
Der aber gleich: hier dieses Stück gefällt mir!
Wo sie den Mann erzogen mögen haben.

Valerio.

Für ihn nur gut, daß er als Graf geboren,
Zum Kaufmann wär' er ganz und gar verdorben.
Sohn, komm hinein, und Ihr, mein guter Freund,
Die Rechnungen noch einmal durchzugehn.

sie gehn ab.

Dritte Scene.

Garten.

Graf Nimian, Gräfin Marfisa.

Marfisa.

Was Ihr mir da gesagt, mein Herr Gemal,
Ist allerdings wohl des Erwägens werth,
Als Mann so großen Reichthums dürft' er wohl
So glänzende Verbindung aspiriren,
Wenn er nur auch als Name etwas gälte,
Stammt' er von den Orsino's, den Colonna's,
Wär er verwandt allhier den hohen Häusern;
Man weiß ja kaum wie man ihn nennen soll.
Er muß doch fühlen welchen Schritt er thut,
Er kömmt mit Königsthronen in Verwandtschaft.

Nimian.

Gemalin, darin geht Ihr doch zu weit.

Marfisa.

War nicht ein Ahnherr von Jerusalem König?

Nimian.

Ja, wenn Ihr Euch so weit hinauf versteigt
In leere Anwartschaft: wo lag sein Reich?

Marfisa.

Das schadet nicht, Euch blieb wie ihm der Anspruch,
Als einem seiner Descendenten; wohl
Mag noch der Glauben einst das Grab erkämpfen,
Da steht Ihr da als erster Prätendent.

Nimian.

O lassen wir die Thorheit, freilich wohl
Wie diese Herren Könige in partibus,
Bin ich nun auch bald Graf in partibus.

Marfisa.

Der fremde Titel ist mir unbekannt.

Nimian.

Die Bischöf', deren Sprengel eingebildet
In Ländern liegt, die Türken inne haben,
Sind Herrn in partibus infidelium;
Ein Gläubiger ist offenbar ein Christ,
Die nicht mehr meine Gläub'ger werden wollen,
Sind infideles, darum bin ich bald
Ein Edelmann nur noch in partibus.

Marfisa.

Ihr seid gewiß, Herr Graf, sehr tief gesunken,
Latein'schen Scherz, Schulmeistern gleich, zu üben.

Nimian.

Was soll's der Worte mehr? der König will's,

Der wünscht, den reichen Mann im Land zu halten,
Er denkt Wohlthäter uns zu sein, dadurch
Daß er ihn uns verknüpft, und so zu lösen
Dem Hause die Verbindlichkeit, die lange
Schon seine Ahnen unsern Vorfahr'n hatten:
Versäumt den Augenblick, er kehrt nie wieder,
Tragt mit der Armuth noch des Königs Zorn.

Marfisa.

Wenn denn die Nothdurft gar zu streng gebietet,
So geb' ich meine freie Zustimmung.

Nimian.

Leicht wird es unser Eidam möglich machen,
Daß dieses kleine Gut uns doch verbleibt.

Marfisa.

Doch wenn er kommt, das sag' ich Euch, mein Herr,
Ich steh nicht auf, ich geh ihm nicht entgegen.

Nimian.

Er naht, so seid ihm freundlich mindestens.

Fortunat, Leopold und Diener kommen.

Fortunat.

Ich bin beglückt, daß mich der König würdigt,
Als Diener solcher Dame mich zu senden,
Ich überreich' Euch dieses Blatt von ihm.
Herr Graf, mich freuet Euer Wohlergehn.

Nimian.

Da Ihr heut unsern armen Landsitz würdigt,
So hoff' ich auch, Ihr bleibet unser Gast;
Am Abend fahren wir zur Stadt zurück,

Die Königin will meine Kinder sehn.
Ich geh', um alles eilig zu bereiten. geht ab.

Marfisa.

Setzt Euch, Herr Graf, ich wünschte lange schon
Den Mann zu kennen, der der Edelste
Von Männern, und der Angenehmste auch
Von allen holden Frauen wird genannt.

Fortunat.

Wenn Ihr mich würd'gen wollt, als Freund und Diener
In diesem schönen Land den Irrenden
Gern aufzunehmen, dann bin ich beglückt.

Die drei Töchter kommen.

Marfisa.

Graf, seht da meine Töchter: Adelheid
Die älteste, die zweite hier Cephise,
Cassandra dort die jüngste; Töchter, hier
Stell' ich Euch vor den Grafen von Lanfranco,
Den vielbekannten, weitgereisten Mann.

Fortunat.

Mir ist, ich seh' die Grazien vor mir wandeln,
Ich sah noch keine Schönheit, schwört, ihr Augen,
Daß ihr erst heut zu sehen habt gelernt.

Adelheid.

Man hört, Herr Graf, daß Ihr an Höfen wart,
Die Schmeichelei ist Eurem Mund geläufig.

Fortunat.

Dann würd' ich übertreiben, Falschheit reden;
Nie wünscht' ich noch mir das Talent des Dichters,

In schönes Wort zu kleiden, was ich fühlte,
Als jezt, um würdig in Gesang zu sprechen,
Wie diese Gegenwart mich hoch entzückt.

Cephise.

Doch meinen viele, daß des Dichters Rausch
Nur schöner Wahnsinn sei, der bald erlischt,
Und dem genes'nen Auge, das ernüchtert,
Nur Reue schafft und tiefes Mißbehagen,
Nicht jener zu gedenken, die aus Vorsatz
Die Unwahrheit in Liedesworte kleiden,
Drum müssen Fraun mit Argwohn Reime hören.

Fortunat.

Zum erstenmal hör' ich von jungen Lippen,
Vom schönsten Mund des Mißtrauns Lehre pred'gen;
Ihr werdet, Reizende, nicht Schüler ziehn,
Wohl aber hoch begeisterte Poeten.
Eu'r Lächeln, liebliche Cassandra, sagt,
Daß Ihr des Unbeholfnen Reden spottet.

Cassandra.

Mit nichten, mein Herr Graf, geziemte Spott
So unerfahrner, blöder Jugend wohl?
Weil Ihr mich fragt, so sag' ich, was ich dachte,
Es schien mir nur, der Schwester gegenüber,
Wärt Ihr zum Dichter selber schon geworden.

Marfisa.

Nur wenig noch waren am Hof' die Kinder,
Weil wir zumeist auf unsern Gütern lebten,
Doch ließ ich sie erziehn nach ihrem Stande,
Tanz, Lautenspiel, die Sprachen und Gesang
Sind ihnen wenigstens nicht fremd. Verzeiht,

Wenn wir Euch einen Augenblick verlassen.
Wir kleiden uns ein wenig um, der Ehre
Des edlen Gastes unwerth nicht zu scheinen,
Und nach der Mahlzeit Euch zur Stadt zu folgen.
Herr Graf, auf Wiedersehn in kurzer Frist.

Fortunat.

Die schönen Gänge werd' ich hier durchwandeln
Und einsam nicht, denn diese süßen Bilder,
Der Klang der holden Rede folgen mir,
Mit Strahlenfittig meinen Sinn umgaukelnd.
die Damen gehn ab.
Bleib, Leopold, ihr andern all verlaßt mich. —
Mein Leopold, ich bin nun fest entschlossen
Mich zu vermählen, häuslich hier zu bleiben,
Du sahst die jungen Fräulein, hörtest sie,
Jezt rathe mir, welche ich wählen soll.

Leopold.

Mein gnäd'ger Herr, ein jeder Rath ist mißlich,
Allein beim Ehestand am allermeisten,
Ich selber bin noch leidlich durchgekommen,
Doch fühlt' ich, welche schwere Last ich trug;
Seitdem hab' ich die Weiber nicht beachtet,
Mein Sinn war auf der Städt' und Länder Sitte,
Auf Schiffahrt, Krieg und Kaufmannschaft gerichtet,
Ihr saht an Höfen, in den feinsten Zirkeln
Der Damen manche, bildetet den Sinn,
Ihr laset viel und habt noch mehr gedacht,
So wird es Eurer Weisheit leichter fallen
Den besten Rath zu fassen, als dem Diener,
Der unbeholfen Euch wohl nur erzürnte.

Fortunat.

Ich kenne dich, daß du mit scharfem Auge
Die Menschen prüfst, nicht leicht in ihnen irrst,
Ich fordre die Ergebenheit von dir,
Denn ohne dich will ich mich nicht entschließen.
Erwäg', ich wandle diesen Gang hinab,
Kehr' ich zurück, verlang' ich die Entscheidung. ab.

Leopold.

Ein Wort in Ehesachen sprechen, heißt
Den Brand in Stroh hinwerfen, ob es brennt,
Den biß'gen Hund in seinen Rachen fassen,
Ob uns sein grimmer Zahn verletzt, ob nicht:
Allein er duldet keinen Widerspruch,
Er ist zu reich und hochgewöhnt, als daß
Man sprechen dürfte so wie Freund zu Freund;
Er hat gewiß schon vorgefaßte Meinung,
Und treff' ich die, werd' ich ihm lieber noch;
Noch weiser und erfahrner schein' ich dann,
Er meint, sein Glück hab' er mir mit zu danken;
Doch lenkt zu einer andern sich mein Sinn
Als die er sich erwählt, gelt' ich als Thor,
Als alter eigensinn'ger Wunderlich,
Und er trägt mir es wohl zeitlebens nach,
Und sie noch mehr, denn sie erfährt es doch,
Ich mag nun wider, ich mag für sie stimmen.
So steh' ich endlich doch auf jenem Punkt,
Den ich mit Klugheit stets vermeiden wollte,
Daß seine Gunst am Zufalls-Faden hängt.
Es hat noch keinen reichen Mann gegeben,
Dem seine Laune nicht Gesetz gewesen.

Fortunat kömmt zurück.

Fortunat.

Nun, lieber Freund, hast du das Wort gefunden?

Leopold.

Mein gnäd'ger Herr, Ihr würdigt mich zu hoch
So ernster Sache Euch bei mir befragend,
Doch wag' ich auch sehr viel in Eurer Gunst:
Sagt Ihr zuerst die Meinung, wißt Ihr wohl,
Daß ich um nichts Euch widersprechen würde,
Drum wollt Ihr, zu erfahren, wie ich denke,
Daß ich mit meinem Rathe Euch vorangeh;
Treff' ich nicht Euren Sinn, so zürnt Ihr mir,
Auch wenn Ihr anders wollt, im Stillen fort,
Ihr stutzt, und ich weiß nicht, wie Ihr's gemeint;
Laßt beid' uns drum zugleich durch Zeichen sprechen:
Es stehn der Blumen viele dicht im Garten,
Die Lilien mögen Adelheid bedeuten,
Die bunten Nelken hier Cephisens Namen,
Cassandra diese kleinen rothen Rosen,
Der Blumen eine brech' ich hier für mich,
Und berge still sie unter meinen Hut,
Ihr thut dort drüben heimlich dann dasselbe,
Zugleich eröffnen wir die Loose drauf,
Und sind sie ungleich, müßt Ihr mir vergeben.

Fortunat.

So sei's, du Muster der Vorsichtigkeit.

Leopold.

Nun lenke meine Hand, du gutes Glück.

Fortunat.

Deck' auf! — Sieh, Bester, beides rothe Röschen,

Nun geht mir auch mein holder Glücksstern auf,
Im süßen Glanz der reizenden Cassandra.
Laß dich umarmen, Leid- und Freudgefährte,
Und nimm an meinem Glück den vollsten Antheil,
Stets sollst du mir ein Freund und Bruder seyn.

Ein Diener kömmt.

Diener.

Es ist, Herr Graf, für Euch nun angerichtet.

Fortunat.

Und nun zur Werbung! Süße Töne möge
Der Gott der Lieb' auf meine Lippen legen.

sie gehn ab.

Vierte Scene.

Zimmer.

Theodor, Gratiana.

Gratiana.

Du kömmst verdrüßlicher nach Hause stets,
Laß uns geduldig unsre Armuth tragen,
So sind wir doch der schlimmsten Noth erlößt,
Daß mit dem Gram nicht dieser Grimm uns quält.

Theodor.

Wie kann man anders? Soll ich dazu lächeln,
Daß meine Noth mit meinem Alter wächst?
Daß jeder Tag der Mittel mehr uns raubt?
Verachtung, Mangel vor uns, in der Ferne
Das grimmige Gespenst des Hungertodes.

Gratiana.

Wenn wir das Silberbecken und die Kanne,
Die uns nichts nützen, doch verkaufen wollten,
Man könnte manchen Monat davon leben.

Theodor.

Es ist das letzte Stück, das letzte, Frau,
Mit meinem Wappen und mein einz'ger Trost,
Wenn es so blank zu mir herüber blickt.

Gratiana.

Der Wünsche hab' ich all mich nun entschlagen,
Seitdem wir keine Magd mehr halten können,
Ich selbst gehn muß im Finstern Wasser schöpfen,
Am Markt einkaufen unser spärlich Mahl,
Am Feuer stehn, und Töpf' und Teller scheuern,
Die Wäsche thun, und noch dazu vor allen
Nachbarn, mich meiner Müh' und Arbeit schämen,
Als wenn der Müßiggang was Edles wäre,
Da kommt das Silber wie ein Feind mir vor,
Der mich verlacht und höhnisch nach mir deutet,
Wenn Sonnenschein das Glänzen zu mir spiegelt.

Theodor.

Das sind doch Vorurtheile, liebe Frau;
Wir wollen mit dem Lauf der Welt uns trösten,
Auch andern geht es schlecht, Graf Nimian
Ist trotz des Hochmuths bald in unsrer Lage,
Was sein war, hat er alles schon verkauft.

Gratiana.

Das tröstet nicht, daß andre elend sind.

Theodor.

Der fremde Graf ist mir vorher begegnet:

Das nenn' ich doch noch leben, was der treibt;
Den größten Pallast hat er sich gekauft,
Ihn so möblirt, wie's selbst kein König kann,
Die schönsten Hengste reitet er und wechselt
Mit Rappen, Schimmeln oder seinem Goldfuchs,
Arabisch sind die meisten und das Zeug,
Die Sättel, Decken, Zäum', das glänzt von Gold:
Dann zieht er wieder auf die Falkenjagd,
Kleid't sich des Tages drei bis viermal um,
Und immer prächt'ger, köstlicher als erst.
Er hat den König und die Königin
Beschenkt, wie kaum der Mogul es vermag,
Die größten Perlen aus dem Orient,
Die reinsten Diamanten. Unser Herr
Erzeigt ihm drum auch solche Gnad' und Freundschaft,
Damit er nur nicht aus dem Lande zieht;
Jezt hat er ihm Gemälde noch versprochen,
Die von Venedig erst erwartet werden.
Ja, solcher Mann weiß doch, warum er Luft
Und Athem in sich zieht, der kann einst ruhig
Dem Tod' entgegen sehn, er hat gelebt.

Gratiana.

Wenn ich den Sohn noch einmal wieder sähe,
Thät' ich Verzicht auf jedes andre Glück.

Theodor.

Nur, Nota bene, nicht als Bettelmann,
Daß man sich seiner auch noch schämen müßte.
Ja, könnt' er so mit zwei, drei Pferden kommen,
Und brächt' uns wohl ein Capitälchen mit,
Daß wir nur eins der kleinsten Güter lößten,
Dann wär' er mir erwünscht, mein Vatersegen

Sollt' ihm dann nicht entstehn: doch neue Armuth
Mit ihm in's Haus, wär' Elend über Elend. —
Wer klopft denn da? Herein! Nur immer 'rein!

Fortunat tritt herein.

Theodor.

Ei was! mein Allergnädigster! In aller Welt
Wie kommen wir zur unverhofften Ehre?

Fortunat.

Schon lange wünscht' ich kennen Euch zu lernen,
Da ich des Guten viel von Euch gehört,
Und zürne mir, daß ich nicht früher schon
Um Eure Freundschaft und Vertraun gebeten.

Gratiana.

Setzt Euch, mein gnäd'ger Graf; hol doch den Sessel
Dort aus der Kammer für den gnäd'gen Herrn.

Fortunat.

Ich will Euch keine Störung machen, Freunde,
Ich hoffe wohl, wir bleiben uns nicht fremd.
Und wenn ich wüßte, daß Ihr mir verzieht,
Setzt ich mich gern mit Euch zum stillen Mahl
An diesen kleinen Tisch; sehr überdrüssig
Bin ich des Lärms, der tobenden Gesellschaft,
Des Glanzes dort am Hof, des leeren Prunks.

Theodor.

Mein Gott — Herr Graf, — ich weiß nicht, was ich rede;
Hilf mir doch aus, Frau! Du! Wie stehst du da?

Gratiana.

Wollt Ihr uns nicht beschämen? Unsrer spotten?

Ihr seht die Armuth, die sich nicht verstecken,
Nicht läugnen läßt.

Fortunat.

Mein Spott wär' arge Sünde;
Wenn Ihr mich ehren wollt, vertrauet mir.

Theodor.

Recht so! Mach keine Umständ', Frau! Nicht quängeln!
Der Herr befiehlt's! der Herr mag denn auch essen
Was wir ihm bieten können; schmeckt's ihm nicht,
Wird er nicht satt, ist's seine eigne Schuld!
Hol Licht! setz dreist das kleine Stümpfchen auf!
Bring dann die ird'nen Schüsseln, wenig drinn,
Den Wasserkrug, das kleine Spitzglas Wein,
Das grobe Deckzeug voller Fleck' und Löcher;
Die Freudenthränen stürzen mir ins Auge,
Daß es in dieser Welt noch Herren giebt,
Die wegsehn über jed alfanzig Wesen,
Den Edelmann trotz dem zu finden wissen,
Und sich mit ihm zum leeren Tische setzen.

Gratiana.

Nun ist geschehn, was Ihr befohlen habt.

Theodor.

Ich glaube gar, du flennst aus Jammersinn.
Ja Weiber bleiben Weiber, gnäd'ger Herr,
Sie kann es nun und nimmermehr verschmerzen,
Daß es bei uns hoch herging ehemals.

Fortunat.

Doch eh' ich mich zu Tische niedersetze,
Erlaubt vorher die Hände mir zu waschen.

Theodor.

Und mir erlaubt das Becken Euch zu halten.

Nimm, Frau, die Gießkanne. Nun, siehst du wohl,
Daß unser Silber noch zu Ehren kommt?
Wie gut, daß wir das alte Zeug behielten!

Gratiana.

Hier trocknet Euch, Herr Graf, an diesem Tuch.

Fortunat fällt nieder.

Und keiner kennt mich? Euren Fortunat?
Mein Vater! Mutter! Gebt mir Euren Segen.

Theodor.

Herr Gott! — Was Teufel! — Ei, Herr Graf! da fällt
Die Kanne ihm mein Seel auf seinen Kopf —
Der Schreck — ist's wahr? seid Ihr mein alter Sohn?

Gratiana.

Kein Traum wär's nur? Ach nein! ach nein! er ist's!
Ich kenn' ihn wieder! Ja er ist's! Mein Herz
Ward umgewandt, so wie er zu uns trat.

Fortunat.

Ja, liebste Eltern, theure Pfleger, nehmt,
O nehmt mich an das Herz nach langer Zeit!
Nun bin ich wieder da, nun bleib' ich hier!
Liebt Ihr mich noch? Habt Ihr mir auch vergeben?

Theodor.

Heidi! Kommt, Leute, nehmt das ganze Haus,
Und schmeißt es mir hinaus zur Stubenthür!
So mußt' es kommen? O mein lieber Sohn,
Ja du steigst wie ein Paradies herab,
So wie das Himmelreich mit allen Thronen
Und Cherubim und Glanz und Lichtverklärung!
Das hätt' ich nicht in dir gesucht! Und nicht

Im Grafen dich! — Nimm Becken auf und Kanne,
Die bleiben uns zum ew'gen Angedenken,
Auf Kind und Kindeskind, dabei erzählt man
Den Staunenden die Wundergeschicht. O Sohn!
Oft phantasirt' ich mir in Abendstunden,
Wie du einst reich und vornehm trätst herein,
Doch so hat's nie mein frechster Traum gewagt.

Gratiana.

Laß meine Liebe, meine heißen Thränen
Nun auch zu Worte kommen, — ach! mein Sohn —
Ich kann nicht sagen, was ich wollte, — nein —
Mir steigt das ganze Herz zum Hals hinauf —
Nicht bloß um meine Sehnsucht mir zu stillen,
Kehrst du zurück, — auch namenloses Elend
Und Spott, und Druck, und Gram von uns zu nehmen.

Fortunat.

Vergebt mir nur, geliebte, liebe Eltern,
Daß ich so lang' in fremder Welt gezögert,
Die Sünde fühl' ich jezt recht schwer im Herzen.

Theodor.

Hätt'st früher kommen können, das ist wahr;
Allein was thut's? Nun fängt das Leben an,
Vorher war ich im ungebornen Stand!
Vergieb mir nur von damals jenen Schlag
Du liebes Kind, als du aus hohem Geiste
Die Worte mir prophetisch vorgesagt,
Daß ich dir einst das Becken halten würde:
Sieh, du hast Wort gehalten, das ist brav,
Und wie ein Mann den Vorsatz durchgeführt.

Leopold kömmt herein.

Fortunat.

Du hast, mein Leopold, hieher bestellt
Die Leute all, wie ich dir aufgetragen?

Leopold.

Genau wie Ihr es mir befohlen habt.

Fortunat.

Der würd'ge Mann, die theure Frau, mein Freund,
Sind meine lang entbehrten lieben Eltern.

Leopold.

Erlaubt, daß ich Verehrung Euch bezeige.

Fortunat.

Mein Vater, hört ein wenig diesen Mann,
Er wird Euch sagen, was Ihr habt zu thun.

Theodor und Leopold sprechen leise beiseit.

Graf Nimian tritt herein.

Nimian.

Mein edler Graf, seltsamer Weise führt
Man mich hieher, um wieder Euch zu sehn.

Fortunat.

Ich dank' Euch herzlich für die freundliche
Einwilligung zu meinem schönsten Glück,
Gleich wollen wir vom Leibgedinge sprechen.

Nimian.

Man sagte mir zugleich, ich würde hier
Den Käufer meiner Güter kennen lernen,
Nun muß ich fast vermuthen, daß Ihr's seid.

Fortunat.

Nicht eigentlich, bald wird Euch alles klar.

Theodor tritt vor.

Herr Graf, ich weiß nicht, ob Ihr mich noch kennt,
Sonst waren wir so ziemlich gute Freunde,
Allein seitdem ist mächtig viel geschehn,
Und mit der Zeit muß auch der Mensch sich wandeln.

Nimian.

Herr Theodor — ich möchte glauben, — fragen —

Theodor.

Durch sonderbar Geschick ist mir gelungen,
Daß ich der Käufer Eurer Güter bin.

Nimian.

Wie? Ihr? Ich träume, oder Ihr.

Theodor.

Nein, keiner,
Hier ist der Kaufkontrakt, hier Quittungen
Bezahlter Summen von den Gläubigern,
Und hier, mein alter Freund, empfangt von mir
Mit meinem besten Wunsch das Eigenthum
In Eure Hand zurück, und wenn Ihr glaubt,
Mir ein'gen Dank schuldig dafür zu sein,
So laßt uns wieder Freunde sein, wie sonst.

Nimian.

Die Welt geht rund mit mir! ich bin besessen,
Im Wahnsinn, liege wohl in Fieberhitze
Und träume diese Phantasien mir vor!
Nein, hier sind die Papiere, alles richtig,

Da steht der Alte, dort der junge Mann,
Ich schäme mich der Thränen länger nicht —
Laßt Euch umarmen, alter Theodor,
Verzeiht, daß ich so lang' als armer Sünder
Als hoffärtiger Narr unchristlich war;
O wie beschämt Ihr mich durch solche Großmuth.
Frau Gratiana, liebe theure Frau,
Die mir so manches Mahl mit Lust bereitet,
Vergönnt mir wieder so wie sonst den Kuß;
Und mein Gemal, die Gräfin hoch Marfisa,
Soll sich, sie soll vor Euch sich demüth'gen
Bis in den Staub.

Gratiana.

Nicht das, mein lieber Freund,
Sei alles doch vergeben und vergessen.

Nimian.

Doch wie war Euch in Eurer Armuth möglich,
Die großen Summen für mich aufzutreiben?

Theodor.

In meiner Armuth? Steht nicht hier mein Peru,
Mein Ophir, mein Golkonda leiblich da?
Mein Fortunat, mein Sohn, durch den wir nun,
So wie ich höre, auch verschwägert werden?

Nimian.

So seid Ihr Fortunat, mein theurer Sohn?

Fortunat.

Nicht anders, glücklich, daß in meine Hand
Der Himmel es gelegt, Euch so zu dienen,

Wofür Ihr mich beseligt; Euer Sohn,
Mein alter Freund, wird seines Bannes los,
In Eure Arme kehren, würd'ger Erbe
Der väterlichen Güter.

Valerio, Felix und Diener kommen.

Valerio.

Hieher bring' ich
Was mir ist aufgetragen: laß herein
Die Leute kommen, Sohn, mit Schmuck, mit Kleidern,
Mit Goldstoff, Perlen und Juwelen all!
Herr Graf, wie Ihr befohlen, ist geschehn.

Fortunat.

Mein theurer Vater, herzgeliebte Mutter,
Ich feire heut mein schönstes Lebensfest,
Daß ich Euch wiederfand, daß mir als Braut
Die Tochter dieses edlen Grafen wird;
Hier bringen meine Diener Schmuck und Kleider,
Folgt ihnen dort ins Zimmer, legt sie an,
Um würdig vor dem König zu erscheinen,
Der auch auf heute unser Gast wird sein.

Theodor.

Noch einen Kuß, du bist ein Kaiser, du!

er und Gratiana gehn mit den Dienern in das Nebenzimmer.

Valerio.

Der gnäd'ge Theodor, Dero Herr Vater?

Fortunat.

Ja, alter Mann. Nun, Felix, alter Freund,
Wie stehst du so verzückt? Kennst du mich nicht?

Felix.

Ich wag' es nicht, ich weiß nicht, was ich denke.

Fortunat.

Als wir zu London schieden, dacht' ich nicht,
Daß wir uns so einst wieder sehen würden.

Felix.

Und ich noch wen'ger, das kann ich beschwören.
Wie gnädig, daß Ihr meiner noch gedenkt.

Musik, die Thüren nach der Straße öffnen sich, auf der Straße erscheint ein großer Zug mit vielen Fackeln, der sich nach dem Hause bewegt, die Braut wird von dem Könige und der Königin geführt, viele geschmückte Herrn und Damen folgen; in demselben Augenblicke treten Theodor und Gratiana sehr reich gekleidet wieder aus dem Nebenzimmer.

Fortunat.

Des Königs und der Kön'gin Majestät
Gehn uns mit meiner theuern Braut entgegen,
Laßt uns nicht säumen, Vater, Mutter, Graf.

Theodor.

Entgegen! Schnell! — Valerio, seht, ja seht,
Mein guter Mann, das kommt dabei heraus,
Wenn man so wie mein Sohn auf Reisen geht.

Sie begeben sich hinaus. Man sieht in der Ferne den König Fortunat umarmen; dieser stellt seine Eltern vor, welche niederknien wollen, der König umarmt sie ebenfalls; Fortunat schließt sich der Braut und den Eltern an, unter einem lauten fröhlichen Marsche verläßt der Zug die Bühne.

Valerio.

Nicht immer ist's der Fall, wenn ich dran denke,
In welchem Zustand du, mein Felix, mir
Als armer Sünder her von London kamst.
Komm nun hinüber in des Grafen Pallast,
Wir sollen mit die Einrichtung besorgen.
Der hat's getroffen, ganz als sagte man:
So möcht' ich's haben! und so hat er's nun.

sie gehn ab.

Fortunat.

Zweiter Theil.

Ein Mährchen in fünf Aufzügen.

1816.

Erster Akt.

Erste Scene.

Zimmer.

Ampedo, Daniel.

Daniel.

Nun, mein junger Herr, warum denn so traurig, aller Muth fort, so in die Winkel weggekrochen und geheult, wie ein altes Weib?

Ampedo.

Du weißt es ja selbst, mein guter Daniel, daß mein Vater krank ist und mit jedem Tage schwächer wird, so daß die Aerzte nicht mehr viele Hoffnung haben.

Daniel.

Ja, das ist wahr; es scheint wohl, daß der gute alte Herr Fortunat bald sein letztes Brod wird gekaut haben, er sieht miserabel aus und läßt die Flügel recht hängen: weil er aber wie ein Hänfling in der Mauße, wie ein Huhn ist, das den Pips und alle Federn aufgestrobelt hat, müßt Ihr denn darum aussehn, wie eine gebadete Maus? Alte Leute müssen sterben, junge müssen leben, das ist nun einmal seit uralten Zeiten der Lauf der Welt. Trinkt ein Glas Wein, seid wohlgemuth, er läßt Euch ein tüchtiges Vermögen zurück, der alte Goldfink, Euer Leben muß noch erst angehn.

Ampedo.

Laß mich traurig sein, guter Mensch, es thut mir besser.

Daniel.

Wenn's Euch kommoder ist, in Gottes Namen, heult und greint, bis Euch die Augen aus dem Kopfe fallen, mir kann's recht sein, mich kostet's nichts.

Andalosia kömmt mit Dienern.

Andalosia singt.

Feinsliebchen rief: ich küss' dich nicht,
Du hast noch keinen Bart!
Der Jüngling sprach: mein Schatz, mein Licht,
Das ist so meine Art,
Die Jugend ist so lieb,
Das Alter ist ein Dieb,
Wächst erst Vernunft und Bart so dicht,
Mag ich dich nicht, mag ich dich nicht.

Da, Caspar, trag den Falken fort, das Vieh hat sich heut elend aufgeführt, er ist gar nicht mehr, was er war, und wird mit jedem Tage schlechter, bald gut genug, ihn der Katze zum Fressen vorzuwerfen.

Diener ab.

Daniel.

Da seht nur den Junker, der ist von ganz anderem Faden gedreht, wie Ihr, der reinste, feinste Flachs, so rund und drall, und Ihr seid nur aus Werg, aus dem Abgang gesponnen. — Ist's aber Recht, junger Herr Andalosia, so zu schreien und zu singen, nichts als Falken und Pferde im Kopfe zu haben, wenn der alte Herr Vater so krank und schwach ist, und bald das ganze Lebenslicht ausniesen wird? Das denkt doch auch an gar nichts, als so weit ihm gerade die Nase steht, aus der Hand in den Mund, aus dem Becher in's Bett, aus dem Bett auf die Jagd! Sapperlot! es giebt doch auch Tugend und Vernunft, Moral und Religion in der Welt! Beißt da doch auch ein Bischen hinein, Wildfang, vielleicht kommt Euch der Appetit dazu im Essen.

Andalosia.

Was so ein alter, abgewitterter, verschimmelter Domestik sich herausnimmt, wenn er so ein dreißig Jahr im Hause geklebt hat! Bist du, verdorrtes Schafsfell, mein Hofmeister, mein Onkel, meine Gouvernante, mein Vormund, daß dir so schäbige Redensarten aus dem Munde stäuben dürfen?

Daniel.

Sacht! sacht! ich dachte, ich wäre ein würdiger alter Mann.

Andalosia.

Ein altes Trommelfell, das nicht eher moralisch knurren sollte, bis man mit den Trommelstecken über dich käme.

Daniel.

Schon gut, ich habe mich wohl mehr in der Welt umgesehn, als so ein Wildfang sich träumen läßt. — Da bringen sie den alten Herrn, seht nur, wie caduc er ist, und laßt Euch rühren.

Fortunat am Stabe, von zwei Dienern geführt.

Fortunat.

Setzt mich in diesen Sessel, — sacht, — nun geht,
Stellt noch das Kästchen hier erst neben mich, —
Nun alle fort; — da seid Ihr, liebe Söhne,

Ich wollt' Euch rufen lassen: — schließt die Thüren!
Diener ab.
Geh nun auch, Daniel, mit den andern fort.

Daniel.

Wird wohl nicht nöthig sein, Ihr braucht ja Hülfe,
Umstände macht nur nicht mit unser einem.

Fortunat.

Ich sage du sollst gehn, ich habe viel
Mit meinen lieben Söhnen abzusprechen.

Daniel.

Strengt Euch nicht ohne Noth die Lungen an,
Was nutzt das viele Reden? Ihr wart nie
Ein Freund davon, der Ruhm bleib' Euch zum Tode.

Andalosia wirft ihn hinaus.

Im Schlimmen fort, willst nicht im Guten gehn! —
Der alte Mensch wird toll; verschlossen ist
Die Thür, mein theurer Vater.

Fortunat.

Liebe Söhne,
Ich fühle, wie die letzte Stunde naht.

Ampedo.

Ihr seid noch wohl, nein, nein, verlaßt uns nicht.

Fortunat.

Das Leben ward uns nur geliehn zum Sterben,
Wir gehn durch diese Welt zur höhern ein.
Es bleibt mir keine Zeit, geliebte Kinder,
Euch zu ermahnen, Lehren Euch zu geben,
Das that ich viel und oft in bessern Tagen,

Ich hoffe wohl, nicht alles sei verloren;
Auch findet Ihr in meinem Schreibezimmer
Verzeichnet meinen Lebenslauf, die Reisen,
Mit vielerlei Vermahnung, vor Gefahr,
Vor schlechten Menschen Euch zu hüten, Regeln
Der Klugheit, die ich bitter lernen mußte.
Les't diese Schriften mit Verstand und merkt
Was keiner mir in harter Jugend sagte.
Ich seh' in Euch den Spiegel meines Lebens,
Und sonderbar scheint mein Gemüth, so Schwächen,
Wie Tugend, unter Euch vertheilt. Vernehmt
Den letzten Rath denn, den ich Euch geben kann.

Ampedo.

Ich hoffe nicht zu straucheln, lieber Vater,
Ein einsam stilles Leben kennt nicht Noth.

Fortunat.

Dir hat das fromme stille Wesen ganz
Von deiner sel'gen Mutter sich vererbt,
Mein Erstgeborner du, doch seh' ich auch
In dir die Blödheit und den schwachen Sinn,
Der mancherlei Gefahr mich bloß gestellt;
Du wirst dich schwerlich wagen, weder Meer
Noch fernes Land, noch Neugier, Trieb zu reisen,
Noch Uebermuth wird dich mit Noth bedrängen,
Du lebst am liebsten heut wie morgen fort,
Du kennst nicht Langeweil' und nicht Entzücken,
Doch, naht Gefahr, wo dann die Hülfe suchen?
Der alte Leopold ist längst gestorben;
Der König liebt und schützt uns, die Verwandten
Sind dankbar und befreundet, darauf trau' ich.

Ampedo.

Wenn ich nur keinem in den Weg was lege,
So wird auch keiner mich zum Stolpern bringen.

Fortunat.

Der Himmel füg' es so. Du, Andalosia,
Der jüngere, bist fast mein Ebenbild,
Dieselbe Lust, die mich als Jüngling trieb,
An Pferden, Falken, Hunden, Spiel und Jagd,
Oft hast du mir von Reisen schon gesprochen,
Dein heft'ger Sinn treibt dich ins Weltgewühl,
Du bist im Stechen, im Turnier fast immer
Der erste; Reiten, Springen, Tanz, die Zier
Des jungen Edelmanns ist deine Freude:
Allein in deinem Sinn ist Uebermuth
Und Wildheit, die mir immer fremd geblieben;
Du hast Verstand, ja Scharfsinn, doch ich sah,
Wie du ihn oft nur dazu brauchen mußtest,
Dich loszuwickeln aus Verdrüßlichkeit,
Die unbesonnen Thun dir zugezogen,
Drum hüte dich, daß nicht dein Lebenslauf
Nur ein Verstricken und Entstricken sei.

Andalosia.

Ich werde immer nur der Ehre folgen,
Sie steht als Rath mir bei in Kampf und Noth.

Fortunat.

Bewahrt Euch klug vor Eurem Oheim hier,
Dem schlimmen Nimian von Limosin,
Ich lößt' ihn von Verbannung, Armuth, Schande,
Und glaubte mich in Lieb' ihm zu verbinden;
Doch giebt es Herzen, die der Dankbarkeit

Nicht fähig sind in thierischer Verstarrung,
Und schützt' Euch auch der König, reizt ihn nicht:
Doch kömmt es, daß Ihr je den Widerwärt'gen,
Daß Ihr sonst jemand, wer es sei, beleidigt,
Wähnt nicht, daß er der Kränkung je vergesse,
Entfernt Euch ihm, zieht ihn nicht zu Euch an,
Am besten Land und wüstes Meer dazwischen;
Denn das hab' ich im Leben oft gesehn:
Leichtsinniges Vertraun dem Feinde leihn
Ist schlimmer, als mit gift'gen Nattern spielen.

Andalosia.

Man soll sich vor Beleidigungen hüten,
Kann man es nicht, den Gegner so bestrafen,
Daß er uns selbst gern aus dem Wege geht.

Fortunat.

Ich lass' Euch, Söhn', ein schönes Gut im Lande,
Diesen Pallast mit seinen prächt'gen Gärten,
Ihr findet vieles Gold in meinem Zimmer
In jenen festverwahrten Eisentruhen,
Allein das Köstlichste, das Seltenste,
Mehr werth als Schloß und Land, als diese Insel,
Das findet Ihr in diesem Kästchen hier:
Die Todesstunde zwingt mich, das Geheimniß,
Das lang verheelte, zu entdecken. Oeffnet
Das Schloß und höret aufmerksam mir zu.

Andalosia.

Von dunklem Leder nur ein kleiner Säckel,
Ein grauer alter Hut von schlechtem Filz?
Dies die Juwelen? Scherzt Ihr nicht, mein Vater?

Fortunat.

Zu ernst ist diese Stund'! In Todesnoth,
Verschmachtet schier, arm, ausgestoßen, elend,
Verzweifelnd schon an jeder Hülf' und Rettung,
Erschien mir wunderbar als wie im Traum
Ein leuchtend Bild, ein glänzend hohes Weib,
Die Göttin war es selbst, Fortuna war's;
Sie stellte mir die Wahl, ich wählte Reichthum,
Und diesen Säckel reichte mir die Hand,
Den unerschöpflichen, doch findet Ihr
Des weitern dies erzählt in meinem Buche.

Andalosia.

Ist's möglich?

Ampedo.

Ei, das klingt wie Zauberei.

Fortunat.

Mit diesem Wundersäckel war ich glücklich
Und reis'te weit umher durch alle Lande,
Der Lust genug zu thun, die um mich trieb:
Doch kam ich oft in tödtliche Gefahr,
Bis mir gelang, nachdem ich schon vermählt,
Nachdem Ihr beide mir schon wart geschenkt,
Das zweite Wunderkleinod aufzufinden.
Es führte mich mein Weg einst nach Aegypten,
Des Landes Sultan war mein alter Freund,
Dem ich manch reiches Kleinod schon geschenkt,
Mit seinen Briefen ging ich dann nach Syrien,
Und Palästina, Persien, bis zum Ganges;
Im traulichen Gespräch zeigt er mir froh,
Was er an Schätzen, Kleinoden, Juwelen,

Und Silbers Fülle, Goldes Glanz besaß,
Genug die Augen Sterblicher zu blenden;
Ich pries sein Glück, da führt er mich, geschmeichelt,
In sein verriegelt einsam Schlafgemach,
Zieht diesen Filz, unscheinbar, alt, vertragen,
Aus seinem Busen; spricht: mein größter Schatz
Ist dieser Hut, denn deckt er meinen Kopf,
Und nenn' ich nur den Ort, sei's nah, sei's fern,
So bin ich mit Gedankenschnelle dort;
Ich staunt' ihn an, er lacht', als glaubt' ich nicht,
Da kam es wie ein Blitz in meinen Sinn,
Vielleicht, so sprach ich, ist er schwer, gewichtig,
Und drückt das Hirn mit seiner Wunderkraft;
Der Thor darauf: nicht schwerer als jedweder
Gemeine Hut! und setzt' ihn selbst mir auf;
Ich wünsche mich sogleich zu meinem Schiff,
Der Anker wird gelichtet, wie hieher,
Da prob' ich gleich das mährchenhafte Wunder,
Und richtig, wie er sagte, ohne Quaal
Und Kosten, unermüdet, bin ich bald
In Indien, dann in Grönland, Spanien,
In wüsten Inseln, was mein Kopf nur sinnt, —
Nun gab es keine Kraft mich festzuhalten,
Ich lachte jeglicher Gefahr: der arme Thor
Bot mir Millionen für den Wunderhut,
Ich schlug sie aus, er härmte sich im Zorn,
Daß er nach ein'ger Zeit gestorben ist.

Ampedo.

Der arme Mann!

Andalosia.

Warum auch schwieg er nicht?

Fortunat.

Ich bin erschöpft. Nur noch beschwör' ich Euch,
Sagt keinem Sterblichen von diesen Wundern,
Nicht Euren Frau'n, wenn Ihr einst seid vermählt,
Wie Eure Mutter nichts davon erfahren,
Auch keinem Freund, es giebt so treuen keinen,
Der nicht darnach mit allen Kräften stellte;
Und zweitens, trennt die Wundergaben nie,
Nach festbestimmten Zeiten wechselt um,
So kann Euch keineswegs Gefahr bedräun,
Ein halbes Jahr besitzt sie Ampedo,
Dann Andalosia: versprecht mir dies.

Ampedo.

Gewiß, mein Vater, denn es ist vernünftig.

Andalosia.

Wie Ihr es wollt, Ihr seid der weisere.

Fortunat.

Verwahrt sie fest, seid schweigsam. Hebt mich auf,
Führt mich dort hin zu meiner Lagerstatt,
Ruft meine Diener nochmals zu mir her,
Den Priester auch, ich fühle jezt die Hand
Des kalten Todes, und mein Geist enteilt
Den trüben Wolken dieser Zeitlichkeit.

gehn ab.

Zweite Scene.

Garten.

Daniel allein.

Daniel.

Dietrich! Komm hieher! Da sitzt der Junge und frißt die halbreifen Feigen hinein, und denkt an nichts Höheres. — Fall' nicht, klettre behutsam herunter! — Der Junge hat mein Seel' was vom Affen! Die Geschicklichkeit, Behendigkeit, und frißt das Obst so sauber hinein, daß man keine Spur davon gewahr wird; kann auf Reisen was aus ihm werden, wenn er so fortfährt.

Dietrich springt herunter.

Da wär' ich!

Daniel.

Und hat noch beide Backen vollgestopft, daß sie ihm platzen möchten. Friß, käu' erst hinunter, junges Blut, dann wollen wir ein gescheidtes Wort mit einander sprechen.

Dietrich.

Nun sprecht, Vater, ich bin schon fertig, aber sauber gescheidt, denn lange kann ich nicht versäumen, auf den Baum da drüben scheint gerade die Sonne so recht heiß, die sind in fünf Minuten auf der wahren Höhe vom besten Geschmack.

Daniel.

Ich dächte, du hättest nun die Kinderschuh vertreten, und wichtigere Sachen im Kopf.

Dietrich.

Ich höre ja; sind meine Ohren etwa nicht groß genug?

Daniel.

Der alte Herr ist todt, der junge Wildfang Andalosia denkt auf Reisen zu gehn und will dich mitnehmen.

Dietrich.

Gut, ich bin dabei, wenn er mich mitnimmt.

Daniel.

Aber es ist nicht genug, daß du als ein Esel auf einem Pferde hinter ihm reitest, du sollst auch vernünftig, menschlich sein, mein Sohn, und nicht wie ein Vieh, verstehst du, das mit den Hörnern vorwärts sich immer weiter in die fette Wiese hinein frißt, ohne rechts und links von den moralischen und allegorischen Kuhblumen, Stiefmütterchen, Vergißmeinnicht, Je länger je lieber Notiz zu nehmen.

Dietrich.

Richtig, das ist so die gewöhnliche Art, wie's Vieh dergleichen hinein frißt, dumm, stumm, ohne alle Reflexion und Applikation.

Daniel.

Mein Einziger, ich habe gesucht durch die Welt zu kommen, habe auch etwas vor mich gebracht, und denke es noch weiter zu bringen, besonders wenn ich mit dem Einfaltspinsel, dem Ampedo, allein hier zurückbleibe; darauf sieh auch immer unterwegs, denn wenn der Junge dem Alten nur etwas nachschlacht, so fallen immer viele goldne Brosamen neben bei: drum gieb auch nicht zu viel für dich selbst aus, sei nicht, wie so manche Großthuer, die sich in der Fremde bei neuen

Bekannten wollen sehen lassen, oder gar andre Diener beschämen, so daß sie das Geld mit Fäusten wegschmeißen; keiner dankt's ihnen, sondern sie werden nur ausgelacht: findest du aber einmal Gelegenheit, zu einem Traktement bei anderen zu kommen, da Sohn, friß dich recht voll und dick, schone dich nicht, denn dann hat der Mensch den meisten Segen davon.

Dietrich.

Das sollt Ihr mir nicht zweimal sagen, Vater, ich will Euch gewiß in der Fremde Ehre machen; man soll von dem jungen Cyprier zu reden haben.

Daniel.

Solltest du aus dem Dienste kommen, so richte es so ein, daß du dem Herrn aufsagst, aber ich hoffe, du kommst wieder mit ihm zurück.

Dietrich.

La, la, nachdem mir der Herr gefällt.

Daniel.

Will es dein Schicksal oder Unglück, daß sie dich vielleicht irgendwo zum Soldaten wegnehmen, und du marschirst nun gegen den Feind, o lieber Dietrich, dann ja auf dem Marsch die Augen allenthalben gehabt, merke dir jeden Weg und Steg, du glaubst nicht, mit welcher Sicherheit man nachher davon laufen kann, wenn man sich die Wälder, die Bergpässe und Hohlwege recht ins Gedächtniß geprägt hat.

Dietrich.

Die Brücken aber auch, oder wo das Wasser nicht tief ist.

Daniel.

Gewiß, mein Sohn, wo du aber auch sein magst, so halte nur an der einen goldenen Hauptregel fest: sei nicht zu dienstfertig! Ein solcher williger, auf jeden Ruf und Pfiff aller Narren herbei springender Schlingel wird ein Packesel für die ganze Welt. Und hat er Dank? Nein, für seine verfluchte Schuldigkeit wird es ihm angerechnet. Stellt er sich aber recht dumm, kriecht recht langsam, hört nicht, sieht nicht, schnauzt jeden an, dem er es bieten darf, so haben sie gar nicht die Dreistigkeit, was von ihm zu fordern, und thut er dann einmal etwas ungeheißen, ei so geht ein wahrer Sonnenschein in allen Gesichtern auf.

Dietrich.

Recht, es giebt so Narren, die herum springen, als wenn sie sich zerreißen wollten, sie fahren mit den Ellenbogen an Tische und Wände, und schlurren Schuh und Stiefeln ab, daß es zum Erbarmen ist: das sind so die wahren Büffelochsen um Gotteswillen, die Fleder- und Borstwische, Ofengabel und Bratenwender, Besen und Nähnadeln, Schlösser und Tischler und alles zugleich sind, und am Abend nichts als müde Beine haben, Beulen zum Dank, das Essen versäumen, und noch dazu heben ihnen die andern nie etwas auf.

Daniel.

Ich sehe, du bist nicht ohne Einsichten und wirst dich also nicht unter die Füße treten lassen. Solltest du im Auslande dich verlieben, oder verheirathen — (ja, mein Sohn, da hilft nun gegen das Schicksal nichts) — so wirst du ein Hahnrei, es ist ein alter Familienschaden — stell' dich mal ein wenig in die

Sonne — so — das Gesicht etwas höher — ja, Sohn, du hast so den wahren Ausdruck, alle die Lineamente dazu, es kann dir fast nicht entgehn. Darum heirathe nicht, oder sei über Vorurtheile weg.

Dietrich.

Es ist im Grunde ein alter Aberglaube, Vater, wie mit den Hexen und dem Blocksberge: habt Ihr schon einen mit Hörnern laufen sehn?

Daniel.

In der neuen Zeit, Sohn, wo alles so weich und gemüthlich ist, wachsen sie vielleicht nach innen. — Mein Segen begleitet dich. Da kommen unsre Herren, und, wie es scheint, im Streit.

Ampedo und Andalosia treten auf.

Andalosia.

Dietrich, mach dich bereit, sogleich zu reisen.

Ampedo.

Er kann und wird nicht reisen, bleib!

Andalosia.

Geh, sag' ich!

Ampedo.

Bleib, sag' ich!

Dietrich.

Bleiben? Gehn? Beides zugleich ist nicht möglich.

Andalosia.

Ich werde meinem Bedienten doch befehlen dürfen?

Ampedo.

Aber, lieber Bruder, es ist nicht recht, daß du so

schnell nach unsers Vaters Tode alle seine ausdrücklichen Verordnungen umstoßen willst.

Andalosia.

Alles, was in der Welt verordnet wird, kann nur gehalten werden, insofern es mit der Vernunft besteht, das ist bei allen Sachen die stillschweigende Bedingung; da sich aber das bei unsers Vaters Testament gar nicht erweißlich machen läßt, so ist es auch billig, daß wir nicht zu viele Rücksicht darauf nehmen.

Ampedo.

Was ist denn vernünftig?

Andalosia.

Alles, was uns bequem ist.

Ampedo.

Dietrich und Daniel, geht auf jeden Fall fort, bis wir Euch rufen.

Andalosia.

Macht Euch fort!

Daniel.

Immer so ungestüm und herrisch!

sie gehn.

Ampedo.

Ich bin der ältere, und werde die Asche und die Gebote meines Vaters mehr ehren, ich bin im Besitz der Wunderkleinode für dieses halbe Jahr, und will nicht, daß sie getheilt werden.

Andalosia.

Lieber Bruder, Eigensinn ist keine Liebe, und Hartnäckigkeit keine Vernunft. Reise mit.

Ampedo.

Das will ich aber nicht; ich bin nur froh, wenn ich zu Hause bleiben kann.

Andalosia.

So laß mich also reisen und gieb mir den Säckel.

Ampedo.

Wenn ich mich noch zur Theilung entschließen könnte, so müßte ich doch den Säckel behalten.

Andalosia.

Liebster, wenn du mich je geliebt hast, wenn du ein brüderliches Gefühl in dir trägst, so laß mir diesen und nimm den Hut, du kannst dich mit ihm auf allerhand Art erlustigen.

Ampedo.

Was soll ich mit dem alten verwitterten Filz? Ich habe wohl gelesen, wie oft unser Vater in unterirdischen Löchern, oder in Gefängnissen in tausend Aengsten gesessen hat, ich mag dergleichen nicht. Und wohin soll ich mich wünschen? Ich finde es doch nirgend besser als hier. Fremde Länder mag ich nicht sehn, hier bin ich bekannt, alles Unbekannte macht mir Angst: ich könnte auch die Art, das Wort, die Kunst vergessen, mich zurück zu wünschen, und so säß' ich da draußen, wo der Pfeffer wächst, und keiner wüßte, wo ich geblieben wäre. Kann dem alten Hut nicht einmal die Kraft verloren gehn? Sieh nur selbst, wie er schon abgegriffen ist. Soll der Mensch auf Filz seine ganze Wohlfahrt bauen? Ich glaube immer, unser Vater hat auf seinen tausend Reisen dem Wünschhut seinen besten Nervensaft schon abgezapft.

Andalosia.

Sei kein Thor, lieber Ampedo —

Ampedo.

Quäle mich nur nicht mehr, da hast du den Säckel. Das war von Kindheit auf deine Art, alles durchzusetzen. Aber mir ahndet, daß es uns beide gereuen wird.

Andalosia.

Laß dich, mein zärtlichster Freund, für deine Willfährigkeit umarmen. Ich habe schon so viel für dich gemünzt, daß mir die Finger noch weh thun, du hast an Geld für viele Jahre den größten Ueberfluß.

Ampedo.

Der Säckel hat's gefühlt, daß wir ihn beschäftigt haben, schau, er sieht ganz mager, blaß und schwindsüchtig aus, und selbst Gemsenleder, wovon er gemacht zu sein scheint, muß es empfinden, wenn man ihm so oft aufs Fell greift; der mag auch vielleicht in eine Nervenschwäche versinken, daß er nachher nur noch Kupferdreier in seinen Eingeweiden hervorbringen kann.

Andalosia.

Sei unbesorgt, mein Bruder, und lebe wohl.

Ampedo.

Sparsam werde ich leben, weil ich in tausend Aengsten stehe. — Da kommt der langweilige Mann, unser Oheim, Graf Limosin.

Graf Limosin kömmt.

Limosin.

Traute Neffen, ich traure mit Euch, zarte Jünglinge; weiß ich doch noch, was es meinem Herzen kostete.

als mein Vater, der Graf Nimian, und meine Mutter, Marsisa, starben; diese Schläge sind für unser empfindendes Herz die schwersten.

Ampedo weint.

Ja, lieber Oheim; ach! Ihr seid so gut, und unser Vater war so gut, und wir —

Limosin.

Ihr seid ebenfalls gut, traute Herzen. Hat mich der seelige, liebe, freigebige Mann, dem ich schon mein Lebelang so viel zu danken hatte, nicht auch in seinem Testament so reichlich bedacht, daß ich es gar nicht annehmen dürfte und könnte, wenn es nicht gerade von ihm, dem Einzigen herrührte, und doch mache ich mir noch ein gewisses Gewissen daraus, meinen jugendlichen frohen Andalosia, und meinen zärtlichen und gesetzten Ampedo so zu berauben.

Andalosia.

Nein, Oheim, genießt es nur froh und wohlgemuth, wir gönnen es Euch von Herzen.

Limosin.

Kenn' ich nicht Eure Liebe? Zarte Pflanzen des edelsten Stamms!

Andalosia.

Ich wollte eben zu Euch kommen, um Abschied von Euch zu nehmen, denn ich denke für einige Jahr auf Reisen zu gehn.

Limosin.

Bemühe dich nicht, Neffe: wie schön, daß ich hier vorbei kam, indem ich auf's Schloß zur Majestät des Königs will. — Umarmt mich, theure Kinder, meine

Rührung ist zu groß, der Segen des Himmels begleite Euch allerwege, besonders dich auf deinen Reisen, geliebtester, theuerster, edelster, schönster Andalosia.

küßt ihn, geht ab.

Andalosia.

Der Schelm! Ich weiß, daß er mir beim Umarmen lieber den Hals umdrehte, wenn er nur dürfte.

Ampedo.

Er ist so übel nicht, Bruder.

Andalosia.

Lebe glücklich, guter Ampedo, wir sehn uns vielleicht bald wieder; Diener, Pferde, alles ist zu meinem Zuge bereit. gehn ab.

Dritte Scene.

London. Zimmer.

Lord Herbert. Lady Herbert.

Herbert.

Vergeblich bleibt nur alles was wir kämpfen,
Der theure König ist verwandelt ganz
Seit dieser unglückselige Adept
Hier unser London nur betrat, Gehör
Und blind Vertraun des gnäd'gen Herrn gewann,
Sind wir wie überflüssig: Reymund, heißt's,
Soll kommen! was wird Reymund dazu sagen?
Hat keiner Reymund heute noch gesehn?
Reymund hat mir ein neues Buch versprochen;
So schlägt die Glock' zur Messe, Nonn' und Vesper,

Und wir die alten Günstlinge am Hof
Sind unbeachtet wie verjährte Moden.

L. Herbert.

Doch ist ja unser Sohn nun Kammerherr,
Der Platz soll ihn, hoff' ich, zu höhern heben.

Herbert.

Wir wollen sehn, es läßt sich nicht erzwingen;
Das ist ein andrer Gram, und zwar der größte,
Daß unser Sohn jedes Talents entbehrt,
Er wird sein Glück am Hofe niemals machen,
So sehn wir unser Alter nur mit Sorgen,
Mit gegenwärt'gen, Sorgen für die Zukunft,
Am Thor des Todes, ach! so schwer belastet.

L. Herbert.

Stets klagst du um den Sohn, geliebter Mann.
Er ist so übel nicht, er sieht dir ähnlich.

Herbert.

Ich will nicht eitel meine Jugend loben,
Doch warlich er gleicht weder mir noch dir,
Man hielt mich hier am Hof für wohlgebaut,
Du selber lobtest meine Zier und Anmuth,
Die Fremden priesen mich (in jener Zeit,
Wo es noch schwierig war an Höfen glänzen)
Als Blume aller Zucht, des Geistes, Witzes:
Du warst in London hier die schönste Frau,
Ich segnete mein glückliches Gestirn,
Das durch den sonderbaren Fall mit jenen Steinen
Und deines Mannes Tod dich mir verband;
Und, fast als wollten uns die Himmel strafen
Vielleicht um Eitelkeit, erzeugen wir

Nach manchem Jahr, als du schon wähnen wolltest
Es sei dein Leib für immer unfruchtbar,
Den Sohn, so häßlich und so mißgestaltet.

L. Herbert.

Nur das Gesicht, sonst ist er gut gewachsen,
Hat auch Verstand, wär nur der Fehler nicht
An seiner Zung', der ihn am Reden hindert.

Herbert.

Ein trauriges Gefühl, sich sagen müssen,
Daß man ein ungestaltes rohes Wesen
Ins Dasein rief; und hätt' ich die Verblendung
Der meisten Väter nur, so wär' ich glücklich.

L. Herbert.

Da kommt er, laß dich gegen ihn nichts merken.

Theodor kömmt.

Herbert.

Warst du bei Hofe, Sohn?

Theodor.

Nun freilich war' ich,
Ich habe Seine Majestät gesprochen,
Er war sehr gnädig, der Monarch, bis endlich
Der Goldmacher, der fremde Wunderdoktor,
Der Wursthans zu ihm trat ins Kabinet.

Herbert.

Was ist das für 'ne Art sich auszudrücken,
Und kannst nicht lassen das verdammte Stottern?

Theodor.

Ihr nennt es St—ottern? Weiß nicht, wie es heißt,

Ich weiß nur, daß der Hals mir so gewachsen,
Da klemmt sich's, schnurrt und gurgelt wohl ein Bischen.
Doch wer nicht scharf aufpaßt, hört's gar nicht, Vater,
Ich denke: Sprechen, ei! ist immer Sprechen,
Unter Millionen doch kaum einer, seht,
Dem's Maul Catonische Sentenzen immer
Und tiefe Abstraktionen liefern thäte;
Wo Mehl gemahlen wird da kommt auch Kleie.

L. Herbert.

Es ginge wohl noch mit, wenn du nur ließest
Dies Faltenziehen, dies Gesichterschneiden.

Theodor.

Ist Ausdruck, gnädige Mama, nichts weiter,
Erklärt mit wen'gen Druckern was ich meine;
Das ist nicht mein Geschmack, wie viele Menschen,
Die sprechen, denken, fühlen und entzückt sind,
Und rührt sich auch kein Fältchen im Gesicht:
Das ist die Grazie eines Haubenstocks.

Herbert.

Schweig! Ausdruck! Dummes Zeug, es dürfte wohl
Bei dir Auspressung sich betiteln können.
Drückt nicht die Meerkatz' von inwärts heraus
Als wollt' er Platz durch eigne Haut sich machen?

L. Herbert.

O lieber Mann.

Theodor.

Laßt reden, gnäd'ge Frau,
Seht, der Papa ist noch aus alter Zeit,
Das galt wohl damals, das ist jezt vorbei,
Wir sind jezt Gott Lob ungenirt und besser.

L. Herbert.

Wie geht es denn mit deiner Freiwerbung
Bei Lady Dorothea?

Theodor.

Ganz passabel,
Sagt sie nicht Ja, sagt sie doch auch nicht Nein.
Wer Festungen, Frau Mutter, will blokiren,
Der muß hauptsächlich nicht Geduld verlieren:
Ich bin jezt dran, die Dame auszuhungern,
Kein kluges Wort sprech' ich mit ihr seit Wochen,
So ohne Zufuhr muß sie sich ergeben.

Herbert.

Wenn sie durch dich nur den Verstand empfängt.

Theodor.

Was Neu's ist in der Stadt hier vorgefallen,
Aus Cypern, oder Creta, weiß Gott wo,
('Ne Art Cretin ist dieser saubre Bursche)
Ist da ein fremder Graf, ein Haselant,
Ein Schnurrenmacher angekommen; Hengste,
Arab'scher Zucht, Geschmeide, prächt'ge Kleider,
Viel bunte blanke Diener, fremde Phrasen,
Und Gold, das er so mir nichts dir nichts wegwirft,
Bringt mit sich der geschniegelte Dummerjahn.

Herbert.

Anständig sprich! mir wird ganz übel, hör' ich
Dergleichen grob gemeine Redensarten.

L. Herbert.

Laß ihn doch reden, denn sonst fehlt ihm ja
Die Uebung, sich geschickter auszudrücken.

Theodor.

Laßt's nur, genir' mich doch nicht, gnäd'ge Mutter;
Alter macht wunderlich, ist wahres Wort.
Wollt Ihr nicht glauben, wie ich ihn beschrieben
Den Hasenfuß, tretet zum Erker dort
In jene Stub'; er tummelt auf dem Markt
Die Hengste eben, die von vorn und hinten
Ihr Wiehern hören lassen, wie sie springen.
Kommt, gnäd'ge Frau, 's ist schon der Mühe werth.

sie gehn ab.

Vierte Scene.

Pallast.

König. Reymund.

Reymund.

Reymund. Ein stiller Sinn, ein frommes Gemüth, das sind die Gaben, die jenem großen Werke unentbehrlich sind. Glaubt mir, daß Andacht, Fasten und Gebet, hauptsächlich aber Mangel an Begierde das Meiste thun müssen; denn so lange wir irdisch sind, gehorchen uns die Geister der Erde nicht, noch weniger aber steigen andre aus den feinen Elementen der Luft und des Feuers, um unsre Befehle zu vernehmen und auszurichten, darum muß der Mensch vorerst frei sein, um andern Geistern die Dankbarkeit auflegen zu können.

König.

Alles recht gut und schön, Reymund, und ich gebe mir auch Mühe, alles so auszurichten, wie Ihr es mir sagt, ich esse, ich trinke weniger, ich ziehe mir vom Schlafe ab, ich hüte mich vor Zorn und jedem ungeziemenden Wort, ich sammle meine Gedanken und denke mehr als sonst an den Urheber der Welt: in so weit scheint mir alles zu gelingen, nur eins, das Ihr fordert, kommt mir unmöglich, ja widersprechend vor.

Reymund.

Und was wäre das, erhabner Herr?

König.

Ich soll, wie Ihr ausdrücklich verlangt, keine Begier, keinen Wunsch nach dem Golde haben, und doch sinnen wir Tag und Nacht darauf, wie wir welches hervorbringen wollen, und wenn ich so in den Ofen blase und mich abäschere, wenn ich den gekrönten Löwen, und den Drachen, und alle die Verwandlungen mit unverwandtem Auge betrachte, wenn ich wachend und schlafend davon träume, wie ich endlich den Stein der Weisen finden will, so verlangt Ihr, ich soll gar kein Verlangen nach dem Golde haben.

Reymund.

Gewiß, kein Verlangen nach dem Golde, insofern es Gold ist, aber wohl ist ein Verlangen nach dem Golde erlaubt, ja sogar hülfsthätig beim Werke, insofern Gold das Kennzeichen ist, daß wir endlich den Geist wie die Materie bezwungen haben, es soll uns nichts, als ein geschmückter glänzender Herold sein, der uns aus der Unterwelt die Botschaft bringt, daß sie sich mit allen ihren Mächten unserm Geist und Herzen unterwirft. Könnt Ihr das Gold aber nicht als Gold verachten, so wird Euch die Eroberung jener heimlichen, wunderlichen Reiche unmöglich fallen.

König.

Das sind spitzfindige, verwickelte Sachen: ich soll wünschen und nicht wünschen, verlangen und nicht verlangen, Gold lieben und verachten. Das Ding, sieht man, hat ein überstudirter Gelehrter ersonnen. Doch still jezt davon, da kommt mein ungläubiger Leibarzt.

Reymund.

Dieser ist ganz mit seiner sogenannten Vernunft in der terrestrischen Region befangen.

König.

Richtig, eine Art von Gnome, oder Kobold, so sieht er auch aus, der untersetzte Mensch.

Der Leibarzt tritt herein.

Leibarzt.

Wie hat mein gnädiger König geruht? — Dero Puls, wenn ich bitten darf, — ei! ei! wie hastig! wie unzusammenhängend! wie stoßend!

König.

Nun, Doktor, was giebt's? Doch keine schlimme Krankheit unterwegs?

Leibarzt.

Nichts als eine hartnäckige und sehr verderbliche Obstruktion, der Stein der Weisen ist zu unverdaulich, der Herr Reymund ist die Materia peccans, die abgeführt werden müßte.

Reymund.

Nein, mein Herr Doktor, die Ignoranz ist es! Purgirtet Ihr diese auf allen Wegen, so würdet Ihr nachher andächtig und überrascht an Euer Haupt fühlen und ausrufen: Wetter! Da drinne denkt etwas! seid still da draus, ihr Leute, daß ich zuhören kann!

Leibarzt.

Ein solcher Schwärmer, ein dreimal gesichteter Phantast will vom Denken sprechen? Wie dürft Ihr, Verkehrter, das heilige Wort nur in den Mund nehmen? Aber Ihr denkt Euch nichts beim Denken; ja, da liegt der Hund begraben! Ihr denkt Ihr denkt, aber es ist nichts dahinter, abergläubisch seid Ihr mit Haut und Haar, und mit Ueberschnappen wird das Lied zu Ende gehn: denkt an mich, Miserabler!

König.

Still! Still! Ruhig, meine Freunde. Reymund —

Reymund.

Was? Ich dächte mir nichts beim Denken? Und er, Majestät, er hat nichts als leere Formeln im Gehirn, uralte, abgeklaubte Phrasen, die er unter anderm Wegwurf von Melonenschalen, Rübenabputz und ausgekochten Knochen im Kehricht gefunden hat, und wie ein armer verwaister Hund darüber hergefallen ist, um sie von neuem auszusaugen.

König.

Lieber, Er weiß nichts vom Hermes Trismegistus und den Verwandlungen.

Leibarzt.

So? Also könnte die Vernunft wohl verkocht, ausgesogen und abgenutzt werden? Und der Zweite, der eine Idee vom Ersten aufnähme, fände schon den Saft und das Mark nicht mehr darin, bloß weil jener schon an ihr gedacht? O seh' Eure Majestät doch nur aus dieser kleinen Probe den ungesichteten Schwengel. Das kommt davon, wenn ein Schwachkopf immer beim Feuer steht und puhstet, und sich den Verstand aus dem Gehirn heraus braten läßt, um in der Retorte die gekrönte Jungfrau zu attrappiren.

König.

Doktor, ich bitt' Euch —

Reymund.

Ha, ha, ha! Gekrönte Jungfrau! Da höre die Majestät, wie der Unwissende — ha, ha, ha! sie mit dem gekrönten Löwen verwechselt. Mir wird übel in Gesellschaft solches verschimmelten Phantasten.

Leibarzt.

Ich kann schon den Geruch von dieser Mystik nicht ausstehn, bärbeißige Unvernunft! beide ab.

Theodor kömmt.

Theodor.

Mein König, Majestät die Königin läßt bitten und ersuchen, an ihren Hof zu kommen, alles ist versammelt, und ein junger Fremder ist da, ein Graf aus Cypern, der sehr hoch spielt, hoch spricht, hoch springt, hoch denkt und hoch windbeutelt, er ist, wie alle sagen, ein merkwürdiges Phänomen.

König.

Ich gehe, suche nachher Reymund auf, und bestelle mir ihn für heute Abend in mein Kabinet. ab.

Theodor.

Herr Reymund ins Kabinet? Der Kerl muß hexen

können, wenn auch kein Gold machen, daß er den König so bezaubert hat. geht ab.

Fünfte Scene.

Vorzimmer.

Dietrich. Bertha.

Dietrich.

Du willst mich gar nicht einmal anhören, mein Engel?

Bertha.

Was kannst du mir viel zu sagen haben? Meine Lady kann mich jeden Augenblick rufen.

Dietrich.

Laß sie rufen, kommt doch heut der Herr Theodor nicht, da hat sie mehr Zeit übrig. Wie kann sich die Dame nur mit solchem Pavian einlassen?

Bertha.

Sie wird ihn vielleicht nur heirathen, weil er reich ist.

Dietrich.

Nur heirathen? Das ist freilich wenig genug. Wenn ich dich also liebte, und dir meine Liebe erklärte, und du hörtest mich vielleicht geneigt an, und ich glaubte Wunder welchen Stein bei dir im Brette zu haben, so wäre das alles auch vielleicht nichts weiter, als daß du mich nur heirathen wolltest, wenn du etwa bei mir auch was zu brechen und zu beißen verspürtest.

Bertha.

Freund, du bist ein langweiliger Gesell, und scheinst noch gar nicht zu wissen, wie es in der Welt hergeht. Aber wo ist denn der Herr Theodor heute?

Dietrich.

Wo anders, als bei meinem Herrn, wo ein prächtiges Mittagsmahl gegeben wird? Alle hohen Herrschaften sind da, auch der König, und der Hof, und die Königin, und die schöne Prinzessin, alles, alles!

Bertha.

Und du fehlst dort?

Dietrich.

Sie können schon ohne mich fertig werden, ich mag mit den vielen Anstalten, dem Laufen und dem Rennen nichts zu thun haben, der Teufel ist bei solchen Gelegenheiten los; wenn sie aber schon ein Weilchen bei Tisch gesessen haben, und alles wieder ruhig ist, dann werde ich mich hinzu machen, und was übrig bleibt mit den andern theilen, denn meine Portion darf mir nicht entgehn.

Bertha.

Leb wohl, du Schwätzer, da klingelt meine Lady.

Dietrich.

Erst einen Kuß, ehe wir uns trennen.

Bertha.

Ich dachte gar, so bekannt sind wir noch nicht. ab.

Dietrich.

Sonst kein übles Mädchen, wenn sie die Leute mehr zu schätzen wüßte. Jezt muß ich hin, es wird nun wohl am höchsten hergehn, und wenn mein Herr erst etwas im Kopfe hat, so kann ich thun was ich will.

geht ab.

Sechste Scene.

Pallast.

König, Königin, Agrippina.

König.

So was ist nicht erhört! Ein Unterthan,
Ein kleinlicher Privatmann, unbekannt,
Soll's Königen in Herrlichkeit zuvor thun?

Königin.

Begreifst du's, mein Gemal? Wir sind beschämt,
Daß unser Hof dagegen Handwerksherberg:
Er scheint auf Gold zu wandeln, Staub ist ihm
Das glänzende Metall, er wälzt sich wohl
Im Goldesstrom, wie alte Fabeln uns
Von Drachen singen, welche Schätze hüten;
Er lacht nur, wenn man Noth und Armuth sagt;
So reich Bankett, so Pracht des Saals, Geschirrs,
Der Decken, Diener hab' ich nie gesehn,
Er bietet uns die größten Diamanten
So zum Geschenk, wie man den Kindern wohl
Ein Zuckerküchlein giebt, die Dienerschaft
Vom Höchsten bis zum Niedrigsten herab
Kehrt reich begabt von seiner Herberg wieder,
Mit zehn Goldstücken bis zu funfzigen;
Und morgen fragt er wohl, mit seiner Art,
Der lächelnden: wie theuer eure Krone?

König.

Ich zweifle nicht mehr, er ist ein Adept.

Agrippina.

Adept? Was will das sagen, theurer Vater?

König.

Wonach ich tracht', ist sein, der Stein der Weisen.
Sein Gold hab' ich erproben lassen, wenn
Es auch den Stempel trägt und mein Gepräge,
Fehlt ihm der Zusatz doch, den ich ihm heimlich,
Den Cours ihm zu erleichtern, beigemischt.
O Frau und Tochter, wenn der Eingeweihte
Uns doch der Kunst auch wollte theilhaft machen!
Seit Jahren arbeit' ich mit Reymund schon,
Sitz vor dem Ofen, läutr' und koch', verkläre,
Und suche die Visionen zu ertappen,
Und leer ist noch mein Beutel und bleibt leer:
Indeß kommt da ein lachend Angesicht,
Unbärtig noch, vorwitzig, naseweis,
Und hat des Hermes Trismegistus Kunde,
Hat schon die Milch, das goldne Blut gesehn;
Ja, das ist für den Denker zum Verzweifeln!

Königin.

Hier unsre Tochter Agrippina könnte,
Wenn sie nur möchte, ihn wohl ärmer machen
Um sein Geheimniß, er ist frech genug,
Mit Buhlerblicken und verliebten Seufzern
Sie, wo er sie nur wahrnimmt, zu verfolgen.

König.

Bei meinem Zorn! —

Königin.

Nur ruhig, mein Gemal,
Sie ist zu klug, bethören sich zu lassen,
Doch wenn man seine Thorheit so benutzte —

König.

Ich will nichts wissen, fahrt nicht weiter fort!

Agrippina.

Er ist mir nur verächtlich und zum Lachen.

König.

Wir sind nun heut zu ihm entboten worden,
Er soll sich wundern, denn ich gab Befehl
Bei Lebensstrafe ihm kein Holz zu lassen,
Nicht einen Splitter, Span ihm zu verkaufen:
Macht schnell Euch fertig, mir dahin zu folgen,
Ich wünsche die Beschämung nur zu sehn,
Mit der er uns empfängt, wenn ihm sein Mahl
So lächerlicher Weis' vereitelt wird.

Königin.

Was wird er nur sich zu entschuld'gen sagen?

König.

Ich muß vorerst Herrn Reymund noch befragen,
Was der zu seinem Angesichte denkt. geht ab.

Königin.

Und du, mein kluges Kind, sei nun gescheidt,
Mach' diesen jungen Thoren thörichter,
Der sich im Uebermuth so hoch vergißt.
Kannst du mit Blicken, Lächeln, süßer Rede,
Mit hingeworfnem halbgesprochnem Wort,
Mit stillem Wink vernünft'gen Haushalt treiben,

So zweifl' ich nicht, daß du bald, unbeschadet
Der Ehr' und Tugend, sein Geheimniß weißt.

sie gehn ab.

Siebente Scene.

Garten.

Andalosia. Haushofmeister.

Andalosia.

Die Musik wird hier im Garten vertheilt, die Blase-Instrumente in der Ferne, und mit den Geigen und Flöten wechselnd, um uns nicht drinn bei der Tafel zur Last zu fallen.

Haushofmeister.

Ich habe alles schon so angeordnet, wie mein gnädiger Herr Graf es befohlen hat.

Andalosia.

Der König liebt es, von Gold zu speisen; Ihr habt für ihn, die Königin und die Prinzessin die goldnen Geschirre besorgt?

Haushofmeister.

Allerdings; wie dürften sie heute fehlen, da mein gnädiger Herr diesmal noch mehr Aufwand als neulich machen will?

Andalosia.

Ja, man soll in London von mir zu sagen wissen. Nichts darf mangeln, weil es etwa zu kostbar sein möchte, kauft, was nur zu haben ist, und wenn Ihr es dreifach mit Golde aufwägen müßtet. Jeden Mangel, jeden

Wunsch meiner hohen Gäste, der nicht befriedigt wird, wird mein Zorn bestrafen. — Die wohlriechenden Oehle und Spezereien werden doch angeordnet sein? Die Rosenessenz über die Tafel gesprützt? Die Blumen an den Wänden, daß man nicht Wand noch Pfeiler sieht? Die Prinzessin wird darüber erfreut sein.

Haushofmeister.

Ich werde selbst nach allem sehn. ab.

Andalosia.

Es ist so nichts, für sich still zu genießen,
Man ist nur das, wofür die Welt uns hält;
Sieht keiner, daß ich reich bin, bin ich's nicht,
Doch so bewundert und beneidet werden
Von allen Großen dieses prächt'gen Hofs,
Ja selbst vom König, das heißt Lebenslust.
Wie alles vor mir kriecht, im Staube schmeichelt,
An meinem Blick, am gnäd'gen Nicken hängt,
Wie jeder vor dem andern gern vertraulich
Sich an mich drängt, und triumphirend umschaut,
Wenn ich nur weniges mit ihm gesprochen:
Wie alle sinnen, woher mir die Schätze,
Die unerschöpflichen, gekommen sind,
Ja wie die himmlische, die hohe Göttin
Prinzessin Agrippina nach mir schaut,
Den Blick erwiedert und mein kühnes Lächeln:
Wenn ich im Sinn mir alles dies erwäge,
Bin ich berauscht von Wonne.

Der Koch kömmt.

Koch.

O gnäd'ger Herr! wir sind ruinirt, vernichtet,
Aus ist's mit allem, total zu Grund gerichtet.

Andalosia.

Was fehlt dir Mann? Was kann es denn nur geben?

Koch.

Was 's geben kann? Oho! gar mancherlei,
So, par exemple, wenn in aller Welt
Kein Fünkchen Feuer mehr zu haben wäre,
Wenn sich's zum Himmel wieder aufwärts höbe,
(Von wo's der erste Koch Prometheus holte,
Rostbeef, Ragouts und frische Wurst zu machen)
Wie stünd' es dann um unser Kochen? he!

Andalosia.

Du bist betrunken schon am frühen Tage.

Koch.

Es giebt kein Feuer in ganz London hier,
Der Hof wird müssen kalten Braten essen,
Und das, o weh! kommt in die Chronik dann.

Andalosia.

Verständ' ich dich, könnt' ich dir Antwort geben.

Koch.

Um Antwort gar nicht ist es mir zu thun,
Kein Holz ist da! ich lief zum Markt, da heißt's
Bedrohet sei mit Todesstrafe, wer
Nur einen Span verkauft, dasselbe draußen
Im Magazin; da will ich Kohlen nehmen,
Dasselbe Lied: Verbot und Todesstrafe!
Nun? Arm und Bein können wir doch nicht unter
Die Casserole thun und damit feuern?

Andalosia.

Du sagst die Wahrheit, guter Mann, ich merke

Der König will uns auf die Probe stellen,
Den Wink versteh' ich nun, den er mir neulich
Nur so wie im Vorbeigehn hingeworfen,
Daß ich wohl nicht im Stande würde sein
Ein Fest, so glänzend, noch zu wiederholen. —
Man muß in schnellster Eil dies Ding verbessern.

Koch.

Doch wie? Gesagt ist's bald, doch schwer gethan.

Andalosia.

Vertraust du deiner Kunst so viel, mein Koch,
Daß du von feinem Zimmt, von Nägelein,
Muskatennüssen, andern Spezerein,
Die uns die fernen Indien liefern, magst
Ein großes Feuer schüren, daran braten?

Koch.

Das ist nicht Kunst, ein Feuer draus zu machen,
Die Sachen zu bezahlen, das ist Kunst,
Das thut selbst draus der große Mogul nicht,
Der mitten in den Wohlgerüchen sitzt.

Andalosia.

Da hast du tausend Goldstück, guter Freund,
Nur eilig zu den Spezereiverkäufern,
Den Apothekern, reicht die Summe nicht
Magst du noch dreimal, viermal so viel fordern.
Nur schnell! und keinen Augenblick versäumt.

Koch.

Nu, das heißt wohl das Geld ins Feuer werfen,
Ich will gleich alle Diener darnach schicken. ab.

Andalosia.

Und ich will triumphiren im Erstaunen
Des Königes und aller seiner Freunde.
Von solchen Sachen hast du, guter Vater,
Dir nie in deinem Leben träumen lassen;
Mein Flug geht höher, über Wolken hoch,
Du bliebest stets des Glücks furchtsamer Knecht,
Doch ich bin frei, ich fühl' mich Herr der Welt,
Unglück und Zufall kriechen unter mir,
Nicht reichen sie bis in mein fürstlich Herz. ab.

Dietrich tritt auf.

Dietrich.

Das war ein schöner Einkauf: will der Herr wie ein Toller und Besessener hinein rasen, so ist es dem vernünftigen Diener wohl erlaubt, für schlimmere Zeiten so viel als möglich in Sicherheit zu bringen. Ich will das Gold hier beim Baum verstecken, man könnte es sonst gewahr werden. Die Gewürzkrämer haben sich verwundert, ihre Waaren einmal nach Centnern verkaufen zu können, die ganze Stadt riecht nach Zimmt und Muskat; ich glaube, mein Herr wird seinen hohen Gästen nun Tannenzapfen und Hobelspäne zu essen geben, da er das Feuer mit so theuern und köstlichen Spezereien angemacht hat. Dergleichen Narren haben sie hier in England nicht, dazu mußten wir herüber kommen, um den Leuten ein solches Beispiel zu geben. Was das nur für ein Ende nehmen wird, das Brod an einem Feuer zu backen, wie es die Heiligen im Paradiese nicht haben, so daß uns jede getrocknete Pflaume, schlecht gerechnet, an die zehn Thaler kostet, kann nimmermehr zum Guten ausschlagen; ein Feuer haben wir drinn, für den höchsten Potentaten nicht zu schlecht, seine Sünden drinn abzubüßen.

Theodor kömmt.

Theodor.

Man hält's nicht aus für Wohlgeruch; warlich, ich merke, der Mensch kann im Verhältniß mehr Gestank als treffliche Düfte ertragen: das Feuer ist Wohlgeruch, der Saal eine Blume, und dann die kostbaren Oehle und Essenzen umher gesprengt, daß man in Ohnmacht fallen möchte. Sapperment! wie kommt der Mensch auf solche unmenschliche Anstalten? Sieh da, Dietrich; wie geht's, mein guter Esel?

Dietrich.

Wohl, gnädiger Herr, zu Euren Diensten.

Theodor.

Du willst in meine Dienste treten?

Dietrich.

Nein, Herr Graf, ich bin nur außerhalb Eures Dienstes zu Euren Diensten.

Theodor.

Ich versteh dich nicht.

Dietrich.

Je nun, ich bin zu Euren Diensten Euch nicht zu bedienen.

Theodor.

Mach dich deutlich.

Dietrich.

Denn ich will ja noch bei meinem Herrn bleiben.

Theodor.

Ah so!

Dietrich.

Aber es kann wohl einmal Rath dazu werden — vielleicht — wenn — indem — als —

Theodor.

Nun?

Dietrich.

Ich will sagen, wenn es meinem Herrn vielleicht einmal miserabel geht, wie es doch möglich ist, zumal bei der Verschwendung, — aber so lange er noch reich ist, will ich wie ein treuer Freund bei ihm aushalten.

Theodor.

Du hast Vernunft. Komm mit hinein, du kannst mir immer schon ein Bischen im Voraus aufwarten, aber mach' dich nicht zu nahe hinter meinen Stuhl, ich fahre gern mit den Ellenbogen etwas weit aus. — Dietrich geht ab. Aha! Lady Dorothea.

Lady Dorothea kömmt.

Theodor.

Ist's Euch auch zu duftig drinne?

L. Dorothea.

Ich wollte Euch nur an Euer Versprechen erinnern.

Theodor.

An welches? Denn ich habe Euch gar vielerlei versprochen.

L. Dorothea.

Ich nehme mein Wort zurück, wenn Ihr nicht die Summe in Eure Gewalt bringen könnt, daß wir nach unsrer Vermählung mit Bequemlichkeit und Glanz durch Italien, Frankreich, Spanien und Portugal reisen können, denn Reisen ist meine Passion.

Theodor.

Mein Alter ist zu filzig, und denkt auch noch gar nicht ans Sterben, — ich müßte sehn, wo ein Freund, — zwar ist die Summe, die Ihr dazu bestimmt, gar zu groß.

L. Dorothea.

Andalosia ist noch ein Mann, dem eine Dame, ohne sich zu erniedrigen, ihre Liebe schenken könnte.

Theodor.

So? solchem Gelbschnabel! Aber mir fällt ein, der Unmündige hat mehr Geld als Verstand; er spielt den Großmüthigen, dem will ich morgen zusprechen, es muß ihm eine Ehre sein, mir zu borgen. Kommt nur, daß man uns nicht vermißt.

L. Dorothea.

Ei, Ihr seid zu zärtlich um mich besorgt.

Theodor.

Was sich nicht schickt, schickt sich nicht. — Ueber des Menschen Geldkasten möcht' ich mal kommen dürfen!

sie gehn ab.

Andalosia kömmt.

Andalosia.

Es ist gelungen, alle sind erstaunt,
Wie Mährchenwelt und wildes Traumgesicht
Umduftet und umstarrt sie Glanz und Pracht,
Und o! was jenseit aller Wünsche mir,
Dem fernsten Ufer aller Möglichkeiten,
Noch gestern lag, das reift die heut'ge Sonne
Und bringt es auf dem Fittig schneller Stunden
Und schüttet es zu meinen Füßen aus,

Das Glück, das mehr als Gold, Juwelen, Perlen,
Ja als die ganze weite Erde gilt,
Was ich mit meinen Schätzen nie mag kaufen,
Die Lieb' hat sich zu eigen mir gegeben.
Sie kömmt hieher zu dieser stillen Laube,
Die Wächter sind gestellt, sie wagt's um mich.

Agrippina kömmt.

Agrippina.

Erkennt Ihr auch, welch Opfer ich Euch bringe?

Andalosia.

O Götterglanz! so fällt denn Licht des Aethers
Dort aus dem Innersten des innern Himmels,
Als Gegenwart so voll in meine Seele?

Agrippina.

Sie sind beim Fest noch alle, lustberauscht,
Ein Zeichen giebt mir meine Kammerfrau,
Wenn irgend sich Gefahr dem Garten naht.

Andalosia.

So liebt Ihr mich, Ihr Einz'ge, Auserkohrne?
Noch einmal laß das Wort von süßen Lippen
Auf diesen Rubinstraßen durch das Thor
Von Perlen gehn, das Wort, das wie der Phönix
Mir süß're Töne rauscht, als die Musik,
Die rings aus allen Lauben um uns klingt.

Agrippina.

Ja, du Verräther, ja, ich liebe dich,
Ich muß dich lieben, gegen meinen Willen.

Andalosia.

So unfreiwill'ge Liebe wäre möglich?

Agrippina.

Ich fühl' es nur zu sehr, denn die Vernunft,
Die Pflicht, die ich den Eltern schuldig bin,
Die selbst der Staat — o traurig hartes Wort —
Darf von mir fordern, alles zieht mich rückwärts,
Doch blinde Leidenschaft treibt mich voran,
Und ihr gehorch' ich gegen meinen Willen.
Und was soll nun mit dieser thör'gen Liebe?
Weh mir! Ihr dürft mein Gatte nimmer werden!
Ach! daß aus diesem Haus' ich bin entsprossen,
Daß nicht die stille Schäferhütte mich,
Ein frommer Schäfer einsam groß gezogen.

Andalosia.

O laß den Kuß auf zarte Wangen drücken
Und sagen, daß die Lieb' in alten Zeiten
Wie in den Tagen jezt, die Stände gleich,
Das Hohe niedrig, Niedres hoch gemacht.

Agrippina.

Könnt' ich mit dir in weite Welt entfliehen,
Den König, meinen alten Vater tödten?
Auch selbst auf fernen Inseln würd' uns dann
Der mächt'ge Arm erreichen und bestrafen.

Andalosia.

Ist es denn nur der priesterliche Segen,
Weltlicher Vortheil oder Eigennuz,
Der Stammbaum und des Aberglaubens Satzung,
Was liebetrunkne Herzen darf vereinen?

Agrippina.

Versteh' ich dich? Willst du die innige Liebe,
Die ich zu dir in meinem Herzen trage,

So ganz verblenden, daß in Labirinthe
Erst zauberreich dann grauenvoll ich irre?

Andalosia.

Sagt uns nicht manche alte Liebessage
Von edlen Herzen, die sich so gefunden?
Wie wurde Isot Tristan denn verbunden?
Ein schön Geheimniß hüllte wunderbar
Wie Dämmerlauben ein die Liebenden,
Und süßte ihnen zaubrisch den Genuß.

Agrippina.

O böser, böser, hinterlist'ger Mann,
Was thät' ich nicht um dich, wenn du mich bätest?
O welche Welt ich von Vertraun zu dir
In meinem Herzen trage, welchen Glauben!
Mein' ich doch selbst, es sei das Schlimme gut,
Wenn nur dein holder Mund mich so belehrt.
Liebst du mich denn, vertraust mir eben so?

Andalosia.

Du zweifelst? Sprich, was soll ich für dich thun?
Setz meine Treue, mein Vertraun auf Proben,
Dein herber Zweifel könnte mich vernichten.

Agrippina.

Bist du mir der, der du versprichst zu sein, —
So komm, wann heute die verschwiegnen Schatten
Die Erde decken, still und unsichtbar
Zu meiner Kammer —

Andalosia.

Himmlisches Entzücken!
Werd' ich bis dahin in dem Taumel-Rausch,
Im Schwindel meiner Seele leben können?

Agrippina.

Allein —

Andalosia.

Du zauderst? Was verhehlt dein Mund?

Agrippina.

Nur die Bedingung, die die Thür dir öffnet.

Andalosia.

O nenne sie noch schneller als ich frage.

Agrippina.

Mit Kränkung hab' ich stets vernehmen müssen,
Wenn Neidische von dir verdächtig sprachen.
Ich fordre nichts, als was du selber bist,
Doch hoff' ich auch, daß jene dich verläumden:
Der eine, achtend nicht der edlen Sitte,
Der Kunst des Lanzenstechens, Pferdetummelns,
Sagt dreist, du seist nichts als ein Kaufmannssohn,
Der Summen seinem Vater frech entwandte;
Der spricht noch dreister, du seist glücklicher
Corsar, der, was er raubte, leicht verschwendet.

Andalosia.

Die Jämmerlichen! Niedrig erst zu schmeicheln,
Und hinterrücks mit bösem Wort zu morden!

Agrippina.

Nein, zürne nicht, du bleibst doch der du bist,
Und wollte dich die ganze Welt verkennen,
Nur daß es mich im tiefsten Herzen kränkt
Ist wohl begreiflich; liebt' ich dich denn sonst?
Ich weiß, du bist aus niedrem Stamme nicht,
Nicht Raub und Mord gab deine Schätze dir,

Doch mir zu zeigen, daß du wahrhaft liebst,
Daß ich und du im Herzen eins nur sind,
Entdecke mir wahrhaftig, woher dir
Des Goldes Fülle mehr als Kön'gen ward.

Andalosia.

Ich glaubte, größ're Prüfung zu bestehn:
Doch wenn ich nun dir wahrhaft Antwort gebe —

Agrippina.

Nimm diesen Kuß als stilles Unterpfand,
Daß wenn du nicht mit mir argwöhnisch zauderst,
Ich jeden Argwohn lasse: — komm zu Nacht!

Andalosia.

Nie wird des Goldes Fülle mir ermangeln,
So lang' ich diesen Zaubersäckel habe,
Der sich von meinem Vater mir vererbte.

Agrippina.

Wie? diese Tasche, alt und unansehnlich?
Gieb her, daß ich sie näher mir betrachte.

Andalosia.

Greif nur hinein.

Agrippina.

Was find' ich da? der Säckel
War leer, — noch einmal, — und die Hand voll Gold.

Andalosia.

Sie füllte sich, und wenn du Jahre lang
Den Inhalt unermüdet leeren wolltest.

Agrippina.

Das ist ein Wunder, größer, sonderbarer,
Und herrlicher, als nur die Dichter träumen.

Beglückter Jüngling, Liebling aller Götter,
Ja, daß ich dich erkohr, ist mein Triumph,
Denn du stehst höher mir als Fürst und König. —
Sie giebt das Zeichen, — man bricht wohl schon auf,
Leb wohl, — ich seh dich heut noch in der Nacht.

schnell ab.

Andalosia.

Und ist es möglich? Ist die höchste Wonne
Sich übereilend, überstürzend mir
Auf Flügeln meiner Wünsche angelangt?
Und fast entsetz' ich mich, daß diese Welt,
Das ganze künft'ge Leben, würd' ich auch
Jahrhunderte durchaltern, nichts mir bietet,
Daß diesen Stunden sich vergleichen dürfte.
Noch Tage, Wochen hätte die Erscheinung
Verzögern dürfen, daß ich mich gefaßt,
Daß ich den Muth gewonnen, diese Beute
Als mein mit leichtem Herzen zu ergreifen.
Schwebst du um mich vielleicht, Geist meines Vaters,
Der du in Schmach, im Kerker dich geängstet,
Der wohl des Königs Majestät erschaut
Aus blöder Ferne nur im Volksgedräng,
Siehst du vielleicht den frohen, muth'gen Sohn,
Der an derselben Stätte hier nicht zagt,
Arm, Herz, Begier nach dieser Königstochter
Kühn auszustrecken, o so lächelst du
Der wunderbaren Schickungen gewiß.
Mit frohem Staunen siehst du den Erzeugten
Nun auf des Glückes höchstem Gipfel schweben. —
Die Gäste sind entfernt, im Taumel hier
Versäum' ich, ihnen Lebewohl zu sagen.

Dietrich kömmt.

Was streichst du hier herum, du träger Lotter?

Dietrich.

Verzeiht, ich schnappe hier nach frischer Luft.
Die Gäste haben königlich geschmaußt,
Sind königlich betitelt, königlich
Bedient, doch war ihr Trinkgeld bürgerlich,
Man konnte kaum den Edelmann drinn lesen.
Man hat wohl Recht, der ganze Hof ist geizig.

Andalosia.

Da, Koth, nimm das, und sei zufrieden heut. ab.

Dietrich.

Wie, Koth? Warum denn Koth? Nicht Dietrich?
Du Laffe, Esel, Taugenichts, dergleichen?
Gerade Koth? Und wirfst den Beutel Gold
So schwer, so voll mir vor die Füße hin:
Ich hörte pred'gen einst, auch Gold sei Koth;
Drum gieb dich, goldner Dietrich, nur zufrieden,
Und fische hinterm Baum das Gold heraus,
Das du so eilig heut vergraben mußtest.
Bei dem Gehalt laß ich's mir wohl gefallen,
Daß in den Kothstand mich mein Herr erhoben.

geht ab.

Achte Scene.

Pallast.

Die Königin, Agrippina.

Königin.

Aber du wagst doch nicht zu viel, meine Tochter?
Du hast doch den Säckel genau betrachtet, und dieser,

den du bestellt hast, ist genau eben so, mit denselben Schnüren, denselben Bändern?

Agrippina.

Traut mir nur zu, liebe Mutter, daß ich ihn nicht bloß obenhin angesehn habe. Ich habe ihn auch zerrieben, und im Grase liegen lassen, damit er ganz das Ansehn von einem solchen bekäme, den man schon viele Jahre gebraucht hat.

Königin.

Nur vorsichtig, liebes Kind, ich zittre für dich.

Agrippina.

Seid unbesorgt, Mutter; Agrippina hat den Schlaftrunk schon bereit, dem er nicht widerstehn kann.

Königin.

Ich höre kommen.

Agrippina.

Entfernt Euch, er ist es gewiß. — Margarethe! nimm den Herrn in Empfang. sie gehn.

Margarethe tritt auf.

Margarethe.

Das ist doch bei alle dem ein sonderbarer Auftrag, wenn mir nicht so sehr viel versprochen wäre, so möchte ich dem gnädigen Herrn wohl die ganze Sache verrathen, denn er ist der freigebigste Mensch von der Welt; indessen, wes Brod ich esse, des Lied ich singe: scheint's ja bei alle dem nur ein ganz unschuldiger Spaß zu sein, um den die Mutter selber weiß.

Andalosia tritt ein.

Margarethe.

Da seid Ihr ja, schönster Herr Graf, die Prinzessin wird den Augenblick erscheinen.

Andalosia.

Hier, gute Alte, nimm für deine Liebe und Treue diesen Beutel mit Gold, als ein geringes Unterpfand meiner Erkenntlichkeit, denn deine Dienste sollen noch anders belohnt werden.

Margarethe.

Laßt mich die schönen, lieben, weißen Hände küssen, göttlicher Mann, Ausbund aller Schönheit, ach! Ihr verdient das allerhöchste Glück, das der Himmel nur den Menschen bescheren kann.

Andalosia.

Das wird mir heut.

Margarethe.

Gewiß, gewiß, doch —

Agrippina tritt ein, Margarethe ab.

Andalosia.

O meine Sonne! mein Himmel! wie glorreich gehst du mir auf! Warum trittst du mir so geschmückt mit diesem Geschmeide entgegen?

Agrippina.

Zittr' ich nicht vor dem Augenblick, in welchem dein Wahn der Entzückung von dir möchte genommen werden, und dein ernüchtertes Auge dann keinen der Reize mehr sehn, die du jezt an mir bewunderst? Recht glänzend möcht' ich dir erscheinen, die schönste Frau der Welt wünscht' ich um deinetwillen zu sein.

Andalosia.

Bist du es nicht? Und nicht die Schönheit ist es ja allein, die mich heut entzückt über die Sterne hebt; daß du, du Himmlische es bist, das ist es, was mich heut in deinen Armen wahnsinnig zu machen droht.

Agrippina.

Laß uns hier neben einander sitzen, und uns Aug' in Auge spiegeln, Red' in Rede flüstern, und Kuß auf Kuß drücken, um unsre Schwüre zu besiegeln.

Andalosia.

Komm dort hinein, Geliebte, in das letzte, heiligste Asyl unsrer geheimen Liebe, entlade dich dort dieses beschwerlichen Schmucks, daß ich nichts sehe, nichts fühle als dich allein.

Agrippina.

Mein Theurer, noch wenige Zeit; ich zittre, meine Mutter dürfte noch wachen, ihr Gemach ist nicht fern vom meinigen.

Margarethe kömmt mit einem Becher.

Margarethe.

Hier ist der Trunk, gnädiger Herr Graf, bevor Ihr Euch niederlegt. geht ab.

Andalosia.

Credenze mir, Geliebte, und wo du deine Lippen andrücktest, nehme ich den Kuß dem Becher wieder, um reinen Nektar aus dem Golde zu saugen.

Agrippina.

Auf dein Wohl, auf deine Liebe!

Andalosia.

Meine ganze Seele dürstet, dir diesen süßen Gruß zu erwiedern. trinkt.

Agrippina.

Hast du ihn geleert, den Becher?

Andalosia.

Kein Tropfen ist zurück geblieben, denn keine ungeweihte Lippe soll von dem flüssigen Golde genetzt werden, in welchem theurer als die theuerste Perle der Wunsch deiner Liebe zerlassen ist.

Agrippina.

Ich sinne, wie ich die Fülle deiner Liebe erwiedre.

Andalosia.

Bist du denn nicht mein? Diese Liebe unsrer beiden Herzen ist ja nur Eine Liebe, was in dir klingt tönt auch in meiner Brust, und wie Wellen fließen unsre brünstigen Seelen in einander.

Agrippina.

Wie süß tönt in stiller Nacht von des Geliebten schöner Lippe die Rede über die Liebe, die Einsamkeit ist wie ein langer ruhender Kuß, und unser Innres erzittert, wie es sich der unsichtbaren Welt und den Liebesgeistern entgegen sehnt.

Andalosia.

Doch warum sprechen wir und küssen nicht?

Agrippina.

Auch das Wort, das Geständniß der Liebe trägt Wonne in sich.

Andalosia.

Mein Hoffen, mein inbrünstiges Sehnen, die plötzliche Erfüllung, der blendende Glanz meiner Seligkeit, deine süße Gegenwart in holder heimlicher Nacht, das Nachtigallenflöten deines Mundes, alles, alles umfängt und umwebt mich mit Strahlen von Wonne, und schaukelt mich auf den Wogen von Paradieses-Flüssen, daß dieses sterbliche Wesen des Leibes in holdseliger Ermattung verschwimmt, und alle Gedanken und Empfindungen verdämmern in der Blumenumlaubung deiner Nähe.

Agrippina.

O wie versteh' ich dich so ganz und freue mich des zarten Sinns.

Andalosia.

Ja, eine selige Ruhe, eine himmlische Müdigkeit, ein Ermatten, wie das zum Himmel Entsterben der Heiligen rieselt, flutet, flüstert durch mein ganzes Wesen und singt dem Geist ein Wiegenlied, wie Venus es wohl dem Amor sang.

Agrippina.

Deine Reden fallen so lieblich in mein Ohr, wie im Frühling die Blüthen vom Baum.

Andalosia.

Wie schön gesagt, wie friedlich — wie sanft und — und — hold? nicht wahr? gähnt. Verzeih, ich weiß nicht, warum ich dich unterbreche.

Agrippina.

O mein Süßer, mein Trauter!

Andalosia.

Warlich, du Engelsbild, noch nie — gähnt. Nie, niemals — Was sagtest du doch?

Agrippina.

Nichts, mein Theurer.

Andalosia.

Nichts? Nichts? gähnt. Nichts, mein Engel, will viel sagen, denn — gähnt. Ich weiß nicht, — es muß schon spät sein, denn die Augen wollen mir zufallen — aber du sprichst auch gar nichts.

Agrippina.

Ich höre dir zu, du Wonne meines Herzens.

Andalosia gähnt.

Ja, es hört sich gut zu, wenn Leute so reden, — vollends — gähnt. so recht begeistert über das Himmlische gähnt. der Liebe, — nur nicht Geschwätz, wenn ein Mensch schlafen will, denn alsdann — mein Schatz, ist es zur Unzeit, — und den Fehler scheinst du mir zu haben.

Agrippina.

Ich? Ist dir meine Liebe jezt schon gleichgültig?

Andalosia.

Nein, das nun eben auch nicht — gähnt. aber — Ruhe muß der Mensch haben, — denn Ruhe — sieh, ist der Ruhe wegen nothwendig. — Ei, mir däucht, ich falle mit dem Kopf auf den Tisch. — Tisch! Tisch! Ein einfältiges Wort. — Warum muß nun hier gerade ein Tisch stehn? — Dietrich! Dietrich!

Agrippina.

Was soll er? —

Andalosia.

Was du sollst, du fauler Mensch? Mich zu Bett

bringen — das dünkt dem Fratzengesicht wohl zu viel — Dietrich — ah! liebster Engel! Du bist da? Verzeih, ich war ein wenig in Gedanken.

Agrippina.

Du bist müde und schläfrig.

Andalosia.

Ja, mein Kind, weil der Dietrich nun wieder hinein gelaufen ist — hole mir doch mal den Flegel, er muß in der Nähe sein, — ich muß mich niederlegen.

Agrippina.

Komm, daß ich dich selber führe. — Margarethe! Margarethe!

Margarethe kömmt.

Andalosia.

Ja, Dietrich, ja, du bist eine ganz gute Haut, — nur taugst du nichts, — kein gutes Haar an dir — immer gähnend.

Agrippina.

Lege dich auf dieses Ruhebett hier, mein Trauter.

Andalosia.

Ich traute dir ja, — freilich — je nu, — kömmt Zeit, kömmt Rath, Affengesicht. sie gehn in das zweite Zimmer.

Margarethe.

Er weiß sich vor Schlaf nicht zu lassen; es ist zum Lachen, was sich die Prinzeß für Schmeicheleien von ihm muß sagen lassen. Nun schläft und schnarcht er schon: ich dachte wohl, daß der starke Schlaftrunk so schnell wirken müsse.

Agrippina kömmt.

Agrippina.

Hier, Margarethe, nimm diese Tasche, und nähe sie dem Festschlafenden schnell und behende so an das Wamms, wie er diese trug. Aber nimm dich in Acht, daß er nicht munter wird.

Margarethe.

Hat nichts zu sagen, gnädigste Fürstin, drei Schneider könnten sich jezt auf ihn setzen, und arbeiten und bügeln, er merkte nichts davon. ab.

Agrippina.

Endlich errungen! — Ich fasse hinein — richtig, zehn schöne goldne Münzen — und wieder — und wieder — o welche Wonne! Ich entfliehe mit meiner Beute in die innersten fernsten Gemächer, bis er fort, — und dann, o du himmlisches, glänzendes, lachendes Gold, dann will ich immer mehr der tönenden Liebesreden aus diesem welken, unscheinbaren Munde ziehn, und dir, nur dir leben und sein. geht ab.

Margarethe kömmt zurück.

Margarethe.

Nun wäre das auch geschehn. — Er schnarcht aber so stark, daß es unanständig wird, denn die Schildwachen draußen müssen ihn hören können. Sie müßten denn etwa denken, es wäre des Königs Majestät selbst, der sich bei der Königin befände, und es ist wahr, der hohe Mann kann auch in diesem Orgelspiel etwas leisten, was man nicht alle Tage hört, denn er hat besonders die tiefen Töne so in seiner Gewalt, und die schnellen gurgelnden Passagen, die dann plötzlich in die Höhe hinauf tremuliren, und mit einem Schnelltriller wieder in den ruhigen gesetzten Ton herabspringen, daß man über die ungeheure Fertigkeit erstaunen muß. Wenn dann die liebe alte Königin auch anfängt einzustimmen, die sich mehr auf die Lachtöne gelegt hat, und immer ganz plötzlich mit einem Seufzer abschnappt, ohne die Cadenz zu Ende zu führen, dann ohne alle Harmonie und Uebergang mit den abgebrochenen röchelnden kurzen Sätzen wieder anfängt, so schnarchen und fugiren die beiden Herrschaften ein äußerst wundersames Duett. — Was aber der einfältige Spaß mit der Vertauschung der Säckel nur bedeuten soll? Und dazu die vielen Anstalten, die Heimlichkeit, die Gefahr seinen guten Namen zu verlieren? Ja, die Langeweile treibt die Menschen zu wunderbaren Sachen. — Er wird immer noch nicht munter, und der Morgen fängt schon an zu dämmern. Wie wird der gute Mensch verdrüßlich werden, wenn er merkt, daß man ihn mit dieser Liebe nur genarrt hat. Ich muß ihn aufwecken und aus dem Schlosse schaffen, meine Reputation könnte selbst dabei leiden. — Er rührt sich, ja. — Seht doch die Impertinenz, nur um sich auf der andern Seite wieder zurecht zu legen. — Nein, mein gnädiger Herr Graf, sie geht hinein. so ist es nicht gemeint, das darf hier nicht sein; rüttelt ihn. ermuntert Euch doch, und seht um Euch, daß das hier keine Schlafstelle für Euch ist.

Andalosia erwacht.

Wo bin ich?

Margarethe.

Wo anders als im königlichen Schlosse? ums Himmels Willen, es wird schon Tag, macht Euch davon.

Andalosia taumelt heraus.

Wie bin ich denn hierher gekommen?

Margarethe.

Je nun, die Jugend, — die Liebe, — Prinzessinnen, so hoch geboren sie sind, bleiben doch auch Menschen —

Andalosia.

Die Prinzessin? — Ich erinnre mich, — wo blieb sie?

Margarethe.

Das arme Herz, wie sie sah, daß der gnädige Herr so sehr schläfrig war, und ungeachtet aller Liebkosungen, aller zärtlichen Worte immer wieder einschlief —

Andalosia.

Ich? alter Narr?

Margarethe.

Habt Ihr denn nicht noch eben auf dem Ruhebett dort schnarchend gelegen?

Andalosia.

Himmel! Wie ein Thier habe ich alle Besinnung verloren.

Margarethe.

Recht ist es nicht, bester Herr, und die gnädige schöne Prinzeß wird Euch nun wohl recht böse sein.

Andalosia.

Ich verdiene ihren Zorn, ich Unwürdiger. Noch weiß ich mich nicht zu sammeln, mein Kopf ist schwach, mein Gehirn erschöpft; o wie werd' ich erschrecken, wenn ich meine volle Besinnung wieder finde. Leb wohl und schweig. geht ab.

Margarethe.

Gimpel! Schweig! Was giebt's denn hier zu verschweigen? Ich fürchte, die Königin und die Prinzeß werden Euch selbst damit aufziehn und Euch in die Nase lachen, daß Ihr Euch aus Eitelkeit so leicht bethören ließet. Schweigt! Er spricht, als wenn er ein König wäre, der fremde unbekannte, wetterwendische junge Herr. geht ab.

Neunte Scene.

Zimmer.

Andalosia allein.

So wandelt dumpf ein Thier in Paradiesen,
Und sieht nicht Blum' und Frucht, so reißt der Wahnsinn
Den Freund und die Geliebte roh zerfleischend
Sich selbst mit grimmen Biß die Glieder wund;
So bin ich selbst mein eigner dummer Feind,
Durch eigne Schuld aus meinem Paradies
Schmachvoll vertrieben, ich im blöden Sinn
Zerriß selbst meine Liebe. — Wie nur war es,
Wie möglich nur, daß dieser thier'sche Schlaf,
Der dumpfe Sklave der Natur, den Geist,
Der himmelan mich trug, bewält'gen konnte?
Die schwere Schuld muß ich sogleich versühnen,
Ein prächtiges Bankett soll wiederum
Den ganzen Hof in meine Gärten ziehn,
Die schöne Fürstin wird durch Flehn erweicht,
So schnell kann Herzensliebe nicht ersterben,
Sie übersieht den Fehl und Venus sendet

Aus ihrem Himmel meine Wonnestunde.
Doch wenig Gold hab' ich in Vorrath noch,
Ich eile um den Reichthum herzustellen. —
Wie? — Was ist das? — Leer, immer leer der Säckel? —
Ich träume nicht, — wie, sollte Ampedo,
Der Blöde, recht mit der Vermuthung haben?
Ist wohl die Zauberkraft erschöpft und todt? —
O nein, ich Blöder, Blöder, Rasender!
O ich Getäuschter, plump, arg, arm Betrogner!
Wie man Schulknaben wohl und Gassenjungen
Um Aepfel oder Nüsse hintergeht,
Wie Bauernvolk in dem Gelag der Schenken
Mit grob gesponn'nem Witze übertölpelt —
Ja, Tölpel, Narr, Blödsinniger, Dummkopf ich!
Bedurftest du des Schlaftrunks wohl, in der
Betäubung dummer, alberner zu werden?
Nimm diesen Kopf, der mit Verstand nichr dient,
Der kaum den Sinn hat Gras dir aufzufinden,
Dem Hörner nur noch mangeln Thier zu sein,
Nimm ihn, zerschmettr' ihn an der ersten Wand!
Was bleibt mir als Verzweiflung? — Was mir bleibt?
Das Leben doch, die Jugend, die Gesundheit,
Die Hoffnung, künftig klüger noch zu werden,
Die Kraft, die eigennütz'ge Täuscherin
Mit ganzem vollem Herzen zu verachten.
So sei es, und dann den Versuch gemacht,
Was ich verloren wieder zu erobern.

Der Haushofmeister kömmt.

Haushofmeister.

Ich komme, von dem Munde meines Herrn
Befehle zu empfangen, wie das Fest
Nach seinem Wohlgefallen einzurichten.

Andalosia.

Vorerst ruft schnell die ganze Dienerschaft.

Haushofmeister ab.

Nicht in Bedrängniß Rath zu finden wissen,
Ist nicht des festen Mannessinnes würdig,
Hinweg, du falsche Schaam, geschehe frei,
Mit Heiterkeit, was doch geschehen muß.

Alle Diener treten ein.

Andalosia.

Ihr guten, treuen Leute, die bisher,
Das müßt Ihr selbst bezeugen, frohe Tage
Mit mir gelebt, die ich beschenkt, gepflegt,
Und nie gedrückt: es ist anjezt mein Wille,
Einsam und unbekannt in fremden Landen
Gelübden treu auf ein'ge Zeit zu leben;
An Lohn bin ich bei keinem in der Schuld,
Ihr habt voraus, behaltet was Ihr habt,
Die kostbaren Livreen, Pferd' und alles,
Zwei Pferde nur behalt' ich mir; lebt wohl!
Erwiedert nichts; wozu, daß wir uns rühren?
Je mehr Ihr mich geliebt, zeigt um so mehr,
Daß Ihr mit Schweigen alle mich verlaßt.

Diener ab.

Du, Dietrich, bleib. Mich zwingt ein seltsam Schicksal,
Allein und sparsam nach dem Vaterland
Nach Cypern heimzukehren, und ich will
Mit dir die Reise machen.

Dietrich.

Aber ich
Will nicht, mein Herr; ei, seht mir doch den Antrag!
Ich also bin der einz'ge, schlecht genug

Und gut genug, auf knapper Pilgerfahrt
Euch wie 'ne Kürbisflasche zu geleiten,
Die man nur unterwegs mit Wasser füllt,
Da Ihr die andern alle fortgeschickt?

Andalosia.

Ich glaubte, mich gefällig dir zu zeigen,
Da du aus Cypern bist, und deinen Vater
Gern wieder siehst; was willst du unter Fremden?

Dietrich.

Sorgt nicht, mein Vater läuft mir nicht davon,
Wenn er nicht etwa stirbt, Cypern noch weniger;
Hier hab' ich unter Diensten nur zu wählen,
Ein trefflicher ist mir schon zugesagt.

Andalosia.

So bleib, du Taugenichts, ich geh allein.

Dietrich.

Viel Glück zur Reise! Der Graf Theodor
Kömmt außer sich, daß ich nun zu ihm ziehe. geht ab.

Andalosia.

So vieles Gold besitz' ich noch, um einsam
Nach Cypern heimzureisen, sei's zu Land,
Sei's auf dem kürzern Weg zur See. Leb wohl,
Du undankbares London, lebe wohl
Betrügerin, die mit der Liebe heuchelt!

Theodor tritt ein.

Theodor.

Verzeiht, mein Theurer, daß ich frank und frei
So zu Euch trete, längst hab' ich gewünscht,

Daß wir als Freund' uns näher kommen möchten,
Wozu der Ceremonien und der Fratzen?

Andalosia.

Ich bin in Eil, kann ich Euch worin dienen?

Theodor.

Recht sehr: mich freut's, daß Ihr ohn' Umschweif sprecht,
So macht's der brave Mann, so Ihr, so ich.
Ihr könnt mich glücklich machen, Euch verbinden
Auf Lebenszeit, wenn Ihr, mein Vater stirbt bald,
Bis dahin mir zehn tausend Pfunde borgt.

Andalosia.

Nennt Ungefälligkeit nicht dieses Lächeln
Und Achselzucken, kamt Ihr gestern zu mir,
So stand die Summe warlich Euch zu Diensten,
Doch jezt bin ich zu helfen nicht im Stande.

Theodor.

Ja, „kamt Ihr gestern" ist Geschwisterkind
Mit dem verruchten Balg „ein andermal,"
Die Lumpen-Sippschaft stammt von Lug und Trug,
Und Kargheit säugte sie an schlaffen Brüsten,
Wohin man kömmt, sind die Unholde da
Mit ihrem dummen Zähnefletsch und Grinsen.
Ich dachte nicht, so abgeführt zu werden.

Andalosia.

Wenn Ihr mich kenntet, würdet Ihr nicht zweifeln.

Theodor.

Mag Euch nicht näher kennen, als ich thu,
Wär' eine miserable Perspective
In leeres Herz und Eingeweid' zu schaun.

Andalosia.

Ihr könnt mich nicht beleid'gen, so lebt wohl.

geht ab.

Theodor.

Doch dir den Hals umdrehen, filziger
Verschwender! karger Hochmuthsteufel, du!
Mich ärgert, daß ich ihm das Wort vergönnt.
Die Zeit find't sich, ihm das noch einzutränken.

geht ab.

Zweiter Akt.

Erste Scene.

Zimmer.

Daniel, Diener.

Daniel.

Macht nur das Essen, Kinder, deckt den Tisch, denn Ihr wißt wohl, wenn der gnädige Herr zu Hause kömmt und findet nicht gleich alles fertig, daß er sich nur hin zu setzen braucht, so mault er den ganzen Tag. Diener ab. Das ist eine Noth mit solchem simpeln, stillen, langweiligen Herrn! Der Alte hatte noch auf seinem Sterbebette mehr Leben. — Aber, seh' ich recht? Warlich, der Herr Andalosia! So ganz allein? Ohne Gefolge? Was hat das zu bedeuten?

Andalosia tritt ein.

Daniel.

Ist's möglich, gnädiger Herr, daß meine alten Augen Euch so unvermuthet wieder sehn? Ach, welche Freude! so wird doch nun hier einmal die alte traurige Langweile und Einsamkeit etwas aufgeheitert werden!

Andalosia.

Wo ist mein Bruder?

Daniel.

Da unten in der Allee nach der Meierei zu, auf seinem gewöhnlichen Spaziergange, er muß bald kommen, denn nun hat er schon seine Milch und sein Butterbrod verzehrt, nun hat ihm der alte Meyer schon die Geschichte von den jungen Gänsen vorgetragen, und er selbst wird auch wohl schon seinen Traum von heute Nacht auseinander gesetzt haben, so daß er nicht lange mehr ausbleiben kann.

Andalosia.

Er ist gesund und froh?

Daniel.

Lieber Himmel, Ihr kennt ja selbst unsern gnädigen Herrn: gesund, ja, und froh auch auf seine Weise. Er verlangt nicht viel von der Welt.

Andalosia.

Wie treibt Ihr es denn nun hier?

Daniel.

Den einen Tag wie den andern; was Gott uns an Zeit beschert, die verbrauchen wir denn auch mit seinem Beistande; aber das versichre ich Euch, wir könnten hier eine Universität errichten, um die Langeweile im ganzen Lande gründlich und auf ewige Zeiten zu stiften. Ich sage manchmal: geht doch an den Hof. — Nein. — Macht eine kleine Reise! — Nein. — Ladet einmal Gäste. — Nein. — Wollt Ihr denn nicht vielleicht heirathen? — Nein! — Um acht Uhr Morgens steht der Herr auf, sein Frühstück nimmt ihm eine Stunde weg, dann zieht er sich an und wieder aus, sucht andre Kleider vor, und wechselt sie wieder mit dem Schlafrock. Eine unglaubliche Lust scheint er am Auf- und Zuknöpfen zu haben, denn ganze Stunden kann er damit hinbringen, oder Handschuhe zwanzigmal anprobiren. So kommt denn die zwölfte Stunde, und er wallfahrtet nach der Meierei. Dann wird gegessen und der Nachmittag eben so hingebracht. Höchstens geht der Herr einmal auf die Jagd, aber nicht um zu schießen, nur seinen Leuten zuzusehn.

Andalosia.

So hast du es aber gut, und wenig oder nichts zu thun.

Daniel.

Sagt das nicht, muß ich doch nach allem sehn, damit die Wirthschaft nicht zu Grunde geht; auch ist der Herr Bruder so genau und geizig, daß man beinahe sein eigenes Geld zusetzen muß. Ueber jeden Groschen weitläuftige Berechnungen, dann hat er noch das Unglück, nicht zu kapiren, und weil er nicht rechnen kann, denkt er, jeder Mensch will ihn betrügen.

Andalosia.

Er mag nicht so ganz Unrecht haben.

Daniel.

Und der liebe Eigensinn! Wenn ich ihn an- oder auskleide, macht er alles verkehrt und das läßt er sich auch um alle Welt nicht abgewöhnen. In der ganzen Christenheit zieht man doch gewiß den rechten Stiefel zuerst an: er immer den linken! jeden Morgen halte ich ihm den rechten hin, — nichts da; ich bitte, ich werde böse, ich werfe den Stiefel weg, nehme ihn wieder, halte ihn einladend, recht einladend hin, nichts! er bleibt auf seinem Kopf, und will ich wohl oder übel, muß ich nach halbstündigen Debatten ihm doch gegen Vernunft und Ueberzeugung nachgeben. Das ist ein Kreuz mit solchem Herrn.

Andalosia.

Du bist ein Narr.

Daniel.

Außerdem hat er sich noch eine verdammte Sache angewöhnt, er ist der ärgste Topfkucker von der Welt, und wie er es anfängt, ist unbegreiflich; denn oft stehn wir ganz ruhig in der Küche und schwatzen, mit einem male ist der gnädige Herr hinter uns, keiner hat ihn gesehn, keiner hat ihn kommen hören; in keiner Stube ist man sicher, es ist, als wenn er durch die Wände gehn könnte, dadurch wird alle Gedankenfreiheit gehemmt, und es ist gar kein Spaß in solchem Hause zu machen. Aber wie kömmt es nur, mein Herr Andalosia, daß Ihr so allein und ohne Gefolge reiset?

Andalosia.

Ein andermal davon.

Daniel.

Aber mein Sohn, der Dietrich, wird doch wenigstens bei Euch sein?

Andalosia.

Dein Sohn? Der junge Esel hat sich wie ein Halunk gegen mich aufgeführt: als er glaubte nichts bei mir gewinnen zu können, war er von meinen Leuten der einzige, der mit Grobheit und Undank mich verließ, ob ich ihn gleich mit mir nehmen wollte.

Daniel.

Ist es möglich? Hat das schlechte Kind so aus der Art schlagen können? Muß ich in meinem Alter den Gram erleben, Vater eines ungerathenen Sohnes zu sein? Wart Bösewicht! Dir will ich den Text auslegen, wenn ich dein undankbares Gesicht einmal wieder zu Gesicht kriegen sollte!

Andalosia.

Kommt nicht mein Bruder da den Baumgang herauf?

Daniel.

Er ist es, gnädiger Herr. Nun will ich gleich anrichten lassen.

Andalosia.

Und ich will ihm entgegen gehn. ab.

Daniel.

So recht, Dietrich! Ich sehe, das liebe Kind hat Verstand, er wird sich schon in der Welt zurecht zu rücken wissen. Er hat nicht mit dem jungen Herrn in Compagnie eine miserable Figur machen wollen und Hunger und Kummer leiden. Ephraim! Benjamin!

Zwei Bediente kommen.

Ephraim.

Was giebt's, Herr Daniel?

Daniel.

Noch ein Couvert aufgelegt! Unser gnädiger Herr ist aus fremden Landen zurück. Du, Benjamin, suche nachher bei der Aufwartung zu erhören, warum er wieder gekommen ist, welche Fatalitäten er gehabt hat, denn von unserm Herrn Ampedo kriegt man doch nichts heraus, so maulfaul wie er ist und bleibt. Marsch!

Die Bedienten ab.

Andalosia, Ampedo kommen.

Daniel.

Es ist angerichtet, gnädige Herrschaft!

Ampedo setzt sich in einen Sessel.

Ich kann nicht mehr — die Ueberraschung — der Schreck, — du, Daniel, geh!

Andalosia.

Geh, Alter! ich habe mit dem Bruder zu sprechen.

Daniel.

Wenn Euch nur nichts zustößt.

Ampedo.

Laß mich allein. — Daniel geht ab. O Bruder, Bruder, die entsetzliche Geschichte, die du mir erzählt hast, — die Unbesonnenheit, mit der du dich unglücklich gemacht hast — mir schwindelt's und dreht sich's in allen Sinnen.

Andalosia.

Fasse dich nur wieder.

Ampedo.

Ist bald gesagt. Da haben wir nun deine unglückliche Art und Weise und die Folgen davon. Hab' ich's nicht vorher gesagt? Wie hab' ich gewarnt! Aber natürlich ist bei dir alles vergebens; denn wer sich für den allerklügsten hält, muß immer die allerdummsten Streiche machen. Das ist der Gang der Natur.

Andalosia.

Es ist ja aber noch nicht die Hoffnung verloren, daß ich den Säckel wieder gewinnen könnte.

Ampedo.

Etwa auf die Art, die du mir vorschlugst? Daß ich dir den Wünschhut gebe?

Andalosia.

Ja, denn so wird es mir leicht —

Ampedo.

Einmal für allemal, daraus wird nichts. Wir haben getheilt, da du es durchaus so wolltest, und nun behalt' ich auch mein Kleinod, und laß es niemals aus den Händen! Daß du den Filz auch noch thörichterweise durchbrächtest, und wir nachher das leere Nachsehn hätten!

Andalosia.

Aber, so laß dir doch nur sagen —

Ampedo.

Nichts! Diesmal wirst du mich nicht so weichherzig und nachgiebig finden. Ich bin es meinem Vater und uns beiden schuldig, daß ich unser übriges Gut erhalte und für dich mit Verstand habe; dazu bin ich der Aelteste und ich werde meine Rechte nicht unter die Füße treten lassen.

Andalosia.

Wenn man nicht mit dir sprechen kann —

Ampedo.

Man kann mit mir sprechen, aber vernünftig; und jezt ist überdies die Zeit zu Tisch zu gehen; komm nur hinein, ich muß mich stärken und auf meinen Schreck zu erholen suchen. sie gehn.

Zweite Scene.

Straße.

Graf Limosin, Daniel.

Limosin.

Es ist also gewiß, wie du sagst, daß mein geliebter Neffe Andalosia wieder zurück gekommen ist?

Daniel.

Ja, mein gnädiger Herr Graf.

Limosin.

Und er wird jezt hier bleiben?

Daniel.

Wie es scheint.

Limosin.

Ich wünsche, daß er seine Reise zu seiner Zufriedenheit mag beendigt haben. Schön, daß er wieder da ist, so kann ich auch vielleicht ein nothwendiges Geschäft mit ihm abmachen, denn mit seinem Bruder ist nichts anzufangen. Gehst du nach Hause?

Daniel.

Ja, Herr Graf.

Limosin.

Du kannst mich melden, daß ich heut noch meinen Neffen meinen Besuch machen würde.

Daniel.

Heute gehn sie gewiß auf die Jagd, nach dem gewöhnlichen Platz, denn Herr Ampedo pflegt den Zeitvertreib nicht leicht auszusetzen.

Limosin.

Empfiehl mich herzlich den liebenswürdigen Kindern, dem Trost und der Freude meines Alters.

Daniel.

Unterthänigster. geht.

Limosin.

Andalosia darf es mir nicht abschlagen, meine Verlegenheit ist zu groß, und Geld haben die Menschen ja im Ueberfluß; aber der Ampedo ist vom ärgsten Teufel des Geizes besessen, und führt selbst ein Leben wie ein armer Hund; doch der andre junge Bengel spielt gern den Großmüthigen, erwirbt sich Dank und Huldigung, sammelt mit Anstand und Rührung diese Brocken der Heuchelei, der ist also leicht zu berücken. O wer den Parvenus, diesen geschlechtlosen unadlichen Abentheurern einmal so ganz ungenirt über ihre Schätze kommen könnte! Das Gesindel weiß sie ja doch nicht anzuwenden.

geht ab.

Dritte Scene.

Zimmer.

Ampedo, Andalosia.

Ampedo.

Ja, Bruder, nun bist du gut und vernünftig, was einmal verloren ist, laß verloren sein, wir richten uns ein, wir sparen hübsch, und können ja am Ende auch die Gemähldegallerie, den Pallast, das Silberzeug und alles verkaufen, und uns auf dem Gute draußen knapp und bürgerlich einrichten.

Andalosia.

Wozu? wir sind und bleiben immer reich.

Ampedo.

Ach, Bruder, mich überfällt bei jedem Thaler, den ich ausgeben muß, eine Bangigkeit, man kann nicht wissen, wie alt man wird, ja wer von uns weiß es denn gewiß, ob er wirklich stirbt, und bedenke nur die Noth, die man alsdann im Alter leiden müßte.

Andalosia.

Bruder, neben deiner Vernünftigkeit bist du aus lauter Grillen zusammengesetzt.

Ampedo.

Mein Wesen will dir nur im Anfang nicht einleuchten, aber bald wirst du ganz so werden wie ich, wir essen und trinken dann mäßig, wir gehn spazieren und auf die Jagd, — ah, ja so, die Leute werden schon draußen im Walde sein und mich erwarten; ich muß hinaus, denn wenn man seine Gewohnheit verändert, so leidet mit Schmerz das Leben selbst.

Andalosia.

Ich bin noch müde, in einem halben Stündchen folge ich dir, und, um es mir bequem zu machen, leihst du mir wohl dazu den Hut.

Ampedo.

Recht gern, hier nimm ihn, du setzest ihn auf, sprichst das Wort und bist bei mir; nichts Bequemeres wie das. Lebe wohl bis dahin. geht ab.

Andalosia.

Gutmüth'ger Thor! Er denkt nicht, daß ich gleich,
Bewährt sich nur die Kraft des Wunderhuts,
Zum fernsten Afrika entschwinden kann.
Du sollst mir nun mein Kleinod wieder schaffen,
Mit Schmach und Rache meine Feindin schlagen;
Ich nehme Ring' und kostbare Juwelen,
Geh' in den nahen Wald nur wenig Schritte,
Daß nicht die Dienerschaft das Wunder merke,
Und wünsche mich sogleich nach London hin. geht ab.

Vierte Scene.

Wald.

Graf Limosin, ein Jäger.

Limosin.

Wo sind die jungen Grafen?

Jäger.

Einer nur,
Herr Ampedo, sitzt dort im Försterhäuschen.

Limosin.

So jagt er nicht?

Jäger.

Er schaut nur zu von fern,
Wie wir das Wild erlegen, schläft auch wohl
Noch dabei ein: oft wieder ist er bei uns
Im dicksten Wald, eh wir es uns versehn,
Kein Mensch kann sagen wie, woher, und wieder
Auf und davon, als ob er fliegen könnte.

Limosin.

Da geht er, wie es scheint, sehr mißvergnügt.

Ampedo kömmt.

Ampedo.

Noch immer nicht! — Wo er nur bleiben mag?

Limosin.

Mein lieber Neffe —

Ampedo.

Schönen guten Tag —
Entweder kann der Thor das Wort nicht finden —

Limosin.

Ich höre, Euer Bruder —

Ampedo.

Schönen Dank! —
Vielleicht auch rutscht er schief die Welt hinein —

Limosin.

Ist er nicht mit Euch?

Ampedo.

Nicht doch, wie Ihr seht —
Wenn er den Hut, — wenn er den Hut verlöre!
Er kömmt nicht, und es fängt zu dunkeln an.

Limosin.

Was ist es, was Euch so betrüben mag?

Ampedo.

Gar nichts, — mein Bruder nur. — Vielleicht,
Da ihn der Zauberhut noch nicht gewohnt,
Läßt er ihn unterweges fallen, schlägt
Wohl stetisch aus, wie falsche Mähren thun,
Bockt mit ihm, läßt sich hartgemault nicht lenken,
Da liegt denn, wer weiß wo, Herr Andalosia.

Limosin.

Ihr seid bekümmert —

Ampedo.

Nein! — Doch kennt der Hut
Hieher ja alle Weg' und Steg', hat oft
Den Ritt gemacht, muß sich im Finstern finden.

Limosin.

Ich spräche herzlich gern den edlen Bruder,
Ich dacht' ihn hier in Eurer Huth zu finden.

Ampedo.

In meinem Hut? Was wißt Ihr denn vom Hut?
Ihr denkt wohl gar, — mein Himmel, das sind Fabeln,
Er muß auf seinen simpeln Beinen kommen,
Was andern recht, das mag ihm billig sein,
Man wird ihm keine Butter daran legen.

Limosin.

Ihm keine Butter? Ich versteh' Euch nicht.

Ampedo.

Gleichviel, — man spricht nicht immer des Verstehns halb;
Soll's nicht Gespräche geben dürfen, Ohm,
Die nur — versteht mich — wie man sagen möchte
So gleichsam bloß um Willen ihrer selbst
Ein klein Geräusch mit Worten machen wollen,
Pur aus Geselligkeit, so Hausmannskost
Still vorgesetzt, Nachtisch vielmehr mit Nüssen.

Limosin.

Ihr seid so spaßhaft, doch ein ernst Geschäft
Führt mich, mit Andalosia abzuschließen
In Eil hieher.

Ampedo.

Wohl Geldgeschäfte, Herr?

Limosin.

Vielleicht.

Ampedo.

So klagt nicht, wenn er außen bleibt,
Er ist so arm wie Kirchenratzen sind.

Daniel kömmt.

Daniel.

Der junge Herr gab mir für Euch den Zettel.

Ampedo.

Wo steckt Er denn?

Daniel.

Da fragt Ihr mich zu viel,
Kein Menschenaug' hat ihn seitdem gesehn.

Ampedo liest.

O weh! — in alle Welt! Ich werde schwach! —
„Mit beiden nur siehst du mich wieder, Bruder." —
Mein Hut! Mein Hut! Mein Hut!

Limosin.

Was ist Euch denn?
Ihr habt ihn ja dahier auf Eurem Kopf.

Daniel.

Ja, Herr, er sitzt recht fest auf beiden Ohren.

Ampedo.

Das hätt' ich dir, dir das nicht zugetraut!
So treulos, gegen Wort und Abredung!
Statt nach dem Wald zu gehn, — in weite Welt!

Limosin.

So ist er fort? Wohin? Und wie so schnell?

Ampedo.

Ihr hört es ja; —

Limosin.

Holt ihn im Hafen ein.

Ampedo.

Ach, Ihr versteht das Ding nicht, — er ist fort!
Ich ärgre, gräme mich zu Tod', erkranke!
O kommt zurück, ich weiß nicht was ich spreche.

Limosin.

So faßt Euch nur, Ihr habt so manche Woche

Ihn ja bisher entbehrt; was ist's denn weiter?
Verdrüßlich! daß nun mein Geschäft muß ruhn.

Ampedo.

Ihr wißt, Ihr wißt ja nicht, — ich will nur schweigen,
Denn man sagt leicht zu viel in Schreck und Hitze,
Und wohl erinnr' ich mich des Vaters Lehre.

sie gehn.

Fünfte Scene.

Pallast.

Reymund allein.

Höchst sonderbar! des Königs Majestät,
Der ich sonst nie zu oft mich nahen konnte,
Ist nun seit lange nicht für mich zu sprechen,
Und trau ich dem Gerücht, so laborirt
Der Herr allein, und hat den Stein der Weisen,
Das große Elixir allein gefunden,
Wohl wie ein blindes Huhn: der Schüler eilt
Voraus dem Meister, und was nächtlich Wachen
Und Fasten, Keuschheit, Andacht nicht vermochten,
Das wirft der blinden Göttin kind'sche Laune
Uneingeweihten hin zum Spott der Weisheit.

Der König kömmt mit dem Leibarzt.

König.

Aha, mein Guter! da seid Ihr ja auch.

Reymund.

Ich warte lange schon auf den Befehl —

König.

Vorbei, mein Lieber, diese Jugendträume,
Die Schwärmerei, Kastein und Beten, alles;
Ihr seid auf falschem Wege. Saht Ihr wohl
Die neuen goldnen Münzen ausgegeben
Aus unserm Schatz? Wir haben's, Freund, wir haben's!
Doch Eur' Merkur und Jovis Glanz und Venus,
Das alles ist nur Fabelei. Wißt Ihr
Woraus denn die Materie besteht?

Reymund.

Wir suchen sie nun schon seit vielen Jahren
Zu läutern, zu verklären, zu erziehen
Durch Kunst zur goldnen Lilienblüthe —

König.

Nichts!
Viel simpler ist's, ich hab' sie Freund, ich hab' sie —
Soll ich's Euch nennen? he?

Reymund.

— Mein hoher Herr —

König.

Nun sperrt den Sinn mal auf, sucht zu begreifen,
Ins Ohr will ich's Euch sagen: — Leder ist's!

Reymund.

Vernehm' ich recht? Wie? Leder?

König.

Leder, ja!
Nicht wahr, das will Euch nicht zu Kopf? Verdutzt,
Verdummt steht Ihr da vor mir, — ja, mein Freund,
Kennt Ihr nicht die Sentenz: es giebt manch Ding

Im Himmel und auf Erden, wovon Eure Schulweisheit sich nicht träumen läßt. — Adieu. ab.

Leibarzt.

Nun, Mann der Weisheit? Seht, wie gesund, vollständig, aufgeräumt der König jezt ist, wie richtig er denkt, wie wohl er aussieht, nun er sich alle die ungewaschnen Grillen aus dem Gehirne gespült hat.

Reymund.

Hat er denn wirklich die Kunst gefunden?

Leibarzt.

Narrenpossen, dummer Mensch! Er hat Euch ja nur zum Besten. Eine neue Taxe hat er aufgelegt, auf alles Leder im Lande, auf Schuh und Stiefeln, Hohlkopf! man geht jezt nicht ohne seine Erlaubniß, und nächstens wird er darauf antragen, daß kein Mensch barfüßig einhertreten darf, damit noch mehr Leder konsumirt wird: seht, das sind die Geheimnisse. geht ab.

Reymund.

Nicht möglich! — Da kommt die Prinzessin, die zur Messe geht.

Agrippina kömmt mit Margarethe.

Reymund.

O gnäd'ge, schöne Fürstin,
Ist's wahr was man gesagt, was selbst der König
Mir jezt gestanden? Daß ihm Sol gelächelt,
Und er die hohe Kunst —

Agrippina.

Wie man es nimmt,
Glaubt mir, die Sach' ist, wer sie einmal kennt,

Höchst einfach, denn man streckt die Hand nur aus,
Doch freilich ist es nicht gleichviel wohin,
Wir haben jezt das rechte wahre Wesen,
Nur giebt es auch viel Schein und Nachgemachtes. ab.

Reymund.

Versteht Ihr etwas von dem Geschwätz?

Margarethe.

Ja, meine bester Herr Ineptus, man darf es nur nicht jedermann auf die Nase binden; ich habe auch dabei geholfen, abschneiden, annähen, und nun ist die Prinzeß Tagelang auf ihrer Stube und thut nichts anders, als daß sie heraus und herein spielt, und ist so glücklich dabei, und lacht und freut sich, und der alte Papa hilft manchmal, und nicht alle dürfen darum wissen, und das ganze Land ist glücklich, denn der Finanzminister ist seitdem völlig abgeschafft. geht ab.

Reymund.

Sind sie toll! Bin ich verrückt? Ist dies Sprache der Kunst, ist es Aberwitz? Ich muß in mein einsames Gemach, um bei meinen Büchern meinen Verstand wieder zu finden. geht ab.

Sechste Scene.

Straße.

Andalosia verkleidet, an einem kleinen Tischchen.

Andalosia.

Es scheint, daß keiner mich erkennen wird,
Denn schon seit lange streicht der Bengel Dietrich,

Der Müßiggänger, linksch um mich herum.
Nun, holdes Glück! steh deinem Sohne bei.

Agrippina und Margarethe gehn vorüber.

Agrippina.

Sieh, Margarethe. — Sind das ächte Steine?

Andalosia.

Durchlauchtige Prinzeß, ich schmeichle mir,
Daß alle von dem reinsten Wasser sind.
Ich komm' aus fernen Landen, treibe Handel,
Der Ruf nur Eurer Schönheit, Eures Reichthums,
Und Eures edlen höchst freigeb'gen Sinns
Zog mich hieher, sehr wünscht' ich, solche Dame
Geruhe sich mit diesem Glanz zu schmücken.

Agrippina.

Ich gehe in die Kirche, kommt zu mir. ab.

Andalosia.

O gnäd'ges Fräulein!

Margarethe.

Meint Ihr mich, mein Herr?

Andalosia.

Nehmt gütigst diesen Ring von mir zur Gabe,
Er ist der schlechtste nicht auf diesem Tisch,
Und denkt dabei des Euch ergebnen Manns,
Damit Ihr die holdselige Prinzeß,
Die Eure Freundin scheint, erinnern mögt.

Margarethe.

Ein hübscher Mann, von artig feinen Sitten,
Präsente macht er, — scheint recht gut erzogen, —
Je nun, das Ausland ist ja lang und breit,

Da kann ja mancher auch Manieren lernen. —
Ja, lieber Herr, ich thu, was ich nur kann,
Und nach der Messe sehn wir uns wohl wieder. ab.

Dietrich kömmt.

Dietrich.

Mein guter fremder Herr Juwelenkrämer,
Ich muß Euch sagen, ich bin auch gut Freund
Mit einem Ausbund eines großen Herrn,
Des reichsten, mächtigsten, freigebigsten
Im Lande hier, es ist ein' Art von Dienst
Verhältniß zwischen uns, ich thu ihm manches,
Seht, zu Gefallen, wofür er denn wieder
Erkenntlich ist.

Andalosia.

Ihr seid wohl sein Bedienter?

Dietrich.

Wollt Ihr Euch an Provinzialismen hängen? —
Ich meine nur, für solch ein Ringelchen
Könnt' ich ihn auch vielleicht durch meinen Einfluß
Bereden, mit Euch Handel einzugehn.

Andalosia.

Im Pallast hoff' ich alles abzusetzen.

Theodor und Lady Dorothea kommen.

Theodor.

Ihr geht so langsam, kuckt Euch immer um,
Wir kommen, wenn der Gottesdienst zu Ende.

L. Dorothea.

Wir kommen, wenn es mir beliebig ist.

Theodor.

Was machst du hier, du Tagedieb? Fort, nach Hause!

Dietrich.

Ich geh' nur noch ein wenig in die Kirche.

Theodor.

Was hat solch Volk bei Gott dem Herrn zu thun,
Wenn unser eins, Leute von Ton und Welt
Sich ihm zu präsentiren suchen? Marsch!
Du kannst zur Frühmeß her dich scheeren! Geh!

Dietrich.

Ich wollte hier nur —

Andalosia.

Ja, er sprach mit mir,
Welch zartes Freundschaftbündniß Euch verknüpft.

Dietrich ab.

L. Dorothea.

Seht doch hieher! Welch prächt'ger Schmuck! Der Ring
Mit diesem Solitair muß meine werden,
Kauft ihn, mein Freund, indeß geh' ich zur Kirche. ab.

Theodor.

Wieder was Neues! — Hört mal, fremder Mensch,
Sind auch die Waaren ächt? Seid Ihr kein Schelm?

Andalosia.

Mein gnäd'ger Herr, laßt hies'ge Juweliere
Die Steine prüfen, wenn Ihr zweifeln wollt,
Auch dräng' ich mich zu Niemand überredend,
Ich hoffe mit dem Könige zu handeln.

Theodor.

Man kann doch fragen, bärbeißiger Mensch,

Vom Ansehn werden auch die Diamanten
Nicht Graupenkörner werden. Sans façon,
Was kostet dieses Ding da kurz und gut?

Andalosia.

Wenn die Prinzeß ihn nicht belieben sollte,
So laß ich ihn Euch wohl für tausend Pfund.

Theodor.

Nehmt nicht das Maul so voll, die tausend Pfund
Pflegt man hier von den Bäumen nicht zu schütteln.

Andalosia.

Auch wohl so edle, reine Steine nicht;
Prinzessin Agrippina wird ihn kaufen.

Theodor.

Prinzeß! Prinzeß! Was soll die Ziererei?
Dem Kaufmannsvolk muß jeder Beutel Geld,
Ob aus des Königs, ob aus Lumpenhand,
Ein gleiches gelten, das ist Narrethei
Sich vornehm dünken, weil mit großer Welt
Man Handel pflegt: Kurzum, wollt Ihr zweihundert?
— Er thut, als hört er nicht: — dreihundert geb' ich
Und bleib' Euch dann noch hundert funfzig schuldig,
Das ist der letzte Pfennig, den ich biete.

Andalosia.

Ich habe nicht die Ehr' den Herrn zu kennen.

Theodor.

Ich heiße Theodor, bin Kammerherr,
Mein Alter ist der wohlbekannte Herbert,
Schurrt der mal ab, bin ich der einz'ge Erbe.

Andalosia.

Ich lasse nur den Ring so wie gesagt.

Theodor.

Verdammter Eigensinn!

Margarethe kömmt.

Margarethe.

Ihr sollt, mein Herr,
Sogleich auf's Schloß zu der Prinzessin kommen.

Lady Dorothea kömmt.

L. Dorothea.

Der Kaufmann räumt ja seinen Kram zusammen.

Theodor.

He! Mann! da drüben, seht, in dem Palais,
An welchem über'm Thor der Affe sitzt,
Do wohn' ich, ich verlass' mich drauf, daß Ihr
Noch heute zu mir kommt.

Andalosia.

Euch aufzuwarten. geht ab.

Theodor.

Er wird schon kommen Schatz, sei nur getrost;
Mir fehlt's etwas an Geld, sonst hätt' ich ihm
Den großen Stein gleich mit Gewalt genommen.

L. Dorothea.

An Geld und an Verstand ist immer Mangel
In Eurer Wirthschaft.

Theodor.

Still! er muß mir kommen,
Sonst laß ich ihn mit Wache zu mir holen;
Darüber ist die Messe nun versäumt;
Was sich nicht schickt; denn seinen Gott und König
Muß unser einer niemals negligiren. gehn ab.

Siebente Scene.

Pallast.

Agrippina, Andalosia.

Agrippina.

Zu theuer, viel zu theuer, werther Herr,
Wollt Ihr so fordern, könnt Ihr nirgends Käufer,
Auch unter den Monarchen selbst nicht finden.

Andalosia.

Bedenkt die weiten Reisen, die Gefahren,
Die großen Summen, die ich ausgelegt,
Und die mir lange keine Zinsen trugen;
Ich glaubte, hier in England Glück zu machen,
Bei solcher Fürstin, edel, reich und schön,
Mich alles Schadens zu erholen, doch
Ihr habt so viel mir abgehandelt, daß
Sich selbst die Reisekosten nicht bezahlen.

Agrippina.

Der Kaufmann glaubt, er muß beständig klagen,
Ich habe Euch noch viel zu viel geboten;
Geduldet Euch, ich geh, Euch zu bezahlen.

geht hinein.

Andalosia.

O Geiz! Du Scheusal, das mit schiefen Augen
Nur mehr und mehr zu häufen sucht, und ekle
Verzerrung grinzt, soll es dem Nachbar leihn:
Zeigst du so scheußlich dich in armer Wohnung,
Beim Bürger, Kaufmann und dem Wucherer,
Wie widerwärtig ist dein Angesicht

Liegst du auf Haufen ungemeßnen Goldes,
Schielst unter Kronen du vom Thron herab! —
Wo war mein Auge nur, das dem verzerrten
Grausamen Götzenbild in Andacht flehte;
Schlief denn mein Ohr, daß es von diesen Lippen
Orakelsprüche nur vernahm? O schwacher Muth,
Der du in ihr den Glanz der Ewigkeit,
Der höchsten Schöne, alles Himmlischen
In dumpfer Trunkenheit gewahrtest, nüchtern
Ist dir dein Traum des Rausches Aberwitz,
Das Herz stößt die Erinnrung ekel von sich
Und nennt sich selbst und das Gewissen Lügner. —
Sie holt den Zaubersäckel, ahndet nicht
Daß hier ihr Feind auf seine Beute lauert,
Und, wie der Habicht auf die Taube stoßend,
In weite Ferne mit ihr schwinden wird.
Sie kömmt, — ich zittre, — ja, sie bringt ihn mit,
Befestigt wohl mit neuen, starken Schnüren.

Agrippina kömmt.

Agrippina.

Hier zähl' ich Euch — was drängt Ihr so an mich?

Andalosia,

sie umfassend, indem er den Hut aufsetzt.

Sogleich zum wüsten menschenleeren Eiland!

sie verschwinden.

Margarethe kömmt herein.

Margarethe.

Gnädige — ums Himmelswillen!

König kömmt mit Theodor und Gefolge.

König.

Was giebt's?

Margarethe.

Die Prinzeß — hier stand sie — weg ist sie! —

König.

Nach! Nach! Sucht! Sucht!

Theodor.

Sucht! Folgt mir, ich werde sie finden!

König.

Findet sie, bringt sie, Leute! Wo ist sie?

Alle in Verwirrung ab.

Achte Scene.

Wüste.

Andalosia, Agrippina.

Andalosia.

Hier nun, wo rings die öde weite Luft,
Die taube See, ein mitleidlos Gefilde,
Hier —

Agrippina.

Weh mir! Weh! Wie bin ich hergerathen.
Wo bin ich denn? Wo ist mein Haus? Mir schwindelt,
Es bricht mein Herz, und alles was ich denke
Stürzt gegen Wahnsinn, sucht den Ausweg dort —
Zusammen sinken mir die Knie, — o bester,
O liebster aller Menschen, wie ich dich
Nicht kenne, laß mein Flehn, die Thränen dich
Bewegen, sei nicht taub der Hülfsbedürft'gen —
O halte mich, ich falle —

Andalosia.

Lehne dich
An diese Brust; — mit diesen süßen Tönen
Kehrt alle Zärtlichkeit in mir zurück. —
Setz dich hieher, — an diesen Baumesstamm.

Agrippina.

O Himmel sieh, wie voll von rothen Aepfeln,
Daß sich die Zweige biegen, süßer Duft
Würzt rings die Luft und stärkt die matten Sinne,
Die Zunge lechzt, — ach, könntest du, mein Theurer,
Mir eine dieser holden Früchte brechen,
Den Gaumen mir in Todesnoth zu laben?

Andalosia.

Ich hole dir den größten dieser Aepfel, —
Was thät' ich nicht für dich? Bist du gestärkt,
Dann sprechen wir von meiner bittern Kränkung;
Nur fürcht' ich, wenn ich oben pflücke, regnet
Das reife Obst herab, dich zu verletzen.
Trag' diesen Hut, er schützt das zarte Haupt.

setzt ihr den Hut auf, und steigt auf den Baum.

Agrippina.

Ach, stürze nicht —

Andalosia.

Gleich bin ich oben.

Agrippina.

Wirf
Herunter schnell mir. — O du güt'ger Himmel,
Wär' ich auf meinem Schlosse doch daheim!

sie verschwindet.

Andalosia.

Hier, nimm — wie? was? bin ich im Traum? Ich rase,

Ich sterbe, breche mit den Baum zur Hölle.

springt herab.

O Thor! o blöder, dumpfer ungehirnter Thor!
So recht, du Schalksnarr! Kannst du nicht den Leib,
Die Seel' ihr nach noch werfen? Stirb!
Streck deinen Leichnam hin in feuchten Moder,
Daß Kröten, Molch und Schlangen ihn verzehren!
Spei aus den Geist, der nur in deinem Leibe
Wie ein Verbrecher im Gefängniß wohnt!
Reiß nieder rings die Mauern, brich die Ketten,
Und stürm dich los mit lautem Hohngelach,
Das Weite, Freie, Leere zu erfliegen! —
Wer bin ich denn? Ich bin schon längst vernichtet,
Und ein Gespenst der Albernheit haust noch
Und spielt in diesen Gliedern, höhern Geistern
Mit Affengrinsen und mit Schalkheitstand
Ein Theil der Ewigkeit hinweg zu scherzen.
Wo find' ich Mich? Renn' ich mit diesem Hirn
An Baum und Fels, von ihnen mir Vernunft,
Die sie beläst'gen möchte, einzudrücken?
Gethiere ihr des Waldes, wilde Tauben,
Kuckuk und Heher, Staar, du kleinster Thor,
Lacht munter, scheltet mit den laut'sten Tönen!
Ja du des Meeres stummgeborne Brut,
Mit Schnalzen öffne deine nassen Kiefern,
Und deute mir das Ohr, das mir nur mangelt,
Um umzuziehn, die langgeöhrten Brüder
Am Markt, in Mühlen, höflich zu befragen,
Wo's edle Herrlein Andalosia blieb. —
Dahin nun beides, hin die Edelsteine,
Hin sie, — und ich mit diesem Dummkopf fest
Noch eingekeilt in dieser Zeit, mir immer,

Mir immer noch bewußt, daß ich es bin,
Die Rarität, die abgeschmackteste,
Merkwürdig g'nug für Geld sie sehn zu lassen. —
Narr, schone dich, du rasest dich sogar
Um deine Narrheit, — auch zum Aberwitz
Und zur Verzweiflung will dir Kraft gebrechen —
Das Auge dunkelt — nimm dein Allerletztes,
Den Apfel, den du dir erbeutet hast,
Verzehr' ihn, leg' dich dann in jenen Busch
Zum Schlummer oder auch zum Sterben hin.

Er geht ab, lautes Geschrei der Turteltauben, des Kuckucks und andrer Vögel, er kömmt mit zwei Gemshörnern auf der Stirne zurück.

Das ist zu viel! das fehlte noch dem Helden,
Da tritt er wieder auf die Bühne hin. —
Wer mir gesagt, ich würde meinen Zustand,
Den vorigen trostlosen, bald beneiden —
Geprügelt, lederweich, mit Kieselsteinen
Geworfen hätt' ich ihn, mit Fuß und Zähnen
Gebissen und zerklopft, — o, läugne nicht,
Es ist zu Zeiten so erfindungsreich,
So völlig unerschöpflich das Geschick,
Daß noch vielleicht aus jedem dieser Hörner
Mir Kirschen= oder Mandelbäume blühen,
Auf eignem Grund und Boden mich zu nähren.
Ha! irgendwo muß doch ehmalige
Vernunft anschießen, sich verkörpern wollen,
Und so geschah's in diesen langen Hörnern.
So will ich denn auch die Vernunft gebrauchen,
Der Kopf soll denken, mir nicht müßig ruhn,
An renn' ich wüthend gegen diese Bäume —
Krach! eins! — das hat noch nichts geholfen — krach!
Krach! wieder! aber nichts, das sitzt so fest,

Daß ich mir eh'r den Nacken bräche; — krach!
Vergeblich! unerschütterlich; o wehe!
Und mehr als weh! und lauter als Geschrei
Werf' ich den Ruf hin durch die kahle Wüste,
Daß wenn hier irgend eine Furie haußt,
Ein Teufel höhnisch im Gebüsche lauert,
Das alte schadenfrohe Reich der Nacht
Im fernen Wald, in Felsenklumpen brütet,
Sie sich der Angst, der Noth erbarmen mögen!
O weh mir! weh! o Hülfe! Rettung! Hülfe!

Ein Einsiedler kömmt.

Einsiedler.

Geduldig, Wesen! Was beginnst du, Wunder?
Was rennst du mit der Stirn an diese Bäume?
Was klagst du, daß dein Wehgeschrei die Oede
Durchschallt, die lange schon verlernte, Worte
Des Menschen nachzusprechen?

Andalosia.

Heil'ger Vater,
Bist du ein Engel, mir gesandt zur Rettung?
Bist du ein Mensch? Schlägt dir ein Herz, o Alter,
In diesem weiten rauhen Kleide, hilf!
O tröste mindestens, o sprich zu mir,
Dein Mitleid rede, weine, hilf mir schrein!
O Mensch! — ich — sieh, — ich, rathe, hilf, — Erbarmen!

Einsiedler.

Nun sammle dich, kehr dir erst selbst zurück;
Das höchste Elend, wie es uns umlagert
Und in uns stürmend bricht, trifft es im Innern
Uns selbst nur noch, so scheut es sich, mit Grimm

Uns anzublicken, krümmt sich furchtsam, kriecht,
Wie es als Ungeheu'r entgegen trat:
So wie die Heiligen der Wüste lächelnd
Mit Augenwink die Leun und Tiger zähmten.

Andalosia.

O guter Rather, Ihr könnt leichtlich sprechen,
Was habt denn Ihr wohl in der Welt verloren?
Vielleicht einmal ein wenig Haar des Barts,
Wenn Ihr Euch durch die Dornensträuche drängtet!
Doch wüßtet Ihr, was ich besaß, was mir
Durch Tücke, Zufall, eignen Blödsinn jezt
Entrissen ward, dann wundertet Ihr Euch,
Daß ich noch athmen, sprechen, leben kann.

Einsiedler.

Dir ist mein Schicksal wie deins mir verborgen;
Doch nenne mir, was dich am meisten quält,
Vielleicht kann ich dir dennoch Hülfe schaffen.

Andalosia.

Ein göttlicher Gesandter wärst du mir,
Wenn du dies Scheusal, dieses Hörnerpaar,
Mir könntest von der Stirne nehmen, daß
Nicht Aff' und Bock her aus dem Walde springen,
Als Bruder mich und Vetter zu begrüßen,
Daß ich mich Mensch, wenn auch im Elend fühlte.

Einsiedler.

Wohl dir, daß dies der nächste Wunsch des Herzens;
Im Elend bist du menschlich doch geblieben,
Und es ist mir vergönnt, die Ungestalt
Von dir zu nehmen. Siehst du jenen Baum
Mit wen'gen grauen Blättern, kleinen Aepfeln?

Den einen brech' ich, iß ihn, und sogleich
Wird deine menschliche Gestalt erscheinen.

Andalosia,
ißt, die Hörner fallen ab.

Wohl mir! Wie dank' ich dir, o heil'ger Mann!
Wo bin ich denn?

Einsiedler.

Auf menschenleerer Insel
An Irlands Küste; einst, vor alten Zeiten,
Trieb hier ein Zauberer die argen Künste,
Verlockte Reisende, ließ Schiffe stranden,
Und pflanzte diesen Baum mit bösen Früchten;
Da ward es einem heil'gen Eremiten,
Der längst vor mir in meiner Klause wohnte,
Vergönnt, den zweiten Baum so zu begaben,
Daß er des Zaubers Wirkung mag vernichten.
Du bist, seit ich hier bin, der erste Mensch,
Der diesen Stand betritt, nur selten fahren
In weiter Ferne Fischer mir vorüber,
Auch weiß ich nicht, wie du hierher gekommen.

Andalosia.

Nachher davon, doch welches Schicksal warf
Euch aus der Welt in diese ferne Oede?

Einsiedler.

Ich war bei Sanct Patricius Fegefeuer
Im Kloster Mönch, und meiner Sünden wegen
Sucht' ich noch still're Einsamkeit, gelobte,
Freiwillig nie ein menschlich Angesicht
Zu sehen wieder, ließ von guten Fischern
Hieher mich führen, der Betrachtung ganz

Der Abgeschiedenheit geweiht, den Leib
Mit Wurzeln nährend und der Frucht der Bäume.

Andalosia.

So ist kein Mittel von hier zu entkommen?

Einsiedler.

Wir müssen an dem Strand ein Feuer machen,
Und lauschen, bis sich Fischerkähne zeigen,
Mit Zeichen sie dann rufen. Komm und ruhe
In meiner Hütte, und erquicke dich
Mit dem, was meine Armuth bieten kann.

Andalosia.

Ist es erlaubt, von diesen beiden Aepfeln
Mit mir zu nehmen?

Einsiedler.

Ja, mein lieber Sohn,
Wenn du nicht in der Welt damit willst freveln,
Denn mir gehört und Niemand diese Frucht.
Komm denn, erhole dich und sei beruhigt.

sie gehn ab.

Dritter Akt.

Erste Scene.

Pallast.

König, Agrippina.

Agrippina.

Nie, lieber Vater, geb' ich aus den Händen
Das wieder, was mein Eigenthum geworden,
Was mein nur mit Gefahr des Lebens ward;
Bedenkt, wenn damals doch der Thor erwachte,
Wie ständ' es dann um Euer Kind?

König.

Allein
Das Wohl des Landes, meines ganzen Volks!
Kannst du mir nicht auf wen'ge Tage nur
Den Säckel für das allgemeine Beste
Vertrauen? Denk doch, was in alten Zeiten
Wohl andre Ding fürs Vaterland geschahn.

Agrippina.

So spracht Ihr neulich auch, ich kenne das.

König.

Doch nur auf wen'ge Stunden.

Agrippina.

Künft'gen Monat,
Doch jezt muß ich allein mich dran ergötzen

Für meine Angst, für jenes Wunder, das
Ich mir nie zu erklären weiß, das ich
Für Traum erklärte, wären mir die Steine
Als Unterpfand der Wahrheit nicht geblieben.

König.

Ueber dem menschlichen Begreifen ist's!
Im Grunde auch der Säckel; nur daß man
Schon diesen mehr gewohnt ist: ebenfalls,
Wie Andalosia zu ihm gekommen,
Wo dieser Mensch geblieben; kurz, mein Kind,
Sieht man mit einiger Philosophie
In dieses bunte höchst verworrne Leben,
So müssen wir gestehn: es giebt viel Dinge,
Die man zeitlebens nicht begreifen kann.

Agrippina.

Da kommt Herr Reymund, Ihr erlaubt mir wohl
Davon zu gehn; was der Mann unternimmt
Ist mir am allermeisten unbegreiflich,
Laßt Euch die Kunst das Gold zu machen lehren,
Nur etwas Eifer mehr braucht Ihr mich nicht.

König.

Du spottest ohne Noth, das ist ein Geist,
Der hoch erhaben über allen steht.

Agrippina ab, Reymund tritt ein.

Reymund.

Seid Ihr schon heut beim großen Werk gewesen?

König.

Es will nicht fördern, denn der Weg scheint weit;
Kann man auf keinem Fußsteig hingelangen?

Reymund.

Ihr seid zu weltlich auf Besitz erpicht,
Das hindert mehr als alles. Zwar es giebt
Auch Wünschelruthen, wenn man sie nur fände,
Die uns die unterird'schen Schätze zeigen,
Uns sagt auch die Magie von einer Kunst,
Die Geister rufen kann, und dienstbar machen,
Daß sie uns Schätze fern aus Indien,
Aus afrikan'schen Wüsten liefern müssen,
Doch gränzt dies Thun schon an verbotnes Wesen,
Auch ist es minder glorreich und erhaben
Als jenes Wissen, dem wir uns geweiht.

König.

Ganz gut, mein Freund, allein Ihr wißt ja selbst
Wie umständlich.

Reymund.

Die Kunst ist Zweck der Kunst,
Ihr Streben ist Ihr Höchstes.

König.

Wie man's nimmt:
Wär's denn nicht möglich, seht, etwa zu finden
Und auszumitteln einen Zauberstab,
Der mir, so wie ich da und dorthin rühre,
Des Goldes Fülle plötzlich schüttete?
Noch besser, eine Tasche auszuwirken,
Die mir, wie ich hinein nur greife, stets
Und unerschöpft die goldnen Münzen liefert.

Reymund.

Mein König, dies ist völlig widersinnig,
Dergleichen giebt's nicht, hat's noch nie gegeben;
Es führt die Einbildung, einmal entfremdet

Dem Himmlischen, zu Fabel und Chimäre;
Der Trieb des Habens schärft sich immer mehr,
Und die Begier, mit unsern Träumen buhlend,
Erzeugt dann Ungeheur und Mißgeburten.

König.

Ihr redet, Herr Adept, wie Ihr's versteht;
Das gäb' es nicht? ha, käm' Euch nur der Glaube
So in die Hand, wie mir es ist geschehn,
Wie wir's noch haben, — doch, ich schweige still.
Kommt denn zum Ofen, wo durch Wind und Blasen
Das Wunder, meint Ihr, soll gefördert werden.

gehn ab.

Zweite Scene.

Zimmer.

Lady Dorothea, Theodor.

Theodor.

Gebt Euch doch nur zufrieden, immer und ewig
Dasselbe Lied, ist warlich unausstehlich.

L. Dorothea.

Ihr seid mir lästig mit dem rohen Wesen.

Theodor.

Kann ich dafür, daß der Hausnarr nicht kam?
Bei meinem Zorn hatt' ich's ihm anbefohlen;
Seh' ich den Esel wieder, prügl' ich ihn
Von einem End' Europa's bis zum andern,
Weil er nicht Wort hielt einem Edelmann.
Was war denn auch so Großes an dem Ring?

L. Dorothea.

Kurz, er gefiel mir, und ich wollt' ihn haben.

Theodor.

Ich wollt' ihn haben! daß Euch nur nicht gefällt
Auch den Vollmond vom Himmel mal zu haben!
Dazu habt Ihr es ja gehört, wie nur
Ein Zauberer der fremde Schuft gewesen,
Die Tänze, die die Fürstin mit ihm hatte,
Das Rennen, Suchen, Jagen, Maledein
Nach ihr, daß wir in Stadt und Land getrieben.

L. Dorothea.

Genug, sie hat den Ring, ich halte alles,
Was man davon erzählt, für Fabelei.

Theodor.

Für Fabelei? Mit meinen eignen Augen
Hab' ich gesehn, wie sie nicht da gewesen.
Kommt jezt zu dem befohlenen Spazieren,
Man ruft mich zum Begleiten, wie zur Frohn,
Dann muß ich Stunden lang das Gehn erwarten.

Dietrich kömmt.

Theodor.

Was giebt's? Was lacht der Bursche?

Dietrich.

O gnädiger Herr, dort unter den Bäumen treibt sich ein Kerl herum, aus Armenien, oder Mesopotanien, wie er sagt, in ganz fremder wunderlicher Kleidung, einäugig, mit einem Pflaster über dem Gesicht, einem grausamen, dicken und krausen Haarwulst, der ihm von allen Seiten unter dem Turban hervor quillt; der hat einen Korb vor sich, mit fünf oder sechs Aepfeln drinn, aber die allerschönsten und rötheſten, die ich Zeit meines Lebens gesehn habe, die ruft er aus, und wenn ihn einer nach dem Preise fragt, so fordert er für jeden Apfel zehn Goldstücke, so daß dann alle Leute mit Lachen vorbei gehn und den dummen Narren stehn lassen.

L. Dorothea.

Den muß ich sehn. Kommt, Freund.

sie gehn ab.

Dritte Scene.

Spaziergang.

Andalosia verkleidet, einen Korb vor sich, der ihm von der Schulter hängt.

Andalosia.

So bin ich denn mühselig hergewandert
Und laure, bis die Rache mir gelingt
Und die Erstattung des geraubten Guts.
Hat die Verrätherin des Hutes Kraft
Entdeckt durch Zufall, darf ich wenig hoffen:
Kauft doch schön Aepfel! Aepfel von Damaskus!

Agrippina von Herbert geführt, Margarethe.

Agrippina.

Was ruft der Mann?

Herbert.

Es scheinen Aepfel. Freund,
Woher des Lands? Wie nennt Ihr diese Frucht?

Andalosia.

Weit her, Ihr Gnad, aus tiefem Eck von Asia,
Und reis' die Welt umher die Queer und Kreuz,
Sonst ist mein Handel nach Constantinopel,
Cairo, Alexandria, wo die Sultan,
Die schöne Dam' in der Seraglio sein,
Komm' diesmal erstemal ins Europa,
Die Paar von Aepfeln sein mir übrig noch.

Herbert.

Was gilt der Rest?

Andalosia.

Rest, sagts? Ho, ho! sein kostbar,
Das Stück zehn unbeschnittene Guinee's.

Herbert.

Du bist von Sinnen, Freund!

Andalosia.

Gar bei Verstand,
Dann dieses sein nicht Aepfel, um zu braten,
Gebackne Pflaumen draus zu machen, Mus;
Aus dies'n, gegessen, wird Schönheit und Witz,
Will sagen, wenn ein Dam', ein Mann drein beißt,
Wirds roth und weiß, formirt anmuthig, und
Der Geist kriegt auch gleich neue Politur.
Die Ding werd' nur mit Hals = und Lebensgefahr
Aus einem Zaubergarten abgebrochen,
Wird man erwischt, geht gleich der Kragen drauf.

Theodor und Lady Dorothea kommen, Dietrich.

L. Dorothea.

Ist das der Fremde?

Agrippina.

Sieh da, liebe Freundin,
Der Mann hat Wunderäpfel zu Verkauf,
Die schön uns machen und den Witz beleben,
Und doch nur zehn Guineen für das Stück. —
Komm nachher zu mir, denn ich will dich sprechen.

geht ab mit Margarethe und Herbert.

Theodor.

Thorheiten, sag' ich, und erzdummes Zeug,
Und wär's der Original-Apfel aus der Fibel,
Von dem der Affe fraß in meiner Kindheit,
So gäb' ich nicht so viel des Goldes d'rum.

L. Dorothea.

Ich will, hört Ihr? die eine dieser Früchte!
Es winkt mir die Prinzeß, ich geh' zu ihr.

geht ab.

Margarethe kömmt zurück.

Margarethe.

Hier, mein Herr Mameluck, sind zwanzig Goldstück,
Für zwei von diesen Aepfeln: wollte Gott,
Ich hätte so viel übrig für die letzten,
Um so was auch auf meinen Leib zu wenden!
Gebt Ihr nicht einen zu, Herr Socinianer?

Andalosia.

Nichts da! Man hätte freilich Gotteslohn,
Dem alten Antliz mit 'nem halben Apfel,
Mit einem Schnittchen unter'n Arm zu greifen.

Margarethe.

So schlimm steht's auch noch nicht, Herr Afrikaner,
Hier sind Gesichter Mode, so wie meins.
Da ist sein Geld, die beiden Aepfel her! ab.

Theodor.

Nun sagt mal: ist es Ernst denn, oder Spaß?
Wenn ich das Ding hier in den Mund mir thäte,
So kriegte mein Gesicht andre Statur?

Andalosia.

Gewiß.

Theodor.

Und mein Verstand, zwar klag' ich nicht,
Der würde auch sogleich wie neu gegossen?

Andalosia.

Wer zweifelt daran?

Theodor.

Wär's denn auch wohl möglich,
Daß so ein Ding, (wie sag' ich doch nun gleich?)
Mir dies verdammte Stottern hintertriebe?

Andalosia.

Was ist das, Schnottern?

Theodor.

O Gimpel! Stottern heißt es, und nicht Schnottern!
Es ist das Stammeln, — das, — nun, merkt Ihr nichts?
Wenn ich in Zorn gerathe, etwas eifre,
Daß denn die Wort', — wie jezt, — so holterpolter
Zusammenrasseln, stetig werden, von
Der Stelle nicht mehr wollen, daß mir dann
Im Hals was pfeift und haspelt, in der Kehle
Was schluckt und gurrt, in Zähnen etwas knistert,
Was nur, das mag der Teufel selbst nicht wissen.

Andalosia.

Versteh gleichsam, liegt in der Seele selbst,

Und dafür kann kein Aepfelessen helfen,
Sonst könnt' davon ein Pferd auch reden lernen,
Das Wiehern, Eselschrein geht auch beinah
Nach dieser nämlichen Deklination.

Theodor.

Hast du selbst von den Aepfeln schon gefressen?

Andalosia.

Zu kostbar Gut für mich, zu theures Futter.

Theodor.

Thätst gut daran, daß besser Aushängschild
Dein Schnauzgesicht für deine Waare würde,
Denn guter Wein verdient auch guten Kranz.

Andalosia.

Braucht nichts zu kaufen, Herr, ich werde doch
Die Aepfel los an höflichere Leute.

Theodor.

Ich will den haben! Nimm die acht Goldstücke!

Andalosia.

Ich kann und will nicht unter zehn, und Euch
Auch nicht für zwanzig.

Theodor.

O du F—F Flaps!
Du Grobian! Maulaffe! nimm das Geld,
Sonst soll — das schwör' ich! — sieh — ich brech' dir gleich
Den Hals!

Andalosia.

Laßt los! *sie ringen mit einander.*

Dietrich,

nimmt einen Apfel und läuft fort.

Das war gefunden Fressen!

Theodor.

Nun also; — doch, wo ist der zweite Apfel?

Andalosia.

Weiß nicht, ich armer Mann!

Theodor.

Ich habe meinen,
Und du dein Geld, leb wohl, du Marokkaner. ab.

Andalosia.

Viel Glück Ihr all zu Euerem Erwerb!
Nun geh' ich, werfe die Verkleidung ab,
Und lausch' in neuer Mask' auf den Erfolg.
geht ab.

Vierte Scene.

Pallast.

Margarethe stürzt herein.

Margarethe.

O weh! Jammer und Weh! Zeter und Mordio!
O weh! Sünde und Schande! Muß ich das erleben?
O meine arme unglückliche Prinzessin!

König und Königin kommen schnell herein.

König.

Was giebt's?

Königin.

Was schreist du, Unglückliche?

Margarethe.

Soll ich nicht schreien? Soll ich mir nicht die Haare ausraufen? O arme, unglückliche Eltern!

König.

Sprich! Rede! Bei meinem Zorn! Du machst mich ungeduldig.

Margarethe.

Ach, Agrippina! Du Reizende, du Schöne, nun so Elende, nun so Entstellte!

Königin.

Himmel! Was ist denn meinem armen Kinde begegnet? Sammle dich, sprich.

Margarethe.

Wir kamen vom Spaziergange, die holdselige Fürstin war fröhlich und gesprächig, sie aß mit dem größten Appetit zwei schöne Aepfel, die ich ihr hatte kaufen müssen, sie stand vor dem Spiegel und lachte; ich ging indeß hinaus, ihr den neuen Spitzenaufsatz zu holen, der ihr so himmlisch steht: plötzlich hör' ich ein lautes Aufschreien, ich erschrecke, ich horche, da erkenne ich die Stimme meiner Prinzessin, sie klagt, daß sie geboren ist, sie will sterben, ins Grab will sie sich legen, ich begreife nicht, ich lasse vor Erstaunen die Brabanter Spitzen fallen, laufe hinein, und finde sie, und sehe sie, — o wie soll ich beschreiben, was ich sah, was ich fand?

König.

Nun?

Margarethe.

In der Stube steht und heult ein wildes Wesen mit zwei langen graden Hörnern auf dem Kopf, das zieht an den Hörnern, als wenn es sie ausreißen wollte, und weint und verzweifelt.

Königin.

Und wer war das Thier?

Margarethe.

Ach, scheltet, nennt sie nicht so: unsre arme, unglückliche Prinzessin war es.

König.

Ich will nicht hoffen. — Agrippina?

Margarethe.

Sie selbst.

Königin.

Mein liebstes Kind, meine reizende Tochter?

Margarethe.

Ach! Niemand anders.

König.

Was hat das zu bedeuten? Wunder über Wunder! Erst verschwunden, wieder gekommen! nun gar Hörner auf dem Kopf! Aber ist es denn auch wahr? Bist du nicht vielleicht über die Weinflasche gerathen, und hast ihren Kopfputz für Hörner angesehn?

Königin.

O komm, meine süße Agrippina, komm, und zeige, ob dies ungeheure Elend wirklich über uns gekommen ist.

Sie geht hinein, und führt Agrippina heraus, die zwei Hörner auf der Stirn hat.

König.

In unsrer Familie! das soll in die Chronik kommen! Abgebildet für die Nachwelt im Holzschnitt!

Agrippina.

Nein, Theure, nein, Ihr könnt mich nicht erdulden,

Verstoßt mich in die Wüste zum Gethier,
Deß Bild ich trage, laßt dort Wolf und Bär
Die Glieder mir zerfleischen, daß vertilgt,
Vergessen sei mein Schimpf, mein Angedenken.

Königin.

O mäß'ge dich, es giebt wohl Rath und Hülfe.

König.

Spring, Margarethe, lauf, da ist der Schlüssel!
In meinem Laboratorium ist Herr Reymund,
Dann geh' in Eil zu meinem Leibarzt hin;
Still darf man das nicht in die Tasche stecken.

Margarethe ab.

Agrippina.

Und weiter nur verbreitet sich die Schande,
Und größer wird nur mein Verzweifeln noch.

Königin.

O fasse dich, mein Kind, die Menschenkunst
Wird für dein Unglück doch noch Mittel wissen.

König.

Der Leibarzt muß, er steht dafür in Lohn,
Hat Rang am Hofe, ein Rezept verschreiben,
Wonach der Auswuchs wieder rückwärts sinkt.

Reymund und Margarethe noch draußen.

Reymund.

Elende!

Margarethe.

Ungeschickter!

Reymund.

Tölpel!

Margarethe.

Narr!

beide treten ein.

König.

Was giebt's?

Reymund.

O Majestät, ein schrecklich Unglück,
Ich weiß nicht ob ich diesen Schlag verwinde:
So herrlich waren niemals noch die Zeichen,
Das Werk war dem gekrönten Ende nah,
Ich observire mit gespannter Angst
Und in entzückter Trunkenheit, da rennt
Die alte Furie auf mich los, und stößt
Mir an den Ellenbogen, meine Hand
Fährt aus, ich wende mich, und stoße, — stoße, —
O hört es, König! — stoße die Phiole
Um und entzwei, und alles rinnt ins Feuer,
Das schlägt in rother Lohe drüber her
Vor Freude knisternd, als wenn's mich verlachte.

König.

Und alles ist umsonst?

Reymund.

Vergeblich alles,
Es muß von vorn die Op'ration beginnen.

König.

O Ungeschickte —

Margarethe.

Laßt mich auch nur reden:
Er wollte gar nicht hören, stand verduzt
Wie angenagelt da und sah ins Feuer,
Ich rief ihn zwei und dreimal; wer nicht hörte

War er, der alte graue Hexenmeister:
Da nahm ich ihn beim Arm, so zart anständig,
Wie nur ein Cavalier die Dame faßt,
Da springt er 'rum und wacht aus seinem Traum,
Plump wie er ist, fällt er mir auf den Leib,
Wir beide stoßen so das Ding ins Feuer.

König.

O Unglück über Unglück! Seht nur her,
Was wir indeß an unserm Blut erleben.

Reymund.

Ich staune. — Meine gnädige Prinzeß,
Wie seid Ihr zum Portentum denn geworden?

Königin.

Nun helft mit Eurer Wissenschaft und Kunst.

Der Leibarzt kömmt.

Leibarzt.

Was will die Majestät — ei heiliger
Galen und Aeskulap! Was seh' ich da?

König.

Ja, ja, mein Freund, das sieht hier traurig aus.
Ist Euch die Krankheit je schon vorgekommen?

Leibarzt.

Niemalen, das ist neu und unerhört,
Das macht mich dumm, geht gar und gänzlich über
Den Horizont mir. — Wie? Woher? Warum?
Wie abzuhelfen? Das sind alles Fragen,
Die noch in keinerlei System verzeichnet.
Ei! ei! wie hart! und eben recht, und rund
Als wie gedrechselt. Wißt Ihr Rath, Herr Reymund?

Reymund.

Ich stehe wie vernagelt.

Leibarzt.

So wie immer:
Geht, theure Fürstin, dort mit ihm hinein,
Die kleine Säge nehmt, versucht mit Vorsicht
So weit es geht, von oben weg zu schneiden.

Agrippina mit Reymund und Margarethe ab.

Königin.

Ach, das muß Strafe wohl des Himmels sein.

Leibarzt.

Was sollt' er denn mit Hörnern grade strafen? —
Sollt' sich wohl harte, unverdaute Speise
Zum Haupte wenden, dort versteinern gleichsam,
Im Tode lebend wieder Wachsthum suchen
Und so die Stirn durchdringen? Ist's ein Hirschhorn,
Den die Prinzeß im Trank, als Gallert liebt?
Giebt's so wie Ueberbeine, Ueberköpfe?
Sind Hörner nur Leichdornen, so vergrößert?
Ist's Nagelwuchs und Trieb auf falscher Bahn?
Ich muß darüber lesen, gründlich denken.

Drinnen.

Weh! Weh!

Leibarzt.

Welch ein Geschrei?

Königin.

Mein armes Kind!

Reymund kömmt zurück.

Reymund.

Vergeblich! Wie es mir gelingt, ein Stück
Des Hornes abzusägen, schießt es gleich

Mit neuer Kraft und wie elastisch vor,
Das Schneiden macht ihr Schmerz und fruchtet nicht;
Was soll man drum sie nur vergeblich quälen?
Sie weint und hat sich in ihr Bett verhüllt.

Leibarzt.

Ich rathe, hohe Majestäten beide,
Daß man Collegium medicum versammle:
Der Casus ist zu wichtig und zu selten,
Daß ich allein ihn auf die Schultern nähme;
Doch mit gemeinem Rath hat man mehr Muth,
In Corpore kann unsre Kunst nicht irren,
Wir stehn dann wie in Batterien verschanzt
Und schießen mit Erfolg die Krankheit nieder.

König.

So sei's, denn wohl ist dies der beste Rath.

Königin.

Unsel'ges Kind, wie hast du das verschuldet?

Reymund.

Die Kohlen werden nun erloschen sein.

alle gehn ab.

Fünfte Scene.

Zimmer.

Herbert. Lady Herbert. Theodor.

Theodor.

Bitter und bös' ist sie, und wollte erst
Gar nicht mehr kommen, wie sie doch versprochen;

Doch sie ist immer zornig, bin's gewohnt:
Wär' sie mal gut, würd' ich, mein Seel! erschrecken.

Herbert.

Doch ist es ungeziemlich, wenn der Ritter
Sich nicht den Damen will gefällig zeigen;
Kein Opfer ist zu groß, wenn sie es fordern,
Wie mehr die Kleinigkeit, die sie begehrte.

Theodor.

'S war nur ein Apfel, das ist wahr, der aber
Zehn volle Pfund' und mehr noch kosten sollte.
Letzt wollte sie noch klein're Kleinigkeit,
Nur einen schönen Ring für tausend Pfund.
Jezt, da sie meine Braut ist, muß ich ihr
Den Kopf noch brechen, nachher ist's vergeblich.

Herbert.

Die ungeschlachte Weise, diese Sprache,
Wie Messer schneiden sie durch Mark und Bein.

Theodor.

Ich so, Ihr so, das kommt auf eins hinaus,
Und's wird doch meine Frau verhoffentlich,
Da muß ich's doch am besten wissen, wie
Ich sie mir bieg' und mir akkommodire.

Herbert.

Nicht zu ertragen ist's, ich geh, um nicht
Die Widrigkeit zu hören und zu sehn,
Um nicht Antwort zu geben, wie ich müßte:
O Zeit! dies sind nun deine Jünglinge,
Wie wirst du sein, wenn diese Greise sind? ab.

Theodor.

Die Welt steht doch, sie ist so fest gerammt,

So doppelt eingekeilt und stark verleimt,
Daß ein'ge Dummheit mehr und weniger
Noch nicht die Fugen löst: doch der Papa
Denkt, wenn man nicht recht sachtchen sacht die Thür
Zumacht, so müssen Schloß und Angeln brechen.

L. Herbert.

Du solltest manchmal seiner Laune schonen,
Sein Alter wird durch Widerspruch gekränkt.

Theodor.

Er lernt sich doch schon etwas ein. Seht, Mutter,
Den Apfel hab' ich für mich selbst behalten,
Euch darf ich's wohl gestehn, ist jeder sich
Der nächste doch; wenn sie nun bei Euch sitzt,
So geh' ich still und unbemerkt hinaus,
Verspeise draußen meinen Apfel, komme
Mit neuem Antliz und mit neuem Witz
Zurück, um die Gesellschaft zu bezaubern.

Lady Dorothea tritt ein.

L. Herbert.

Seid mir gegrüßt, verehrte, schöne Freundin,
Schon lang habt Ihr nicht unser Haus beglückt.

L. Dorothea.

Ich freue mich, wenn man mich hier vermißte,
Denn Euer so wie des Gemales Umgang
Gilt für die Blüthe dieser Residenz,
Ich komme jedesmal, von Euch zu lernen.

L. Herbert.

Wie hoch beglückt, daß ich dies edle Bild,
Begabt mit Geist und Witz, soll Tochter nennen.

Theodor.

Ja wohl; nun hat's am längsten doch gedauert?
Meine Geduld macht nun bald Feierabend.

L. Dorothea.

Wir sprachen noch von mancherlei Bedingung —

Theodor.

Nichts da! Ganz unbedingt ist wahre Liebe;
Zwar macht sonst Dingen wohl und Bieten Handel;
Ihr müßt auf Gnad' und Ungnad' Euch ergeben.

L. Dorothea.

Der Sohn ist wie zur Folie hingestellt,
Er übt in dieser Maske sich, daß heller
Auf diesem Grund Eu'r holdes Wesen strahle.

Theodor.

Ja, stichelt nur! Jezt will ich Euch verlassen,
Ich komme gleich zurück. Versteht, sogleich!
Und wie? Macht Euch gefaßt, denn Ihr seht Wunder!
Was gilt's, Ihr sezt dann selbst den Hochzeittag? —
Frau Mutter, reinen Mund, bitt' ich mir aus. geht ab.

L. Dorothea.

Was meint er denn?

L. Herbert.

Weiß ich es selber, Kind?
Vielleicht ein neues Kleid, — er macht mir Sorge,
Er zeigt sich ungefällig, eigensinnig, —

L. Dorothea.

Ich kenn' ihn ganz; er meint mich zu erziehn,
Wenn ich die Seine bin: mich so zu bilden
Wie's ihm bequem, so schmeichelt ihm sein Dünkel:

Allein die Männer, selbst die wildesten,
Erkennen nie die Kraft, der wir gebieten,
Die sich in Anfang tief verbirgt; wir schmeicheln,
Gehorchen anfangs, Kinder scheinen wir,
Doch nach und nach entwickelt sich die Herrschaft,
Und jene, die uns ziehen wollten, sind
In kurzer Frist von uns also erzogen,
Wie wir sie brauchen können; Thränen nicht
Und Krankheit, Zwist, Aussöhnung müßte
Sich finden lassen, wenn die Frau nicht könnte
Aus ihrem Mann was sie nur wollte machen.

L. Herbert.

Ihr sprecht so weise, wie die Ehefrau
Nur könnte, die drei Männer schon begraben.

Theodor tritt ein, mit Hörnern auf dem Kopf.

L. Dorothea.

Ei, Gott bewahr! was soll das Maskenspiel?

Theodor.

Ich selber bin's; selbst, ganz, mit Haut und Haar!
'Ne saubere Bescherung! Schöner Glanz!
Dankt Gott nur, Fräulein Braut, daß ich den Apfel
Euch weggeschnappt, denn kaum ist er verschluckt,
So schlagen schon aus mir die Kern' heraus.

L. Herbert.

Um Gottes Willen —

Theodor.

Rührt mich nicht viel an!
Kommt nicht so nah, ich kriege Lust zu stoßen,
Mir ist ganz so zu Muth wie einem Widder.
O Sapperment! hätt' ich den Aepfelhöker

Zum Klopfen vor mir, wie ich ihn da packte,
Als sich der ramniassirte Grobian
Mir widersetzen wollte; er hat Kraft,
Wir prügelten uns beide ganz gewiß,
Daß seine Lust der ganze Hof dran hätte.

L. Dorothea.

Ihr könnt noch scherzen?

Theodor.

Scherzen? In Verzweiflung,
In Raserei bin ich, furchtbar gestimmt!
Merkt Ihr's denn nicht? Es ist um toll zu werden!
Und alles andre auch bei Seit' gesetzt,
Seht selbst, wie stülp' ich nur den Hut mir auf?
Soll er mir oben auf den Stangen baumeln?
Laß ich mir einen neuen modeln, wo Raum
Schon für's Gehörn, und dies dann mit den Federn
Wetteifern? Geh ich immer Chapeau bas?

L. Dorothea.

Ihr seid mir unerträglich, und verliert Ihr
Nicht diese Mißgestalt, sind wir geschieden.

Theodor.

Noch vor der Heirath? Das ist nicht die Mode;
Nachher läßt sich ein Wörtchen davon sprechen.

L. Dorothea.

Ich bin zu fadem Scherz nicht aufgelegt. geht ab.

Theodor.

Sagt, liebe Mutter, was in aller Welt
Soll aus mir werden? Geh ich nicht vielleicht
Zur Schneidemühle, spann' den Kopf mir ein,

Und lass' an mir arbeiten das Getriebe?
Geh' ich zum Messerschmiedt, zum Kammmacher,
Und lass' aus mir Geräthe fertigen?
Häng' ich mich auf? So gebt doch Trost und Hülfe.

L. Herbert.

Mein einzig Kind, die Thränen mögen sagen,
Wie ich mir selbst nicht Rath weiß und nicht Trost.

geht ab.

Theodor.

Ich wette, der Papa hat seine Freude,
Höhnt mich noch aus mit dieser neuen Mode.
Ei was! wie leicht gewöhnt man sich an alles:
Ich lege mich ins Bett und heul' mich satt;
Nur muß ich darauf denken, nicht die Pfühle
Mit diesem saubern Kopfschmuck zu zerreißen:
Schlafmützen kann ich auch für jezt nicht brauchen.

geht ab.

Sechste Scene.

Stube.

Dietrich, Bertha.

Dietrich.

Also immer und täglich soll ich den Verdruß einschlucken?

Bertha.

Schlucke, was du willst, ich weiß nicht, was ich dir gethan habe.

Dietrich.

Was? Daß du mir nicht ewige Treue und Liebe

schwören willst; daß du nicht einsehn willst, daß der Mann des Weibes Haupt ist.

Bertha.

Des Weibes Narr, mein Bester: und was hast du denn im Vermögen, wovon eine Frau reputirlich bei dir leben könnte?

Dietrich.

Man richtet sich ein, das findet sich.

Bertha.

Das Finden und das Einrichten kenne ich. Pfui, schäme dich, Mensch, hast so lange bei dem reichen Verschwender Andalosia gedient, der auf Goldstücken ging, und jeden Blick bezahlte, den man an ihn warf, und bist doch ein armer Schlucker geblieben!

Dietrich.

Kennst du mich denn so genau? Kannst du denn wissen, ob ich nicht mein Schäfchen ins Trockne gebracht habe? Frauensleuten muß man nie Geheimnisse anvertrauen.

Bertha.

Seht doch den Unverschämten! und er will doch noch behaupten, daß er mich lieb hat. Das ist aber gewiß nur Aufschneiderei und Wind, denn sonst würdest du schon mehr geprahlt, mir auch hin und wieder ein Geschenk gemacht haben; solltest du aber ein so geiziger Filz sein, daß du es nur aus Knickerei nicht gethan hättest, so würde ich dich mit den Füßen aus meiner Stube stoßen.

Dietrich.

Präsente, nicht wahr? Kleider, und artige Frühstücke, und Ohrringelchen? Gelt? Ja, wenn ich mein Bischen Armuth gestohlen hätte!

Bertha.

Und wie anders bist du dazu gekommen, wenn du etwas hast, Gaudieb?

Dietrich.

Gaudieb? Das ist bei uns zu Lande geschimpft.

Bertha.

Kann sein.

Dietrich.

O du Undankbare! Du weißt nicht, was ich dir zugedacht hatte. Sieh! du begreifst nicht, wie ich zu diesem Apfel gekommen bin: o du harte Seele, den wollte ich mit dir theilen.

Bertha.

Kannst ihn ganz behalten, wenn du nichts Besseres hast.

Dietrich.

Soll auch geschehn. Sieh, dir zur Aergerniß ess' ich ihn, so, und so, und nun soll der Neid dich zerreißen, wenn du die Wirkung, die Herrlichkeit wirst gewahr werden.

Bertha.

Mit solchem Narren soll ich gesegnet sein?

Dietrich.

Und wenn es recht wirkt, recht, wie ich hoffe, so lass' ich dich sitzen!

Bertha.

Jämmerlicher.

Dietrich.

Nun! Sieh mich einmal an! Wirst du nichts gewahr?

Bertha.

Bist du betrunken? Bist du unklug?

Dietrich.

O weh! Wie reißt es mir im Kopf! O weh! Hülfe! Ach, welche Schmerzen!

Bertha.

Im Kopf?

Dietrich.

O unerträglich. Nimm, liebster Engel, deine kleinen Händchen und drücke mir die Schläfen recht. — So, — noch stärker! — Recht zusammen!

Bertha.

Ich wende alle Kräfte an. — Garstiger Mensch! Stößt mir gerade ins Gesicht. Ist das mein Dank?

Dietrich.

Ich? — Was ist mir denn da aus dem Kopfe gesprungen? Der Schmerz ist weg, aber es fuhr ja was wie ein Kloben heraus.

Bertha.

Ums Himmels Willen, Mensch, du bist ein Ungeheuer!

Dietrich.

Was fühl' ich? Was seh' ich? Hörner? Wahrhaftige Hörner? Du Boshafte, Schändliche! Das hat mir mein Vater wohl vorher gesagt! O du Unverschämte! mir noch mit den eignen Händen die Hörner heraus zu drücken! Und das vor der Hochzeit!

Bertha.

Er hat Hörner bekommen und den Verstand verloren. Was kann ich dafür, daß sie ihm tief im Gehirne stecken, so daß man ihm nicht den Kopf ein wenig anfassen darf, so schießen sie hervor wie Springfedern! Hat er mir nicht beinah die Augen ausgestoßen? Vielleicht kann man sie ihm wieder zurück drücken, und sie weichen ihm im Kopfe wieder auf, denn er hat doch nichts als Buttermilch drinne.

Dietrich.

Buttermilch? Du Ungetreue! Von dir, von deiner Untreue rühren sie her. Ich habe meinem Vater nicht glauben wollen, und muß nun die Wahrheit an mir selber erleben! O verfluchte, verfluchte Liebe! Verflucht die Stunde, wo du mir zuerst jenen Kapaunenschenkel heimlich zustecktest, denn damals war es um mein Herz geschehn! Verflucht jedes Glas, das ich auf deine Gesundheit ausgetrunken habe! Und schon vor der Ehe! Weg da! Ich renne dich mit diesen Hörnern von deiner Fabrik durch und durch! Ich stoße das ganze Haus um! Ich ruinire die Stadt!

Bertha.

Die Bestie verdirbt alle Möbeln, die Thüren; — was soll das werden?

Dietrich herum wüthend.

Hier! und da! und alles soll zu Trümmern gehn! Halt! er rennt sich mit den Hörnern in dem Thürpfosten fest. Mach los! Mach los!

Bertha.

Ja, daß du noch mehr herum rasest.

Dietrich.

Ich sitze fest, die Hörner sind tief hinein gefahren: zieh! zieh! mach los!

Bertha.

Du siehst, wie ich arbeite, ich kann nicht, meine Kräfte sind zu schwach.

Dietrich.

So lieg' ich nun hier fest im Hafen der Liebe; soll ich denn hier wie eine Säule stecken bleiben?

Bertha.

Es ist alles vergeblich.

Dietrich.

Ich verwachse mit dem Hause in eins, die Hörner greifen durch bis ins Mauerwerk, und wenn die Feuchtigkeit erst eintritt, so quillen sie vielleicht bis in die Fundamente hinein. Zu welchem Schicksal bin ich geboren! Alle Fälle, die mir mein Vater vorhergesagt, alle Rathschläge passen auf diese vermaledeite Situation nicht, hier eingenagelt, mit gebücktem Kopfe stehn zu müssen. Hilf los!

Bertha.

Kann ich die Mauer umreißen? — Da läuft der junge Tischler mit seinem Geräthe vorbei! Klopft ans Fenster. Hier herauf! Hieher, lieber Martin! — Er muß dich aus dem Pfosten lossägen, sonst seh' ich keine Rettung.

Dietrich.

Was muß der Mensch denken?

Martin tritt herein.

Martin.

Was soll ich, schönes Kind? — Ei, was ist denn das für ein Spektakul? Das ist ja der Musje Dietrich! Im Holze fest! Mit Hörnern!

Dietrich.

Nur nicht viel gesprochen! Helft mir schnell los!

Martin.

Es ist wohl erlaubt, sich ein wenig zu verwundern, denn so was sieht man nicht alle Tage, wenn man auch weit darum reisen wollte. Das hat noch keine Raritätenkammer aufzuweisen.

Bertha.

Nehmt die Säge, Lieber, und arbeitet ihn los.

Martin sägt.

Die Thür wird aber ruinirt, das muß ja nachher von neuem gebaut werden. Je nun, so kriegt mein Meister desto mehr Arbeit.

Dietrich.

Nehmt Euch in Acht, Freund, schwatzt nicht, daß Ihr mir nicht in die Hörner sägt, oder wir werden uns sprechen.

Martin.

Wenn Er viel Flausen macht, Spaßvogel, so lasse ich Ihn hier im Holze sitzen, bis Ihn mit der Zeit die Würmer heraus beißen.

Bertha.

Eilt Euch, lieber, guter Martin, die Herrschaft möchte kommen.

Dietrich.

Das ist wohl einer von deinen Liebhabern, der liebe Martin, nicht? Du Schandfleck der Natur!

Martin.

Hör' Er, Freund, Er steht hier mit seinem krummen Rücken und Hintern so anziehend da, daß, wenn Er noch mehr sein loses Maul braucht, ich Ihm ein funfzig aufzählen werde. Er kann sich ja nicht einmal wehren, armseliger Naseweis, Er!

Dietrich.

Still, sägt, Freund, sägt, das eine Horn wird schon lose.

Martin sägend.

Dank' Er doch Gott, daß man Erbarmen mit Ihm hat; wo wollte Er denn schlafen, wenn wir Ihn hier eingefugt stehn ließen? — Nun, nicht gerissen, ruhig ausgehalten; gleich ist Er frei.

Dietrich reißt sich los.

Das war vorüber. Diese Abhängigkeit war sehr drückend.

Martin.

Wie kommt Ihr nur zu dem Gewächs, Freund? Wenn mancher Kunstfreund Euch so sehn sollte, er böte viel Geld für Euch.

Dietrich.

Ich kann nicht viel Rede stehn, der Schmerz, die Angst, — ich bin so müde, so zerschlagen, daß ich mich kaum aufrecht halte. Erlaube, Bertha, mich dort ein wenig niederzulegen.

Bertha.

Komm, mein armer Dietrich, leg' dich ein wenig auf mein Bett, und erhole dich von dem Schlage.

sie führt ihn hinein.

Martin.

Was soll man davon denken? Der Mensch stellte ja den Liebhaber von der Mamsell Bertha vor, auf die ich auch längst ein Auge hatte, und die mir nicht ungewogen ist. Ei, den Kerl möcht' ich haben, so wäre mein Glück gemacht.

Bertha kömmt zurück.

Bertha.

Der arme Mensch schläft fest und schnarcht gewaltig; die ganze Sache ist mir völlig unbegreiflich, er klagte über Schmerzen, da drückte ich ihm den Kopf ein wenig, und wie ein Paar junge Ziegen sprangen mir die Hörner entgegen, und nun sitzen sie fest und unbeweglich.

Martin.

Ist es denn aber denklich, daß ein so schönes, liebes Kind, wie unsre Bertha ist, sich mit einem so verwandelten Menschen, aus dem noch, wer weiß was, werden kann, verheirathen wird?

Bertha.

Er hat mir schon ohne Hörner nicht sonderlich gefallen, viel weniger jezt, man müßte sich ja vor allen Menschen schämen. Was müßte der Priester nur sagen, wenn wir so vor den Altar träten?

Martin.

Und die Kinder könnten auch solche Waldteufel werden.

Bertha.

O pfui, mein Lieber, denken wir daran nicht.

Martin.

Schönes Mädchen, mir fehlt nur eine Summe, um Meister zu werden, sonst hätte ich schon lange um dich angehalten: den Kerl müssen wir fest halten, so wie er da ist, der kann unser Glück machen; mein Vetter, der Gesell beim Theaterschneider, macht mir einen Satyrpelz für ihn, ich baue einen schönen Käfig, und so ziehn wir mit ihm herum und lassen ihn für Geld sehn, erst in den kleinern Städten, und dann hier in London; ich gebe ihn dann für einen wahrhaftigen Satyr aus, die Hörner sind ja auch ächt, und so können wir reich durch ihn werden.

Bertha.

Martin, den Verstand hätt' ich Euch nicht zugetraut; das ist ein Einfall, der sein Geld werth ist.

Martin.

Kommt nur jezt mit hinein, und helft mir ihn festbinden und knebeln, daß er uns nicht entläuft, dann muß ich auch die Thür wieder in Stand setzen, dann bau' ich den Käfig, und dann wollen wir unser Glück mit ihm versuchen.

sie gehn ab.

Siebente Scene.

Pallast.

König, Reymund, Leibarzt, drei Doktoren.

König.

Nun wißt Ihr, meine Herrn, die ganze Sache,
Die unglücksel'ge Tochter saht Ihr selbst,
Die Art der Krankheit habt Ihr scharf geprüft,
Nun sprecht, was man für Hülfe soll erfinden.

Leibarzt.

Zuerst der edle Mann, mein Lehrer hier,
Dem ältesten gebührt die erste Stimme.

1. Doktor.

So sehr ich langer Praxi mich berühme,
So seltne Wunden, Schäden, Gliederkrankheit,
Verrenkung, unnatürliche Verhärtung
In Magen, Leber, Milz ich auch gesehn,
Ist mir doch dieser Fall nie vorgekommen.
Man liest, wie es wohl schon geschehen sei,
Daß sich die Knochen erst in Knorpel lösen,
In Gallert dann, und daß ein Mensch, der erst
Sechs Schuhe maß, zu zwein zusammen fällt;
Mag sein, daß die Natur wohl auch einmal
Das Wunder umkehrt, und die weichen Theile
Die Flüssigkeit in harte erst verwandelt,
Und allgemach in Horn, das wächst und wächst,
So daß vielleicht nach einer Anzahl Jahre
Die gnädige Prinzeß in Hörnermasse
Von vielen Klaftern oder Ruthen schwände.

König.

Das wär' ein Elend; doch klingt's parador.

1. Doktor.

Es nährt der Mensch zu Zeiten wie der Baum
Schmarotzerpflanzen, so erscheint dies Horn,
Es darf nicht bleiben, theils als ungehörig,
Theils, weil's gewiß die besten Kräfte zehrt:
Dabei muß nun Diät das meiste thun,
Nahrhafte Speisen werden streng vermieden,
Auch alle Schärfen, alles was erhitzt,

Nur Wasser, wenig Brod, ein Habersüppchen,
So lösen wir vielleicht die Härtung auf,
Wenn starke, wiederholte Medizin
Den Trieb erregt, nachher ihn unterstützt.

König.

Doch kann die Kranke daran nicht verscheiden?

1. Doktor.

Wenn's lange währt, gewiß, drum ist es besser,
Es gehn zu lassen, und nur zu beachten
Wohin Natur strebt, ob zur Rindesart,
Für Lebenszeit das Horn, ob die Prinzeß
Es wie der Hirsch mit jedem Jahre wechselt;
Fällt künft'gen Frühling das Geweih, so ist's
Die beste Zeit, die Cur dann zu beginnen.

König.

Wir sind so klug noch immer, wie zuvor.

2. Doktor.

Höchlich verehrt ist mein gelehrter Freund,
Doch machen ihn die Jahre etwas ängstlich:
Soll man das Neue nimmermehr versuchen,
Verliert das Alte auch den Sinn und Geist.
Wir schneiden, brennen, wo es nöthig thut,
Wir stechen Staar mit Glück, und amputiren
Den Menschen oft halb weg, ihn ganz zu retten,
Wir nehmen Zähne aus, sie einzusetzen,
Und sehn den Körper vor uns, wie ein Beet
Zu ackern drein, zu säen nach Belieben;
Oft sieht ein Mensch, der ein'ge Jahr bei uns
Die Schule frequentirt, kaum noch mehr ähnlich
Dem Bilde, das Natur zuerst erschuf,

Ist wie Kunstpräparat mehr zu betrachten:
Ich ließ noch kürzlich einen von mir, dem
Der Kopf aus Silber halb bestand, die Beine
Aus Holz, der eine Arm von Leder,
Das Wenige, was von ihm übrig blieb,
Das übertrug geschickt die andre Hälfte.
Ich bin einmal sehr fürs Maschinenwesen,
Ein Mensch, so ungeformt, ist edler stets
Als jenes wild gewachsene Produkt.

König.

Wo will denn Eure Meinung nun hinaus?

2. Doktor.

Ich zeige nur, daß wir's hier leichter haben,
Denn hier ist ja kein Mangel zu ersetzen,
Vielmehr ein Ueberfluß nur wegzuschneiden,
Wir trepaniren etwas nur im Großen,
Bohren das Horn weg, doch ein Theil der Schaale
Des Kopfs muß auch mit fort, daß wir die Wurzeln
Zusammt dem Baum ausreuten, sonst von neuem
Wächst er empor, wie auch Versuche zeigten.

König.

Kann bei der Cur mein Kind nicht Schaden nehmen?

2. Doktor.

Ist's tief gewurzelt, hart verwachsen, kann
Freilich der Kopf dabei in Trümmer gehn.

König.

Ei, Bagatell! — Was soll man dazu sagen?

3. Doktor.

Der jüngste hier, erlaube man mir nun,
Nach den verehrten Herren auch zu sprechen,

Es scheint wohl, daß der Majestät des Herrn
Die Meinung unsrer Freunde nicht behagt,
Mit Unrecht nicht, denn sicher ist der Schaden,
Die Hülfe ungewiß. Ich muß nur bitten,
Nil admirari, ruhig zuzuhören.
Denn alles, was jezt alt, war auch einst neu.
Die Fürstin hat zwei große, starke Hörner,
Das ist der Fall: wo, frag' ich, ist das Unglück?

König.

Wo, Bester? Auf dem Kopf, Ihr saht es ja.

3. Doktor.

Nicht so ist es gemeint. Wo ist das Unglück?
So frag' ich wieder. Ward nicht alles Wesen
Aus Schleim zuerst und Wurm? Polypen, Schlangen
Entstanden dann und Fische, aufwärts stieg es
Zum Thier und Vogel, endlich sprang der Affe
Fast schon vollendet hin, und siehe da,
Die neue Mißgeburt, der Mensch, erhub sich.
So schuf auf ihrem Gange die Natur.
Doch soll es dabei bleiben? Lang auf Lauer
Lag ich, wohin der Strom der Zeiten gehe,
Ob wir zum Fliegen uns erhöben, Schnabel
Und Klaue sich wo zeigten, erst natürlich
Als Monstrum, dann zu wahrer Art gereift.
Jezt seh' ich aber, daß die Menschheit mehr
Sich mit dem Thier verbinden, stärken will,
Und grüße froh die neue Morgenröthe.
Ein alter Weiser sang: es gab Natur
Dem Manne Waffen und dem Vogel Schwingen,
Dem Pferde Hufen und dem Stier die Hörner;
Was gab sie Weibern denn zum Kampfe? Schönheit!

Ist's nun zu klagen, wenn sie mit der Schönheit
Zum Kampf zugleich der Gemse Horn erhalten?
Man sagt sich heimlich, daß ein großer Herr
Mit diesem Wunder ebenfalls begabt;
Ist meine Anmaßung nicht allzugroß,
Wenn ich in Politik zugleich mich mische,
So rieth' ich, beide zu vermählen gleich,
Damit die neue Menschheit sich verbreite,
Die doppelt dann bewehrt, mit Schwerdt und Horn
Unüberwindlich wird. Ist wahr die Meinung,
Daß Aepfel diese Umwandlung geschaffen,
Schiffsladungen von diesen Früchten sollte
Man holen, um das Volk auch zu veredlen,
Dann würden wir Kraft, Kühnheit, Tapferkeit,
Gesundheit, Freiheit blühen sehn im Lande.

König.

Curios! Nach Eurer Meinung müßte man
Sich zu dem Unglück gar noch gratuliren:
So wäre denn Collegium medicum
Und Rathschlag drüber leere Tändelei;
Das ist am allermeisten mir entgegen.
Wie? Vogel, Affe, Stier zu werden wünschen?
Wie's Euch beliebt, doch ist's nicht mein Geschmack.

Leibarzt.

Es scheint, daß gar nichts Euren Beifall hat.

König.

Auf keinen Fall; sprecht Ihr nun was Gescheiters.

Leibarzt.

Darf ich es wagen frei, ganz frei zu sprechen,

So schmeichl' ich mir, wohl ohne Operation,
Und ohne schwere Cur, ein sichres Mittel
Zu der Prinzessin völligen Genesung
Nach reifem Sinnen, Herr, entdeckt zu haben.

König.

Sprecht frei, es soll kein Mensch Euch darum schelten.

Leibarzt.

Mein König, werthe Herr'n, es ist bekannt,
Daß viele Uebel epidemisch sind,
Daß einer sie vom anderen empfängt;
Noch andre erben auf die Kinder fort;
Ja selbst der Fall ist öfter vorgekommen,
Daß von des Vaters Weh sein Erbe frei,
Im zweiten Glied der Enkel es empfängt.
Im Kind entwickelt sich der Eltern Geist,
In ihm kommt oft ein schwach Talent zur Reife,
In ihm wird auch das Uebel offenbar,
Ein scharfer Blick sieht den Zusammenhang.
Wir wissen jezt, daß unser Schädel jede
Anlage zeigt, durch klein' und größre Hügel:
Betrachten Sie genau Herrn Reymunds Kopf,
Den spitzen Schädel, der Theosophie
Und Schwärmerei verräth, besitzt er nicht,
Doch ist der Mann von Schwärmerei durchdrungen:
Das Haupt der Majestät ist oben flach,
Und doch ist sie zur Schwärmerei verleitet;
Was ihm entgeht, hat an der Tochter Kopf
Sich hoch erst und dann höher stets gebildet,
Des Vaters Wunderglaub' im Uebermaas,
Im Wachsen endlich sich als Horn gestaltet;

Auch von Herrn Reymund ist es sympathetisch
Hinüber täuschend auf sie abgesprungen,
Und wie sich die Extreme stets berühren,
Steht da Theosophie im Thiereszeichen:
Denn weil bei ihr, der Armen, zartere
Organe die Verirrung fand des Geistes,
Ward langes Horn, was bei dem Mystiker
Und bei des Königs Majestät Erhöhung
Des Schädels, Beulen, nur geworden wäre.
Geruht nun unser Herr zum Wohl der Tochter,
Warum wir ihn demüthig flehend bitten,
Der Schwärmerei sich völlig abzuthun,
Läßt er den Laboranten arretiren,
Und wenn es sein muß, falls er sich nicht bessert,
An seinem Leben kürzen, bin ich sicher,
Daß jene übertriebnen theosoph'schen
Organe der Prinzessin schwinden werden.

König.

Doktor, Ihr seid in Ungnade gefallen! —
Das war faustgrob. Ich sollte eigentlich
Nach Eurer Meinung selbst die Hörner — hier
Mein Freund und Lehrer hingerichtet werden —
Und Ochs und Rind wär' auch am End' nur Schwärmer —
Das heißt Naturphilosophie verdrehn!
Ihr seid entlassen: und hiemit das ganze
Collegium medicum auch aufgelöst.
Ich bin erzürnt, ich will es nicht verschweigen.
Kommt von den Hörnern was ins Publikum,
So seht Euch nur nach neuen Köpfen um.

er winkt; alle bis auf Reymund gehn ab.

Ein Kammerherr tritt ein.

Kammerherr.

Es lassen sich von Cypern der Gesandte
Und auch von Spanien der Herzog melden.

König.

Ich wußte, daß sie unterwegs. Wo ist,
An dem der Dienst heut ist, denn Theodor?

Kammerherr.

Er liegt zu Bett und läßt sich sehr entschuld'gen.

König.

Schon gut — Kammerherr ab. Was, Bester, fangen
wir nun an?
Ich weiß, sie kommen meiner Tochter wegen;
Zeigt sie sich nicht: was wird man davon denken?
Und sieht man sie, fängt erst das Denken an.
Man hat schon lang von ferne mich sondirt,
Die jungen Kön'ge wollen sich vermählen.
Wißt Ihr in Eurer Kunst, in Euren Büchern,
In den Gestirnen, nirgend, nirgend Rath?

Reymund.

Da kommt mir ein Gedanke, sonderbar
Und neu' vielleicht —

König.

Er sei auch, wie er wolle!
Gelingt es Euch, die Noth von mir zu nehmen,
So seid mein nächster Stellvertreter hier,
So mächtig wie ich selbst.

Reymund.

So kommt hinein,
Und laßt den Haarkräusler der Fürstin holen.

König.

Den Windbeutel?

Reymund.

Thut nichts zur Sache, Herr,
Hab' ich es Euch erklärt, seht Ihr es ein,
Daß wir uns nur auf diesem Wege retten.

sie gehn ab.

Vierter Akt.

Erste Scene.

Barbierstube.

Flint, einige Gesellen.

Flint.

Frau! Frau!

Die Frau kömmt herein.

Frau.

Was giebt's?

Flint.

Das Feuer ist schon wieder ausgegangen. Neue Kohlen! Sieh, alle die Locken, die sehnsüchtige, die melankolische, und die hoffnungsvolle müssen neu aufgebrannt werden; für die zerstreute geht es noch an, daß sie die Flügel so hängen läßt. — Feuer! Feuer! Unser Metier ist feuriger Natur. — Bursche, sind alle die Rassirmesser abgezogen?

1. Gesell.

Ja, Herr Flint, alles in der saubersten Ordnung.

Flint.

Rennt, springt, tummelt Euch, wenn es auch nicht nöthig ist, aber es muß in meinem Laden nicht melankolisch hergehn; lebhaft! Ein viver Mensch macht lieber drei Gänge für einen, — Frau, der Herr Leibarzt ist völlig in Ungnade gefallen.

Frau.

So?

Flint.

Ein großes Evenement. Herr Theodor ist sehr krank, ich mußte ihn heut Morgen im Bett rassiren, den Kopf ganz in Kissen eingehüllt, und er seufzte recht schwer; man sagt, daß er sich den Verlust seines Bedienten Dietrich (unser Gevatter, Frau) so zu Gemüth gezogen hat. Ja, der Mensch ist doch verschwunden, keine Seele weiß, wie: sie sagen, und das hat Wahrscheinlichkeit, die französische Gesandtschaft habe ihn aufgefangen, um hinter einige Staatsgeheimnisse zu kommen. Herr Reymund, der Goldkoch, ist nun Factotum am Hofe; er wird erster Minister werden, der Grillenfänger.

Frau.

Mann, schweig, du redest dich noch einmal um den Kopf.

Flint.

Je was, wir leben in einem freien Lande, ich werde mein Pfund nicht vergraben. Es sind sechs Gesandte und dreizehn junge Prinzen aus allen Gegenden von Europa angekommen, die alle unsre Prinzeß heirathen wollen, das große Heirathsgut sticht ihnen in die Augen. — Du da, die Kräuseleisen an den rechten Ort gelegt! — O ich weiß alles, alles, beim Rassiren, wenn den Staatsmännern das Messer an der Kehle sitzt, und man ihnen dann recht um den Bart zu gehen versteht, sagen sie alles. Mir sind die innersten Falten des Kabinets kein Geheimniß.

Ein Laufer kömmt eilig.

Laufer.

Schnell, schnell an den Hof, Meister Flint! Ihr sollt eiligst vor den König geführt werden.

Flint.

Mein Himmel — ich — der Anzug —

Laufer.

Wie er geht und steht, hat Seine Majestät gesagt. Ich soll Euch mitbringen.

Flint.

Nun, so gehn wir. Doch, den Hut wenigstens.

schnell mit dem Laufer ab.

Frau.

Da haben wir das Malhör, sein loses Maul hat ihn gewiß ins Unglück gestürzt; er spricht über alles, über alle Minister, spaßt über den König, nennt ihn immer einen guten Mann, sagt, er möchte mal auf acht Monat den Staat regieren, spricht, daß das Parlament nichts tauge; o weh, den Mann seh' ich nicht wieder, ich und meine Kinder sind elend auf zeitlebens.

1. Gesell.

Es ist vielleicht nicht so schlimm, Frau Meisterin, vielleicht hat die sehnsüchtige Locke am Hofe sein Glück gemacht, die Erfindung gefiel der Prinzessin ganz vorzüglich.

Der Leibarzt kömmt.

Leibarzt.

Rassirt mich schnell, Ihr wißt, wie ich es gern habe.

setzt sich.

Gesell.

Der Bart wächst stark bei der Hitze. barbiert ihn.

Frau.

Ach, Ihr Hochgelahrt, mein Mann, der unglückselige

Mensch, ist schnell nach Hofe zitirt, — wißt Ihr nicht, warum?

Leibarzt.

Nein!

Frau.

Ach, wenn es vor Hochgelahrt ein Geheimniß ist, so muß es fürchterlich sein. Er wird doch wohl nicht festgenommen und unter die Miliz gesteckt?

Leibarzt.

Nein!

Frau.

Hat Euch denn kein Mensch, auch der Herr Reymund, nichts davon gesagt?

Leibarzt.

Nein!

Frau.

Ist der König gnädig, oder ungnädig, könnt Ihr mir das nicht sagen?

Leibarzt.

Nein! — Er schneidet mich ja, Flegel.

Gesell.

Hochgelahrt sprechen das Nein so pastetisch aus, und mit so großer Paraphrase, daß Dero ganzes Gesicht aufläuft, so kann man das Schneiden dann nicht gut unterlassen.

Frau.

Er wird hingerichtet, gewiß, sie haben lange von oben kein Exempel statuirt: nun muß er gerade daran glauben. — Da kömmt ja unser Gevatter, der Herr Hofschneider, gerannt.

Der Hofschneider kömmt schnell herein.

Schneider.

Ist Euer Mann nicht hier?

Frau.

Ach, leider Gottes, nein, der ist gewiß schon rekolgirt.

Schneider.

Er muß gleich kommen. Es gehn große Dinge vor. Wir bekommen alle Hände voll zu thun, und die ganze Welt wird umgedreht.

Frau.

Und mein Mann hat auch dabei zu thun?

Schneider.

Der eben hat die Hauptsache zu besorgen. Da kömmt er, seht nur, wie ihm das ganze Gesicht glüht.

Flint tritt herein.

Flint.

Da seid Ihr schon Meister, — Frau, gleich setz' dich hin! Du hast dir doch seit kurzem die Haare nicht verschnitten?

Frau.

Nein, aber —

Flint.

Bringt nur schnell, schnell den großen eckigen Reifrock und was dazu gehört, die Unterlage, das Gestell. — Herunter mit der Haube, Frau! — Gesellen! die Pomaden, die Eisen, die falschen Haare, die Wulste, die Kissen, in größter, größter Eile herbei, und was fehlt, schnell, schnell gemacht! Tummelt Euch! Unser Regiment ist da.

Schneider.

Ich habe vorgearbeitet, weil man mir schon heute Morgen einen Wink zukommen ließ.

Flint.

So geht, und gleich wieder her! — Hört, bleibt, seht! Gevatter, was hab' ich hier um den Hals? Den kleinen Nasenorden, den mir des Königs Majestät mit eigner Hand umgehängt hat. — Nun rasch an die Arbeit!

Hofschneider ab.

Frau.

Mann, du reißest mich entsetzlich in den Haaren.

Flint.

Hat nichts zu sagen, des Vaterlandes wegen. — Die Pomade her; so aufgesteift! — Frau, — ach, Herr Leibarzt, ich bin jezt ein anderer Mann, ich habe Rang, Ober-Geheimer-Staats-Haupt-Regulateur, — das klingt — das Brenneisen her! — nicht wahr? — Helft die Wülste, die Kissen unterlegen, — gebt die Elle her, Maas zu nehmen, — eine volle Elle hoch muß das Tuppe' sein, — mehr Pomade! Das erkleckt nicht, denn es ist ein Thurmbau; — der Herr Reymund, das ist ein Mann! — das Parlament hat eine neue Etikette und Kleiderordnung publizirt, ich bin vernommen worden im geheimen Staatsrath, ich habe einen heiligen hohen Eid ablegen müssen, nichts, was ich erfahre, sehe, ergründe, zu verrathen, — jezt hab' ich Einsichten, — den andern Kamm, Gottlieb: Friedrich, steife du da jene Seite, — Peter, steige auf den Schemel, oben muß das Tuppe' in Form eines Herzens zusammengehn; — lange haben wir auf ihn gezählt, sagte der König zu mir, das ganze Land vertraut ihm, Meister, —

aber sein Leben steht auf seiner Treue, — hier muß Baumwolle untergestopft werden. — Potz! was kriegt die Frau für ein majestätisches Ansehen.

Lady Dorothea kömmt mit Bedienten und einem Schneider.

L. Dorothea.

Ist es denn wahr, was man sagt, daß eine neue Kleiderordnung und Mode eingeführt ist, wovon man hier die Probe sehen kann, und daß morgen bei der großen Cour Niemand anders als im neuen Costum erscheinen darf?

Flint.

Hat seine völligste Richtigkeit, und ich bin eben im Begriff, die Normaldame einzurichten.

L. Dorothea.

Das sieht aber abscheulich aus, Meister.

Flint.

Erhaben, lassen wir nur erst das Ensemble beisammen sein. Uebrigens würde mich Lady beglücken, mich künftig Ober-Geheimer-Staats-Haupt-Regulateur zu nennen, wozu mich des Königs Majestät allergnädigst zu ernennen geruht haben.

Leibarzt für sich.

Ich begreife, der Herr Reymund hat in der That keinen üblen Ausweg gefunden.

Der Hofschneider und seine Gesellen kommen mit Reifrock, Schnürleib, Kleid u. s. w.

Schneider.

Hier, Gevatter.

Flint.

Zieh an, Frau, umgelegt, eingeschnürrt, so — helft, Kinder. — Halt! erst noch recht eingepudert, weiß, ganz weiß muß die Frisur von oben und unten sein, hinten und vorne; weiß in so großer Masse ist erhaben. — Nun, Gnädige, wie gefällt's? Seht den Reifrock! grün Atlas, wie die Erde gleichsam mit Wiesen, Wald und Blumen; dann erhebt sich die feste Schnürbrust, die Hügel, die Berge; Geschmeide um den Hals, wie Quellen und Bäche; das Gesicht, — hier, die rothe Schminke aufgelegt, die schwarzen Muschen — sonderbar, bizarr, anlockend, wie Sonnen-, Mondschein und Finsterniß, — und nun oben, oben der höchste Berg, wie Jungfer und Schreckhorn, ächter Monblanc mit seinem ewigen Schnee, herabrinnend die Perlen und Steine, wie Wasser, das sich auflöst, und mit dem Geschmeide des Halses zusammenfließen will. — Giebt es etwas Lehrreicheres, Tiefsinnigeres, Kunstmäßigeres? — Heut ist der Tag des Triumphes für den Ober-Geheimen-Staats-Haupt-Regulateur. — Seht, Gnädige, so hoch, und noch etwas höher tragen die Prinzessinnen die Frisur; Gräfinnen, sollen nur drei viertel Ellen hoch haben, die übrigen Edeldamen etwas über eine halbe Elle. — Ist alles fertig? — Nun komm, Frau, auf dem großen Markt ist eine Bühne für dich erbaut, da wirst du als Normaldame hingestellt, der ganze Adel nimmt dich in Augenschein, um das Muster von dir zu nehmen. Das hättest du dir wohl nie träumen lassen. — Eigentlich hätten die Glocken geläutet werden müssen. — Gesellen, Bursche, nehmt die Brenneisen, die Wärmpfannen, die Kohlenbecken, — du, nimm die alte Zitter, — trommelt, klingelt, lärmt, was Ihr nur aus Euch bringen könnt, heut ist unser Triumph, — und so auf den Markt! mit den übrigen, unter lautem Getöse ab.

L. Dorothea.

Der Mann kömmt um den Verstand. Zu ihrem Schneider. Meister, nehmt Euch ein Muster nach diesem Anzuge, um mir die Kleider morgen zu besorgen.

ab mit ihrem Gefolge.

Zweite Scene.

Marktplatz.

Volksgedränge, Frau Flint auf der Bühne, Flint, dessen Gesellen, Leibarzt unten unter dem Volke, Vornehme, Damen und Herren, die herzukommen.

1. Bürger.

Was hat denn die Perückenmacherin gethan, daß sie so an dem Pranger stehen muß?

Gesell.

Narr! Sie steht als Muster da, zur Nachahmung.

Flint.

Der Esel! Ich fordre Satisfaktion, von des Königs eigener Person selbst. An dem Pranger! Das Geschmeiß! kann sich nie in Staatsgeheimnisse finden!

1. Bürger.

Sei er nicht grob, Bartkratzer.

Flint.

Wo ist die Wache? Eklatant soll er bestraft werden. Lästermaul! Wenn das kein Majestäts-Verbrechen ist, so verstehe ich mich wenig auf die Politik.

2. Bürger.

Er ist und bleibt ein Flausenmacher. Alle solche Kerle sind immer halbe Hausnarren.

Flint.

Platz für die Damen! Platz für den hohen Adel! — Treten die hohen Herrschaften nur gefälligst heran. — Sehen meine Gnädigsten, was die neue Zeit hervorgebracht hat. So wird künftig der ganze Hof aussehn. Gelt? das ist was anders, als die bisherige Mode, die schlumpernden, schlotternden, unbedeutenden Lappen? Wir kommen weiter, wir steigen höher in die Philosophie hinauf, und können mit Verachtung auf die vorigen Zeiten hinabsehn.

Ein Herr.

Sonderbar genug.

Eine Dame.

Allerliebst. Nun wird man doch nicht mehr die Gestalt und das Wesen jeder Dienstmagd haben: ich war immer über die gemeine Natürlichkeit erboßt. — Kommt gleich morgen zu mir, Herr — wie heißt Ihr doch gleich? Ich habe jezt nicht Zeit zu Eurem Titel.

geht ab.

Herr.

Herr Leibarzt, seht einmal, was da angestiegen kommt.

Leibarzt.

Warlich, der Herr Theodor, der im hitzigen Fieber gelegen hat. Ei, der Patient wagt viel, auszugehn.

Herr.

Er soll übergeschnappt sein. Ist es wahr?

Leibarzt.

Nicht eigentlich übergeschnappt, aber etwas gelitten

hat sein Kopf. Seht nur selbst die thurmhohe Mütze, die er sich aufgesetzt hat; er sieht aus, wie der große Mogul.

Theodor tritt auf, mit einer sehr hohen Mütze auf dem Kopf.

Theodor.

Guten Tag, Ihr Herren; ich muß mir doch das Wunder auch betrachten.

Flint.

Das hab' ich zu Stand gebracht. Nun?

Theodor.

Ganz gut, passabel, die Frisur könnte etwas höher sein, so würde die Figur gewinnen. Kommt morgen zu mir, zum Frisiren, Ihr seid ein gescheiter Mann, wir werden uns verständigen. Die Tracht wird mich kleiden.

Leibarzt.

Seid Ihr auch wohl? Warum seid Ihr ausgegangen, und was bedeutet diese hohe Mütze?

Theodor.

Narr, ich bin ganz gesund, muß nach meinem Krankenlager Bewegung haben, und unter meiner Mütze steckt schon die neumodische Frisur, die ich noch heut Vormittag schonen will. Man hört eine Trompete. Was giebt's denn da?

Leibarzt.

Ein Karren mit wilden Thieren, so scheint's.

Theodor.

Von fremden Türken oder Persern begleitet.

Flint.

Da läuft das Volk alles von meiner Dame weg

und zum Vieh hin. So ist der Pöbel, Gesellen, bleibt! ruhig!

Ein Karren fährt herein, mit einem großen Käfig, in welchem sich Dietrich als Satyr befindet. Martin und Bertha in fremder Tracht, voran der Ausrufer mit einer Trompete.

Ausrufer stößt in die Trompete.

Ein achtbar edles Publikum beliebe hier zu sehen einen höchst merkwürdigen Satyr oder Waldgott, den man mit großen Unkosten aus dem fremden entlegenen Griechenlande herübergeschafft hat.

Das Volk drängt sich neugierig um den Käfig her.

Ein Mann.

Sieh, Frau, wie doch unsre Vorfahren, als sie noch Heiden waren, so kurios ausgesehn haben.

Frau.

Gott behüt uns unsrer Sünden, es ist ja ein Thier, du Mann, ein wildes Vieh.

Mann.

Nein, es ist keine Bestie; sieh nur seine kluge Miene, er hat schon Conduite gelernt.

Leibarzt.

Wunder über Wunder! Ich muß nachher den Kerl genauer untersuchen.

Theodor zum Leibarzt.

Seht, Freund, wieder was Neues; man weiß in der That nicht, was man sagen oder denken soll.

Flint herbei springend.

Aber um des Himmels Willen, was giebt es denn eigentlich hier? — Wie? — Was? — Was ist das für eine Kreatur oder Personage? — Wie, auch gehörnt? —

Mein Seel, ich glaube, — ja — ich sehe — der Fremde ist aus königlichem Blut, er hat — Was hab' ich gesagt? Leute, ums Himmels Willen, ich habe doch nichts gesagt? Nein, ich meine nichts damit; ich spreche ohne Verstand und Bewußtsein: nicht wahr, Herr Leibarzt? Fühlen Sie gütigst den Puls. Ja, ja, ich bin noch so viel bei mir, daß ich es einsehe, wie ich vollständig delirire. Ich fürchte den Schlag. Ich bin ganz außer und von mir. — Ihr werdet mir das Zeugniß geben, Herr Leibarzt, daß ich völlig von Verstande bin. — Kommt, Gesellen, nach Hause; Frau, steig' herunter, du hast lange genug wie ein Narr da gestanden. Komm, ich muß mich gleich zu Bett legen. Kommt!

Gesell.

Wir wollen noch hier bleiben, und für unser Geld das Wunderthier betrachten.

Flint.

Nun so bleibt, bleibt, aber nur reinen Mund gehalten! ab mit der Frau.

Gesell.

Was will denn der Meister? — Sagt uns aber doch, Herr Türke, was ist das da eigentlich für eine Gottes-Kreatur?

Bürger.

Ja, sagt uns, Leute, wo Ihr ihn gefangen habt.

Frau.

Warum der Waldteufel so närrische Gesichter macht.

Martin mit fremder Aussprache.

Geduld, meine werthen Herrn, werde alles erklären. Er ist gar nicht gefangen, verehrtes Publikum, sondern gefunden worden. Es werden jezt in den griechischen Territorien, meinem Vaterlande, gar erstaunlich gelehrte Untersuchungen angestellt, man entdeckt alte Münzen und Bildsäulen, man gräbt Palläste und ganze Städte wieder auf, die schon vor mehr als tausend Jahren versunken waren, und so ist man denn auch auf uralte Götzen gestoßen, die man anfangs auch für steinern hielt, weil sie so lange tief, tief in der Erde gelegen hatten, bis mein gelehrter Landsmann, der berühmte Doktor Pankratius, mit diesem hier einen sehr gelungenen Versuch gemacht hat, ihn durch die Kunst seiner Arkane aufzuweichen, und ihn so mit vieler Anstrengung wieder in das Leben zurück zu rufen. So bin ich denn so glücklich, meinen höchlichst zu verehrenden Zuschauern einen ächten alten heidnischen Waldgott, oder Satyr genannt, zu präsentiren, den man unfern dem alten bekannten Parnassus entdeckt hat; ich habe Millionen nicht gescheut, ein so höchst rares und niegesehenes Exemplar zum Eigenthum zu erhalten, um es den kultivirten Europäern, vorzüglich aber den erleuchteten und höchst großmüthigen Engländern, der reichsten und freigebigsten Nation, die Wissenschaft, Künste und Alterthümer zu schätzen weiß, vorstellen zu können: und darum werden meine Geehrtesten auch gewiß nicht vergessen, den fremden Mann, der so weit her kommt, der dies alte mythologische Weltwunder zu ungeheurem Preise an sich gekauft hat, mit mehr oder weniger zu bedenken, nachdem Wohlstand oder hohes Gemüth den Geber befeuern, und die hohen Standespersonen werden hierin, wie in allen Dingen, den verehrungswürdigen Bürger noch übertreffen. — Trompeter, sammle ein.

Bürger.

Was man nicht hört! So wäre ja dies Stück da ein veritabler Teufel, wenn er ein heidnischer Gott ist.

Martin.

Mit nichten, erleuchteter Mann, und es würde mir dann nur leid thun, ihn so weit geschleppt zu haben; diese Satyren, Faunen und Waldwesen sind ein Mitteldıng zwischen Menschen und Geistern, dabei haben sie etwas Thierisches und Lächerliches neben dem Ehrwürdigen in ihrer Natur; die Alten hielten sie für unsterblich, und daß sie wenigstens ein sehr langes und zähes Leben haben, beweist, daß sich dieser so lange in der Erde konservirt, und wieder zum Bewußtsein hat gebracht werden können.

Bürger.

Aber er spricht ja gar nicht, sondern schneidet nur Gesichter.

Martin.

Die Sprache ist ihm noch nicht zurückgekommen, auch ist ihm die hiesige natürlich unbekannt.

Theodor.

Je mehr ich den Kerl ansehe, je bekannter kommt er mir vor.

Martin.

Unmöglich, gnädiger Herr, Ihr müßtet ihn denn einmal wo abgebildet gesehn haben.

Theodor.

Was meint Ihr zu der Geschichte, Herr Leibarzt?

Leibarzt.

Das Ding ist nicht ganz unmöglich; ich habe immer schon geglaubt, daß viele Gestorbene nur Scheintodte sein möchten, und daß man Mittel finden müßte, sie wieder zu beleben. — Herr Aufseher ist er wild, wenn man sich ihm nähert? Stößt, oder beißt er nicht? So möcht' ich ihm wohl den Puls fühlen. — Langt mal den Arm heraus, Herr — Herr — man weiß gar nicht, wie man ein solches Produkt tituliren soll; — der Puls schlägt ihm, wie allen andern Menschen: ganz vernünftig; — recht schön, recht löblich, mein Lieber — daß Ihr — ich möchte wohl, daß er mir die Zunge zeigte, — sagt's ihm einmal, Herr Aufseher.

Martin.

Das thut er niemals.

Bertha beiseit zu Martin.

Mann, die Spitzbüberei wird heraus kommen.

Martin.

Sei unbesorgt, der Knebel sitzt ihm zu fest.

Bürger.

Seht, wie das Thier sich würget. Es hat Krämpfe.

Frau.

Ich glaube, er freut sich, wieder unter vernünftigen Menschen zu sein.

Martin für sich.

Der Kerl macht mich doch bange. — Sitz still, du da drinn!

Frau.

Laßt ihm doch den Spaß, sein Gesicht zu verdrehn, die Affen thun es ja auch.

Mann.

Seht, wie er mit den rauhen Beinen um sich stampft, und mit den Händen am Kopf arbeitet.

Bertha.

Mann, — du wirst sehn —

Martin.

Wir wollen mit ihm in das Wirthshaus fahren.

Bürger.

Nein, laßt ihn noch hier, wir wollen ihn noch betrachten. Er soll hier bleiben!

Ausrufer heimlich zu Martin.

Da habt Ihr das Geld, es ist ansehnlich viel eingekommen, macht die Leute ja nicht böse.

Martin tritt an den Käfig.

Mensch! jezt stille, oder wir sprechen uns nachher!

1. Mann.

Er ist ja kein Mensch; er ist ja ein Waldteufel, ein alter Heide.

Dietrich
hat endlich den Knebel los gemacht.

Ach, lieben Leute, nichts weniger als das: seht, ich bin ein ganz gewöhnlicher armer christlicher Hahnrei, und bitte Euch um Gotteswillen, helft mir aus diesem Kasten heraus.

Frau.

Mann, was sagt die Kreatur?

Mann.

Er sagt, er wäre wie unser einer.

Frau.

Und dafür haben wir unser Geld ausgegeben, um das zu sehn, was wir alle Tage im Hause haben?

Mann.

Du hast recht, wir sind schändlich betrogen.

Ein andrer.

Aber Hörner hat er doch einmal.

Dietrich.

Nur von der Ungetreuen da, die mit jenem Kerl, mich, ihren Bräutigam, im Lande herum führt. Ich habe ja die Hörner erst durch meine Liebe zu ihr bekommen.

Frau.

Mann, das ist ja ein schrecklicher Spektakel.

Mann.

Ein Skandal.

Ein zweiter.

Den Constabel sollte man holen; am Ende fahren sie uns noch für Geld im Lande herum.

2. Frau.

Nehmen uns die Männer von der Seite, und lassen sie für Geld sehn.

Viele.

Unerhört! Ins Gefängniß mit dem Spitzbuben.

Dietrich.

Gnädiger Theodor! Gnädigster Herr! Ich bin ja Euer ehmaliger Dietrich!

Theodor.

Ist's möglich? Dietrich? Sapperment! So sehn wir uns wieder? Kerl, ich hab' auch — — Halt's Maul! So kann ich dich nicht wieder anerkennen!

Martin heimlich.

Komm, Bertha, ehe der Tumult noch größer wird; wir lassen lieber den Kerl in Stich. laut. Seht, wer kommt denn da auf dem hagern lahmen Maulthier angeritten?

Leibarzt.

Bei Gott, eine wunderbare Figur in dem alten abgetragenen Scharlachmantel!

Theodor.

Und die Nase, die ungeheure Nase, die er unter dem niedergekrämpten Filzhute trägt.

Mann.

Nun steigt er ab; er geht ins Wirthshaus zum rothen Elephanten.

Frau.

Das ist der ewige Jude, oder so ein neu aufgelebter alter Dänenkönig.

Mann.

Er kommt wieder aus der Thür.

Leibarzt.

Und hieher!

Indeß haben sich Martin und Bertha fortgeschlichen.

Andalosia tritt in wunderlicher Verkleidung auf.

Frau.

Das ist die Großmutter aller Nasen in der Welt.

Mann.

Und so schön mit Karfunkeln und Rubinen besetzt! Ein wahres Kabinetsstück.

Andalosia.

Was giebts, Messieurs? Aben ihr denn noch kein Medicin, kein Doktor gesehn, daß ihr so alle auffesperrt die Maul?

Theodor.

Ihr seid ein Doktor?

Andalosia.

Le plus grand der jezigen siècle; komm' von Paris, wo mir die Könik, der allerchristlichste majesté, mein miracle so genannt, er mir in seine Arm genommen, mir geküßt, hier auf der linken Back', ein Fleck, den ick nu und nimmer wieder waschen thu, und ick ihn auferhöht und angestrichen mit der Carmin. Will er, Monsieur, mir ambrassir, bitt' ick um Gotteswill, sein Kuß nicht auf der heilgen Stell zu applizir.

Theodor.

Bin nicht so eilig, einen Charlatan und Marktschreier zu küssen.

Andalosia.

Charlatan, Marktschreier sagt Monsieur? Eh bien! So groß sein Müz sein, den er über die oreilles gezogen, wir werden uns näher kennen lernen, sans doute, und dann wird reparation d'honneur von selbst erfolge, Monsieur mit sein spitzig Turban, wie Klockethurm von Strasbourg.

Theodor.

Es hat seine Gründe, Herr von Nasenthum zu Nasenheim, warum ich solche Mütze trage.

Andalosia.

Glaubs, der junge Mann in die Kaste da sollte

lieber auch solch bonnet de nuit aufsetzen, brauchte dann nicht seine Horn so der Luft zu exponir.

Theodor.

Mach' Er seine Kunst, wenn Er was kann, und kurir Er den Burschen da.

Andalosia.

Bagatelle vor mich, und säßen ihm die Horn bis in die Magen tief. Steig' aus dein Vogelbauer mon enfant, er macht den Käfig auf. das kans Publicum soll Zeug sein, wie ich dir kurir, denn cette maladie un ihre raisons sein mich bekannt. Hier, klein Monsieur, speis' derselb diese vier große Pill ohne repugnance, — schluck sie hinter — nun? zieht ihm die Hörner ab. Voila! er ist ein Mensch, wie vorher. — Da, mon garçon, steck deine Horn zum Angedenk in deine Tasch, zieh deine Stiefelpelz wieder aus, so bist du, wie du sonst warst.

Theodor.

Ist's möglich?

Volk.

Wunder! Wunder! Ein Wunderdoktor!

Andalosia.

Non, messieurs, point de miracle, Kenntniß von die Geheimniß de la nature, Studium, enfin, Gelehrsamkeit. Meine pillules haben die Cur effektuirt.

Theodor.

Herr Doktor, ich verehre Euch und erbitte mir Euren Besuch.

Andalosia.

N'ai je pas dit, daß ihr mir werdt kennen lernen?

Wenn wir solte red' mit einander, muß Monsieur aber den großen Pyramide von die Kopf thun.

Theodor.

Das wird sich finden, besucht mich nur morgen früh, oder heut noch.

Andalosia.

Pas si vite, habe mehr zu thun. — A revoir, wohne hier im Hotel zum Elefant.

Dietrich.

Herr Theodor, Ihr nehmt mich doch wieder in Eure Dienste?

Theodor.

Wie kannst du dir das träumen lassen, da du als ein Monstrum in der Welt herumgefahren bist! Pfui! Alle Welt würde mit Fingern auf mich weisen.

Dietrich.

Aber mein Geld, das ich Euch aufzuheben gegeben habe —

Theodor.

Das wird sich finden, Unverschämter! geht ab.

Dietrich.

Herr Doktor, lieber Herr Doktor, Ihr habt mich freilich wieder zum Menschen gemacht, aber nun macht auch, daß ich nicht verhungre. Wenn Ihr einen Bedienten braucht, so nehmt mich in Eure Dienste.

Andalosia.

Ich könnte wohl ein garçon brauchen, aber ich lese in deine Physiognomie, daß du ein Vautrien, ein Nichtstaug, sei.

Dietrich.

Ich will mich bessern, Herr Doktor.

Andalosia.

Nun gut, ich sein nicht grausam: aber ich muß su mein métier haben ein Dienstbot, den ich anzieh als arlequin, was man hier zu Land nennt ein Hanswurst, anders kann' ich kein serviteur brauchen.

Dietrich.

Wenn's sein muß, immer besser als Waldgott.

Andalosia.

Nun so komm' mit mich, hab' noch so eine Jacke von meine vorige Spaßmacher liege. Haben du aber auch esprit, Witz dazu, Narrenpossen, dumme Streiche anzugeben, daß Publikum brav lachen?

Dietrich.

Ach, lieber Gott, da ich nun aus dem Elend bin, wird mir der Himmel wohl beistehn, denn wem er ein Amt giebt, dem giebt er auch oft Verstand.

sie gehn ab.

Mann.

Sag' ich doch, man erlebt allerhand, wenn man nur alt wird. Komm Frau, was sollen wir denn noch länger hier stehn? Alle Menschen sind nach Hause gegangen. gehn ab.

Dritte Scene.

Pallast.

Erleuchteter Saal. Große Versammlung am Hofe, die Königin, Agrippina, Lady Herbert, Lady Dorothea und viele Damen in Reifröcken, Schnürbrüsten, hohen Frisuren: der König, Herbert, der Hofmarschall, Reymund und viele Vornehme in der altfranzösischen Tracht, mit hohen Frisuren: Herzog Olivarez und Graf Limosin in gewöhnlicher Kleidung. Viele sitzen und spielen, andre genießen Erfrischungen, welche Diener umher geben. Gespräche, Begrüßungen.

König und Herzog Olivarez treten vor.

König.

Mein theurer Herzog von Olivarez,
Ihr seht hier um Euch meines Hofes Blüte,
Und wenn an diesem vollen Firmament
Mein Kind nicht Strahlen so wie ehmals wirft,
Wenn Ihr, was Euch der Ruf in Spanien sagte,
Hier Lügen strafen möchtet, so erwägt
Daß schon seit lange Gram, Melankolie,
Der Schönheit Wurm, an ihrem Herzen nagt,
Den wir auf keine Weise heilen können.

Olivarez.

Wenn mir Natur für Schönheit Augen gab,
So scheint mir, was ich immer hoffen mochte,
Von ihrer holden Gegenwart verdunkelt:
Nur muß der ungewohnte Sinn vom Staunen
Ob dieser neuen wunderbaren Tracht,
Den Locken, Poschen, Schminke, Pflästerchen,
Und aufgesteiftem Haar, sich erst erholen.

König.

Ihr habt vielleicht nicht Unrecht; wicht'ge Gründe,

Politische wie physikalische,
Ja selbst moralische Ansichten sind's,
Die uns zu dieser Kleidertracht vermocht.

Olivarez.

Doch weiß ich so viel leider nur zu sagen,
Daß weder meines Herren Majestät,
Noch unsrer Castilianer Ritterschaft,
Kein Grande dulden würde, seine Königin
In dieser schroffen Pracht verhöhnt zu sehn.

König.

Wie's Euer König will und Landessitte.

er wendet sich auf der andern Seite zu Limosin.

Ihr steht verwundert, Graf: was werdet Ihr
Von dieser neuen Tracht nach Cypern melden?

Limosin.

Nur mein Entzücken, denn es dünkt mich warlich
Ein Feenreich hier aufgethan zu sehn,
Das Würdige erscheint als Majestät,
Das Schöne ist mit Zauberglanz umkleidet;
O daß mein junger König plötzlich hier
In Mitte der Gestalten wandelte,
Für hohen Styl den offnen Sinn zu bilden.

König.

Ihr sprecht als feiner Mann; ich danke sehr
Dem Könige der Euch hieher gesandt,
So freundliche Bekanntschaft mir zu gönnen.

Limosin.

Mein höchstes Glück, wenn mich die Majestät
Des allverehrten Herrn begnad'gen will.

Der König geht zu Agrippina.

Olivarez tritt zu Limosin.

Ich weiß nicht, Graf, wie dies Gespensterwesen
Mag Eurem Sinn entsprechen, doch wenn ich
Die Augen hier auf dieses Schauspiel werfe,
Und diesen wilden Fratzen hier begegne,
So frag' ich mich: ob ich in Bedlam bin?

Limosin.

Gar recht, mein edler Herzog, ohne Schauder
Kann keiner hier das Ungethüm betrachten,
Der nicht in diesem Norden eingeboren
Und schon gewöhnt ist dieser Kunstformirung.

Olivarez.

Ein Scheusal ist in der Figur die Fürstin.

Limosin.

Es scheint, Meerungeheuer und Seedrachen
Hat man kopiren wollen, wie sie schwimmt
In diesem eck'gen ausgereckten Kasten.

Olivarez.

Und dieses Haar.

Limosin.

Wie ein Kometenschweif.

Olivarez.

Eh sinke England in den Meeresgrund,
Eh ich von hier solch Abentheuer führe.

Hofmarschall tritt zu ihnen.

Irrt nicht mein Blick, so seid Ihr unzufrieden,
Es ist vielleicht, Ihr Herrn, des Schauspiels Neue,
Was Euch zuwider ist und anfangs quält.

Limosin.

Ich wüßte nicht zu sagen —

Olivarez.

Ja, Herr Marschall.

Hofmarschall.

Der Staat, die Kirche, Sitte, Kunst, Gesellschaft,
Das alles ist nur dadurch möglich worden,
Daß wir uns allgemach von des Naturstands
Ursprünglichkeit entfernten mehr und mehr;
Noch liegt vor uns ein unbekanntes Ziel,
Wo dann vollendet hoch die Menschheit thront.
Ihr müßt gestehn, daß keiner wagen würde,
Wenn er nicht frech und ohne Schaam und Sitte,
Den Hof in seiner Nacktheit zu besuchen:
Wie Schaam die erste Tugend unsers Wesens,
So hat man sich mit Recht verwundern müssen,
Daß wir bisher ganz sorglos, dreisten Muthes,
Die Form des Menschen nur umkleideten,
Und jeder Schritt, Bewegen, Sitzen, Stehn,
Uns daran mahnte, daß wir Menschen sind;
Doch jezt hat unsre Kunst erlangt, den Menschen
So zu verkleiden, daß man ihn nicht kennt,
Er sieht fast jedem Wesen ähnlicher
Als sich: das ist es, was wir haben wollten.

Reymund tritt zu ihnen.

Ja, man darf hoffen, daß auf Politik,
Philosophie und alle Wissenschaften
Nun das Gefühl der Züchtigkeit wird wirken,
Hauptsächlich doch auf Kunst und Poesie;
Es wird das Ideal uns näher treten,
Und zwar das wahre, kein erlogenes,
Kein schaamlos Bild des alten Griechenlands,

Rein, strenger Zucht entsprossen, die Natur
Von sich entwöhnt, sich selbst ein Wunder-Räthsel.

Olivarez.

Viel Glück zu dieser stattlichen Bemühung.

Limosin.

Das sag' ich auch, charmant ist die Idee.

Theodor tritt ein, in demselben Costüm wie die übrigen, mit übermäßig hoher Frisur.

Limosin.

Wer ist der hohe wunderliche Mann?

Hofmarschall.

Herr Theodor, ein Favorit des Königs,
Der Sohn Lord Herberts.

Theodor.

Guten Abend, Freund;
Gelt, wir gefallen, so neu ausgemünzt?
Was heut doch von den ausgeweißten Köpfen
Der Saal viel heller als gewöhnlich scheint. —
Bon soir, Papa: — ich lege meine Dienste
Der königlichen Majestät zu Füßen.
Ha, Lady Dorothea, seid gegrüßt;
Seht mal den Spanier an, der steht am Pfeiler
So starr und maulverbissen, daß es scheint
Er muß der Decke Wölbung tragen helfen:
Der Cyprier sieht doch nach etwas aus. —
Ah, àpropos, Ihr da aus Cypern, Herr,
Hat sich der Mauskopf Andalosia
Nicht wieder sehen lassen?

Limosin.

Ganz verschollen

Ist er, mein armer Neffe; freilich wohl
War auch sein Lebenswandel nicht der beste.

Theodor.

So? Euer Neffe? Wie kommt nun ein Mann,
Vernünftig wie Ihr seid und wohlgezogen,
Im Umgang angenehm, auch wohlgebildet,
In aller Welt dazu, solch wildes Kraut,
Solch Gänseköpfchen zum Neveu zu haben?

König zu Herbert.

Ich seh's Euch an, daß Ihr schon wieder zürnt.

Herbert.

Ja, wie er naht, wie er den Mund nur öffnet,
So zittr' ich schon, den Aberwitz zu hören.
Ich geh, mein hoher Herr, mir ist nicht wohl,
Vielleicht hab' ich zum letztenmal gesehn
Eu'r huldreich Angesicht, mein Alter drückt,
Mit manchem Gram vereint, mich schwer zu Boden.

König.

Mein Freund, wir sehn uns oft noch fröhlich wieder.
Schlaft wohl, und schonet, bitt' ich, Eure Schwäche.

Herbert ab.

Limosin.

Wie ich mich freue, kennen Euch zu lernen,
Kann ich nicht sagen; glaubt, ich bin nicht jung,
Doch hab' ich kaum im Leben wen gefunden,
Mit dem's Sympathisiren sich verlohnte.

Theodor.

Geht's mir denn besser, Schatz? Das sag' ich ja,
Für unser eins ist's nur 'ne Hundewelt:

Ich suche Freundschaft; aber wie? Gesellen,
Gelbschnäbel, Klugsichdünker, Obenaus,
Glattzungen, Schmeichler, die polirten Herrn
Mit Bildung, Allerweltsvortrefflichkeit,
Sind mir ein klarer Abscheu, Greul und Graun.
Allein ein simpler, sanfter Biedermann,
Ein schlichter, grader, ehrlichstiller Sinn,
Das ist, wonach mein Herz schon lange hungert.

Limosin.

Mir aus der Seele, Liebster, ganz gesprochen,
Laßt Euch umarmen, theurer, edler Freund.

Theodor.

Recht gern, nur nicht an die Frisur gestoßen.

umarmen sich.

Eine Dame.

Hat man nichts Neues in der Stadt gehört?

Junger Herr.

Vom Herren Leibarzt Seiner Majestät
Hab' ich was fast Unglaubliches erfahren;
Es trug sich zu, daß auf den Markt ein Karrn
Ward hergeführt, — wer, denkt Ihr, saß darauf?
Und ward für Geld gezeigt? Ein Satyr war's,
Mit großen Gemsenhörnern auf dem Kopf.

König.

Mein Lieber, das Gespräch ist unanständig,
Ich bitte, habt Regard für meine Tochter.

Königin.

Bewahrt dergleichen auf für Eures Gleichen.

Agrippina.

Der junge Mann scheint wenig noch am Hofe

Gelebt, Gesellschaft, gute, nicht gesehn
Zu haben.

Reymund.

Nein, er weiß noch nicht zu wählen.

L. Herbert.

Die Jugend —

Theodor.

Ei, ja wohl, ein trauriger
Und miserabeler Discurs. Von Hörnern!
Was geht das uns an? Sehr indelikat.
Doch freilich hab' ich selbst den Kerl gesehn,
Und auch die Cur, die noch viel wunderbarer.

König.

Die Cur? Erzählt uns doch davon ein wenig;
Das heißt: daß er die Hörner auch verlor?

Theodor.

Es kam ein rother, langgenas'ter Mensch,
Sah aus wie Teufelsbannerei und Hölle,
Ein dummer Charlatan, kurz ein Franzos,
Der gab dem Vieh nur zwei, drei Pillen ein,
Ganz kleine Kügelchen, nicht werth der Rede;
Kaum hat mein Graf von Horn sie eingeschluckt,
Fällt ihm, mein Seel, das Hörnerpaar vom Kopf,
Wie überreife Birnen oder Aepfel;
Er schüttelt nur ein Bischen, 'runter rasseln's
Wie dürres Laub, und saßen vorher fest,
Sechs Pferde hätten sie nicht ausgezogen.

König.

Sehr sonderbar; und wo blieb dieser Arzt?

Theodor.

Er wohnt im Wirthshaus dort zum Elephanten.

Reymund.

Wir haben eine Zeit erlebt, wo manch
Geheimniß der Natur sich offenbart.

König.

Kommt her, mein Reymund, tretet hier beiseit.
Erkundigt Euch doch nach dem fremden Arzt;
Geht selbst zu ihm, erforscht und prüft sein Wissen,
Welch Glück, wenn er in unsrer Noth uns hülfe.

Königin.

Was für ein Auflauf?

Hofdame.

Es zerbricht ein Leuchter.

L. Dorothea.

Verzeiht mir, gnäd'ge Königin, ich erschrak,
Und sprang so schnell vom Spieltisch auf, denn plötzlich
Fiel glühend Wachs und drauf ein Licht der Krone
Auf Kleid und Hände mir, Herr Theodor
Hat oben dort den Leuchter angestoßen.

Hofmarschall zu Theodor.

Mein Herr, des Königs Majestät vermerkt
Mit einiger Ungnad' den Ungestüm,
Auch Eure übermäßig aufgethürmte
Der Etikett' entwachsene Frisur,
Ihr habt mit ihr, wie, das begreift man nicht,
Die schöne Krone von Kristall zerschlagen.
Sitzt nieder, denn ich habe hier das Maas
Eurer Frisur, wir drücken sie herunter,
Daß sie sich dem Gebote fügen lernt.

Theodor.

Es geht nicht, Herr Hofmarschall; pur unmöglich.

Hofmarschall.

Die leichtste Sache von der Welt, ich nehme
Die Hand und drücke Haar und Puder so —
Was, Satan! Ei! behüt' mich Sanct Antonius!
Herr Theodor, Ihr habt zwei große Hörner.

König.

Wie? Hörner?

Agrippina.

Weh mir! Weh!

Königin.

Mein armes Kind!
O Hülfe! Schnell! Sie fällt in Ohnmacht hin
Vor diesem grausen Anblick.

König.

Weh und weh!
Ha! Kammerdiener! Kammerfrauen! bringt
Die Unglücksel'ge in ihr Schlafgemach.

Ab mit den Uebrigen. Großes Getümmel.

Hofmarschall.

Was soll man denken? Als ich die Prinzessin
In meinen Armen fing, da riß mir was
Hier das Jabot von Kanten ganz in Stücke.
War's Schmuck? War's eine Nadel? Sonderbar!
Und unser Theodor? — Wo blieb er denn?

Limosin.

Als wenn der Kopf ihm brennte, lief er fort.
Bei alle dem ein wunderbarer Hof.

Olivarez.

Ich reise ab, mir widert alles hier.

alle gehn ab.

Vierte Scene.

Zimmer.

Herbert. Lady Herbert. Theodor in einem Armstuhl, mit herunterhängenden Haaren.

Herbert.

Nein, ärger stets und ärger wird der Schimpf,
Am Hof, im ganzen Land, im Volk bekannt,
Der Gassen Sprichwort, Bildchen ausgeboten
Mit seines Namens Unterschrift und Wappen,
Das alles, fühl' ich, giebt den letzten Stoß,
Das Hohngelach' ist nun mein Grabgeläut. —
Da sitzt die Mißgeburt, ganz unbekümmert,
Verwegen recht, als müßt' es nur so sein.

Theodor.

Das Schlimmste ist ja nun auch überstanden;
Ich hatte klug den Schaden erst versteckt,
Das war umsonst: nun weiß es denn die Welt;
Was ist es weiter? Das nur bleibt mein Vorsatz,
Vor Aepfeln hab' ich Abscheu, unaussprechlich,
Und keiner soll mir je die Zunge netzen. —
Doch ist ja Hoffnung von dem fremden Doktor —
Fällt das Gewächs erst ab, ist's nur wie Fabel.

L. Herbert.

Doch das wird nie, ach! das wird nie geschehn.

Theodor.

So läßt man's stehn, und einst nach meinem Tod
Kömmt's zum andern Geweih ins Jagdschloß 'naus.

Ein Diener kömmt.

Diener.

Da draußen ist ein Mensch, der mit Eu'r Gnaden
Gern sprechen möchte, der —

Theodor.

Nun, der? Was, der?

Diener.

Der ehemal'ge Dietrich, mit Verlaub,
Doch jezt ist er ein Narr und Hasenfuß.

Theodor.

Was geht's dich an?

Diener.

Ich denke nur, Hanswürste —
Es schickt sich nicht, daß sie ins Zimmer kommen.

Theodor.

Laß ihn herein, und ohne Handwerksneid!

Diener ab.

Herbert.

Und wieder neue Fratzen? Immerdar
Vertreibst du mich. Ich mag nichts sehn und hören.

geht ab.

Theodor.

Kurios! Nicht sprechen dürfen, wie ich mag,
Mit Narren nicht verkehren, Hörner nicht,
Einfälle haben nicht zu dürfen, nichts!
Als ging nicht alles nur auf meine Kosten.

Dietrich kömmt als Harlekin.

Theodor.

Was willst du, Mensch?

Dietrich.

Der Doktor schickt mich, mein neuer Herr; er hat nicht Zeit zu kommen, er dreht Pillen, und er läßt sagen, die Cur könnte auch ohne ihn verrichtet werden.

Theodor.

So? Mir kann's Recht sein. Nun, die Cur?

Dietrich.

Ich soll sie verrichten.

Theodor.

Du? So schnell bist du zum Doktor geworden?

Dietrich.

Ihr müßt mir aber versprechen, daß Ihr mich, wenn die Cur anschlägt, wieder in Eure Dienste nehmen wollt, sonst fange ich sie gar nicht an.

Theodor.

Das kann ich dir leicht versprechen, denn du Pinsel wirst doch nichts ausrichten können. Wie soll dir denn die Kunst so schnell gekommen sein? Der Habit kann's doch nicht allein thun.

Dietrich.

Dann sollt Ihr mir mein Geld herausgeben, das ich an Euch zu fordern habe.

Theodor.

Wenn's sein muß.

Dietrich.

So eßt denn diese vier Pillen, eine nach der andern, und Ihr seid so wohlgestalt, wie Ihr nur je gewesen seid.

Theodor.

Gieb. Eins, — noch ändert sich nichts, — zwei, — sacht, mir deucht, es fängt an zu wackeln, das Wesen, — drei — vier — seht, Frau Mutter, da fallen die verdammten Stuhlbeine herunter, als wenn sie nie meine leiblichen Glieder gewesen wären. Er klingelt, ein Diener kömmt. Da, nehmt das Zeug, schmeißt es gleich ins Feuer, daß kein Span übrig bleibt, und wer von dem dummen Wesen noch spricht, nur mukst, der hat es mit mir zu thun. Diener ab.

Dietrich.

Gottlob, nun bin ich doch wieder in Eurem Dienst!

Theodor.

Nein, Freund, sieh, die Sprossen sind zwar glatt vom Kopf herunter, das kömmt aber von des Doktors Medizin, dazu hast du nichts gethan. Das fehlte noch, daß die Leute von uns sagten: Das sind sie beide, die transformirten; wie der Herr, so der Knecht; sage mir, mit wem du umgehst; gleich und gleich; wie der Priester intonirt, so schließt der Küster; wie man in den Wald hineinschreit, und dergleichen verfluchte Sprichwörter mehr. Wenn ich einmal aus dem Lande gehe, oder verreise, dann könnt' es sich eher passen, bis dahin, mein guter Dietrich, muß ich mich deiner immer schämen. — Kommt, Frau Mutter, ich will mich dem Vater zeigen, nun wird er an meinem Kopf nichts mehr auszusetzen haben. sie gehn.

Dietrich.

Und ich bin so desperat, daß ich mich aufhängen möchte, wenn sich das für einen Harlekin irgend schickte.

geht ab.

Fünfte Scene.

Pallast.

König. Reymund.

König.

Und wird er kommen?

Reymund.

Er hat es versprochen, wollte sich aber nur ungern dazu verstehn.

König.

Welche Hoffnungen schöpft Ihr?

Reymund.

Mein König, der Mensch hat ganz das Wesen eines gemeinen Marktschreiers, indeß wohnt die Kunst oft in niedrigen Hütten und verschmäht den edlen Wohnsitz; sein äußeres Gebäude verräth keinen edlen Gast, aber freilich liebt die Weisheit zuweilen das Inkognito.

Dietrich draußen.

Ich muß hinein, ich bin an des Königs Majestät von meinem Herrn abgeschickt, und kein Mensch soll mich zurück halten.

König.

Was ist das für ein Geschrei?

Dietrich tritt herein.

Dietrich.

Da wär' ich, furchtbarster Herr König, die Leute draußen haben wenig Ceremoniel, daß sie unser eins nicht durchlassen wollen.

König.

Welche Erscheinung! Welche Tracht! Was willst du?

Dietrich.

Mein Herr, der Doktor ist draußen, und will vorgelassen werden.

König.

So geht ihm geschwind entgegen, mein Freund, laßt ihn schwören, dann unterrichtet ihn von dem Zustand der Krankheit, und führt ihn herein. Reymund geht ab. — Wie? Einen Narren hält dein Herr, wie die gemeinen Quacksalber?

Dietrich.

Ja, er will es nicht anders. Er sagt, so gehörte sichs, so brauchten die Doktoren nicht selbst die Narren zu spielen, und seine Einrichtung sei eine gute alte Sitte, da hat er mich dazu genommen, — und ich, — ach, du lieber Himmel — ich —

König.

Warum weinst du?

Dietrich.

Mir gehn immer die Augen über, daß ich soll den lustigen Patron vorstellen; ich war dazu nicht geboren, Majestät, mein Schicksal war ein besseres, da ich noch die Ehre hatte, Eu'r Majestät einen Becher vorzusetzen, als ich beim Herrn Andalosia in Diensten war. — Seitdem — weinend. ach! habe ich große und sonderbare Schicksale erlebt — ich war indeß — doch, davon hat mich mein jetziger Herr, der berühmte Doktor, kurirt, — nun muß ich mit Pritsche und Jacke drunten auf dem Markt Späße machen, indessen der große Laborant seine Medikamente präparirt — und, habe ich nicht genug

Leute herbei gelockt, lachen sie nicht brav und kaufen tüchtig, bin ich nicht witzig und spaßhaft gewesen, — o Majestät, so giebt es nachher gewichtige Schläge, — und, wie kann man wohl zu allen Zeiten schalkhaft und scherzhaft sein? — Und noch dazu, da mich immer eine Gänsehaut überläuft, so wie ich nur seine Nase gewahr werde.

König.

Du dauerst mich.

Dietrich.

Bedanke mich der hohen Ehre. — Mein einziger Trost ist, daß ich auch wohl bald das Kuriren von ihm weg haben werde.

König.

Du?

Dietrich.

Ja, es ist gar nicht schwer. Heut schickt er mich zu meinem vorigen Herrn, dem Herrn Theodor, der doch die großen Hörner hatte, ach! Ihre Majestät, es war ein respektabler Anblick — er saß damit in seinem Großvaterstuhl, als wenn er die ganze Welt regieren wollte — Nun gut! mein Herr Großnase hatte mir nur vier Pillen, wie die Brodkügelchen, mitgegeben, die verschluckte mein Bel zu Babel, da that's ihm einen Ruck im Gehirn, krack! und das Geweih rappelte herunter, so nett, als wenn einer im Kegelspiel alle neune wirft. Es scheint, wie es Fieber- und Gichtdoktoren giebt, so ist der ein rechter ausgelernter Horndoktor; er hat die Kunst wohl in Paris gelernt.

König.

Gewiß?

Dietrich.

Es fehlt ihm gar nicht; eins, zwei, drei schießen

sie herunter, daß es nur eine Lust ist: ich hab's an mir selbst erlebt.

Reymund tritt mit Andalosia ein.

Andalosia.

O Majesté, leg mir thänigst unter zu Dero Füß', daß die große Gnad' und Herablassung hab', sich unterdeß mit meine Narr' zu entretenir. — Du, Arlequin, geh indeß auf mein Theatre, amusir mein Publikum, und verkauf von die kostbare Essenz und Arcana, bis ich hinkomme.

Dietrich.

Majestät, da haben wir's! Wie ich gesagt habe.

geht ab.

König.

Euer Narr, Herr Doktor, hat, ohne es zu wollen, mir Trost eingesprochen, denn er erzählte mir, daß der sonderbare Fall, den Ihr jezt kennt, Euch schon vorgekommen ist, und daß Ihr sichre und schleunige Hülfe dagegen wißt.

Andalosia.

Wollen hoffe, erhabene Majesté, hoffe; die Sache, oder die maladie mit die cornes ist gar schiedlich unter, — so sein etlich, die sitzen locker, hänge nicht mit Gemüth und entrailles zusammen, andre sein versteckt, eingehakt tief tief im inner Mechanisme des Leibes und Seele, wachse auch wohl nach, wenn mit Flächlichobrigkeit kurirt werde, oder von Stümper, die meyn corne sei corne, — ja, votre serviteur, messieurs! da steckt die Knote, ist grosse Unterschied zwischen Horn von Büffel und Hirsch und Bock und Unicorne. Denn ich muß habe die Ehre, Majesté zu sagen, mein System ist nicht der System von meine Herren College, die spreche meist wie blinde Huhn von die Farbe. Ich weiß nicht, ob Majesté sich genug interessir für Système de la nature, um mein Doktrin zu folge, und mich nicht zu finde ennuyant.

Reymund.

Gewiß nicht, denn Seine Majestät ergötzt sich selbst an der Chemie und deren Geheimnissen, und laborirt fleißig mit mir.

Andalosia.

Ah! tant mieux, an die Gelehrte ist gut predige. Ich sage so: nix ist in die ganze Natur, was nicht entstünde aus die Moral; verstehn Sie mir: es ist alles eins mit die Moral, was wir gewöhnlich den Physique nennen. Kann ich an ein Mensch Fehler und Laster abgewöhne, schaffe ich ihm Krankheit aus dem Leibe, und wieder, kann ich sein Leib ein Gebrechen, ein Schaden wegkurire, wird auch der Seele ausgebessert. Par exemple, es war vor einige Jahre, als der Duc d'Orleans kriegte geschenkt aus der Niederland ein Monstrum, war ein sogenannt Meerwunder, ein wilde Mensch, in der See gefangen, hatte Schuppen am Leibe und auch espèce von Floßfeder, konnte natürlich nicht spreck, war brutal und ohne Manier. Ich weiß nicht, ob Sire schon Umgang und connoissance mit einem Meerwunder gehabt hat.

König.

Niemalen.

Andalosia.

Schade, c'est bien intéressant sich zu versetzen in der Seele von einem solchen Creatur. Gut also: Monseigneur le Duc d'Orleans erzeigt sie mir die

Gnade, zu sein von meine Freunde, läßt sie mich invitir zu sich, wie mein gut monstre mit seine Fischschuppe in die Stube auf und ab promenir. Ich sehe ihm an, fühle ihm an seine Puls; nu, der schlägt à la manière von die wüste See; seh an seine Blick, daß sich aus die Machine noch was machen läßt. Fragt mir der Erzog, ob sei der Bestie zu kurir, oder zu Menschen zu mache. Je reponds: Monseigneur, es sein nicht bloß der Sache, daß es dem Monsieur sauvage fehle an der education et Manières, die Hauptsache sein die Schuppe und Floßfeder, kriegen wir ihm die aus das Leib, kriege wir auch die Meergedanke aus seine Kop. Sire, was wollen ihr sagen? Ich nehme mein Meerwunder in die Lehr, purgir ihm, laß Ader, er muß Essenz und erweichende Mittel nehme, die alle gegen die See-education und, wie sag ich, Fischeität (vous comprenez!) arbeite, in sechs Wochen, le voila, ist er fertig, keine Schupp und keine Floßfeder an ihm zu sehn, und wenn mans wollt aufwiege mit Gold, wie ich ihm präsentir; er wird in eine andre Habit gethan, wird nun an ein Philosophe gegeben und maintenant, Sire, ist derselbe im Gefolg des Duc d'Orleans, als eine von seine Freund, spricht Politik, ist galant, nimmt Taback und macht Schulde, als wie ein homme comme il faut. Was sagen zu solcher Cur, Sire?

König.

Ich bin erstaunt.

Andalosia.

So, um auf mein vorigen propos zu kommen, will ich sagen, ist es immer eine ganz andre Sache, wovon solche Hornen herkömmlich sein, dann sie sein qualités der Seele, eine vis occulta, die in das Körperlichkeit seine Visite macht, weil sie zu stark überhand genommen, und Harmonie gestört hat. Majesté hat meine kleine Hanswurst gesehn, hatte sie gekriegt von Stehle und Schelmerei, war leicht kurirt, auch Monsieur Theodosius der Große hier vom Hofe, seine Horn waren vom Uebermaß von Grobheit und Mangel an education und galanterie, die saßen auch nicht fest; und wenn nun, wie ich hoffe, bei gnädiger Princesse auch aus kleine Unart erwachsen sind, wolle wir sie bald wieder herunter schaffe.

Margarethe kömmt.

Margarethe.

Die gnädige Prinzessin ist jezt wach, und bittet den Herrn Doktor herein zu kommen.

Andalosia.

Ist vielleicht die Kammerfrau von die gnädige princesse?

Reymund.

Ja, Herr Doktor.

Andalosia.

Ah, mon enfant, alte Person, komm du mal her! Liebst du deine princesse, bist du ihr fidèle und kannst thun was um ihr? —

Margarethe.

Ach, Herr Doktor, wenn ich sie mit meinem Leben, mit meinem Blute wieder herstellen könnte, es sollte mir nichts zu theuer sein.

Andalosia.

Bon, das trifft sich gut,. du kannst etwas Solides

zu ihre Beste ausrichten. Es ist vor alle Ding nothwendig, daß über die Horn (wie sag ich?) ein Futteral, ein Paar Strümpfe oder Hosen gezogen werde, die sie immer warm halte, um sie zu erweiche, das muß nu sein von eine Creatur, das viel um die Prinzeß gewesen, und das die Prinzeß liebt, sonst nuzt es nichts, bitte also ihre Majesté, sie wolle die gute Alte gleich laß' massakrir, um von ihre Fell die chaussure zu machen.

Margarethe.

Das fehlte noch, Herr Quacksalber! Seht doch! Mein Fell! Ihr mögt mir der rechte sein! Mein Fell! Nein, so ist es nicht gewettet, Herr Marktschreier.

Andalosia.

Also will sich nicht aufopfern für Freundin? Fi donc! Wie beschämt Euch Oreste et Pylade, Damon et Pythias, in der alt Fabel und Mythologie. Hat die Prinzeß keine Katz, oder Hund, oder so was, das sie viel um sich gehabt und geliebt?

Margarethe.

Den Affen, den Narciß müßten wir nehmen, den liebt sie am meisten.

Andalosia.

Bon, da ihr das gute Werk nicht thun wollt, so sei es denn die Aff, kommt beides auf eins hinaus. Laßt gleich die Sache machen, alte lieblos Person.

Margarethe.

Der Scharfrichter fehlte hier noch mit seinem Ebräischen Kauderwelsch. ab.

König.

Wollen wir meine Tochter besuchen?

Andalosia.

Steh zu Befehl: bin begierig, die Kranke zu sehn.

gehn ab.

Sechste Scene.

Zimmer.

Lady Herbert. Theodor.

L. Herbert.

Du bist gefühllos, Stein und ohne Herz,
Daß keine Thräne fließt des Vaters Tod,
Den Gram um dich mit in die Grube stieß.

Theodor.

Gebt Euch zur Ruh, Ihr habt ja mich noch, Mutter.
Seht nur, ich traure, was ich immer kann,
Nur heucheln mag ich nicht; wohl war er gut,
Der sel'ge Herr; doch wie's im Leben geht,
Auch voller Grillen, Vorurtheil und Launen,
Er meint es gut mit mir, doch hat er nicht
Mit der Moral, Hofmeistern, Besserwissen,
Und seinen feinen Sitten, halb zu Tode,
Wenn ich recht froh mich fühlte, mich gequält?
Das geht mit ihm nun auch zu Grabe, Mutter,
Denn das leid' ich von Euch auf keinen Fall.
Nun haben wir ja auch die Hochzeit vor uns,
Denn endlich wird die Lady Dorothea
Vernünftig, und erkennt, wie ich sie liebe;
Seht, so kommt Trost und Lust zu Leid, wie immer.

L. Herbert.

So wollen wir den Abgeschiedenen
Zur letzten Ruhestätte still geleiten. gehn ab.

Siebente Scene.

Zimmer der Prinzessin.

Agrippina, im Lehnsessel schlafend, Andalosia sitzt auf der andern Seite.

Andalosia.

Sie schläft. — Ob sie den Säckel bei sich hat?
Mein Auge irrt von allen Seiten um,
Vortheil erspähend; — ob die Thür ich schließe?
Dann mit Gewalt mein Eigenthum ihr nehme? —
Wie? Seh ich recht? Im Winkel dort den Hut,
Vergessen, nichts geachtet unter Tand?
Still! leisen, leisen Schrittes nah ich dir, —
Nun bist du wieder mein, du trauter Schatz,
Nun wird mir auch das Schwerste selbst gelingen,
Schon fühl' ich mich so leicht, so heiter, wie
Der Vogel, der durch blaue Lüfte schwimmt —
Ja schlummre nur, bald ist die Strafe da.

Agrippina.

Wie ist mir wohl! Ich hatte schöne Träume,
Genesen sah ich mich. — Viel Dank, Herr Doktor,
Mir ist nach Eurem Mittel schon viel besser.

Andalosia.

Erlauben Hoheit etwas nachzusehn, —
Schau, warlich, da ist schon die Horn viel weicher,

Bald nehm' sie ab, verschwinden peu à peu.
Mais, ma princesse, erlaub, gerad heraus
Zu spreck, wie Arzt und confesseur stets sollten:
Die Wurzel stecke tief, sehr tief hinunter,
Und schöne Dame muß (das kann ich merke)
In ihre kleine Herz viel Bosheit, Tücke,
Und Schadenfreude sitzen hab, hat wohl
An die Amants und Herrn schon manche Possen
Gespielt mit Muthwill, denn die Horn beweisen
Gar große, groß malice; comprenez vous?

Agrippina.

O helft mir, Liebster, nur von diesem Scheusal,
So will ich still und sanft auf immer werden;
Nur, liebster Doktor, endet schnell die Cur,
Und fordert dann zum Lohn, so viel Ihr wollt.

Andalosia.

Madam, das menschlich Herz ist närrisch Kauz,
Sind die Patient recht krank und miserabel,
Versprechen sie dem med'cin goldne Berge;
Sind sie gesund, — ist alle Wort vergessen,
Dann hat Natur geholfen, aus die Berge
Kriecht dann zum Lohn ein klein souris heraus.

Agrippina.

Mich sollst du anders kennen lernen, Freund,
Nur eile dich, daß ich gesund mich sehe.

Andalosia.

Ma belle princesse, es fehlt mir jezt am Besten,
Helas! Medikament sind ausgegangen,
Hab sie verbraucht für meine kleine Narr
Und Eure große Narr, Herr Theodor;

Dacht' nicht, daß hier in London epidemisch
Die seltne maladie geworden wäre.
Nun muß ich erst ein kleine Urlaub bitte
Auf fünf, sechs Monat, denk' ich, wenigstens,
Um in Tirol, Dalmatien, in Sizil,
Die Simpla aufzusuch, sie dann zu mische.

Agrippina.

Und hier im großen London wäre keine
Der großen Apotheken mit versehn?

Andalosia.

Ah oui, sans doute, mais sein fürchterlich theuer,
Sein ärger als die Juifs, et moi, bin arm,
Das sehn wohl Majesté, und brauchte doch,
In London hier Dukaten wohl drei tausend,
Die spar' ich, wenn ich selbst die Dinge such!

Agrippina.

Tritt her an diesen Tisch, ich zähl sie auf.

Andalosia.

So viel baar Geld hat Majesté bei sich?

Agrippina.

Sei unbekümmert, aus dem Säckel hier —

Andalosia,

setzt schnell den Wünschhut auf und umfaßt sie.

Nun schnell nach Irlands nackten Wüstenei'n!

Beide verschwinden.

Achte Scene.

Andalosia mit Agrippina schnell herein.

Agrippina.

Weh mir! zum zweitenmal so grausen Schreck!

Andalosia wirft die Verkleidung ab.

Erkennst du mich, Verruchte? Diesesmal
Wird nicht mein Leichtsinn, schwachgemuthe Rührung
Dich meiner Rach' und deiner Straf' entreißen.
Zuerst denn! zieht ein Messer.

Agrippina kniet.

Weh! O theurer, edler Mann!
O du Verehrter, Unbegreiflicher,
Nur meines Lebens, meiner Ehre schone.

Andalosia.

Ich bin kein Mörder, nur mein Eigenthum,
Um das ich viel erduldet, sei mir wieder.
er schneidet den Säckel ab.
Ich halte dich in meinen Händen! ja,
Die List gelang, die Feindin liegt im Staube,
Was sag' ich dir, du wandelbar Verstellte?
Nein, zittre nicht, du bist bei mir gesichert,
So ferne der Begier, als wenn in heil'ger
Klausur dich strenge Klostermauern hielten.
O steh, steh auf, mir ekelt diese Stellung;
Darf so die Königstochter sich erniedern?
Von Ehre sprachst du? O Ihr Unbescholtnen,
Hoffärthigen, von Hochmuth Aufgeschwellten,

Ihr brüstet Euch mit leerem Wort und Klang,
Sinnloses Schellenläuten Euer Prunk:
Ihr seht verschmähend auf die Armen hin,
Die, von der Kraft der Göttin überwältigt,
Im Arm des Liebsten aller Welt vergessen,
Und mit dem Theuersten ihn gern beglücken;
Ihr niedern Buhlerinnen schmäht und lästert,
Und solltet still demüthig hier verehren,
Daß Herzen ganz und voll sich dem ergeben,
Dem sie allmächtig Liebe unterwirft;
Ihr Ehrenvollen, Hochgestellten, Reinen,
Die Ihr noch schlimmer als die Sklavin seid,
Die öffentlich mit ihren Reizen wuchert,
Denn Ihr verkauft um schnöden Sold das Höchste,
Des Herzens Herzen, Wahrheit, Liebe, Treue,
Den Stolz, der nur den Menschen macht zum Menschen.
Was könnte dich gefährden? Jenes heil'ge
Jungfrauenthum des Herzens, jene Süße
Der Kinderunschuld, deiner Liebe Blüte,
Hast du für alle Ewigkeit dem Teufel,
Dem schmuzigsten des Geizes baar verkauft.
Drum blitzte falsche Liebe dieses Auge,
Die holden Pfänder, die die Seelen knüpfen
In Lieb' und Andacht, Schwur, Bekenntniß, Flehn,
Sie, alle gleich dem Heer verruchter Räuber,
Entsprangen aus dem Wahrsam schöner Lippen.
Ich Blöder, sah die Brandmal nicht und Ketten!
Ja deine Küsse blühten buhlerisch
Wie gift'ge Rosen mir, das Auge weinte
Die Lügen-Thränen, die dem Liebenden
Im Wonneschmerz den Himmel nieder ziehn. —
Und alle die Entheiligung — warum?

Um schnödes Gold! Nur darum wurden alle
Empfindungen der Seligkeit verrathen,
Elysium zur schmuz'gen Winkelgasse,
Die Götter all' in Kuppler umgemarktet.
Dann wurde dem Bethörten Hohn und Lachen
Auf seinem armen Wege nachgesandt;
Indessen ich, verschmäht, betrogen, abseits
Zur Armuth mich, zur Reue wenden mußte,
Und gern noch Glück und Leben opferte,
(Auch wenn mich dein Besitz niemals beglückt)
Daß Wort und Blick nur nicht betrogen hätten,
Das als das Bitterste im Schmerz empfindend,
Daß ich geliebt, wo ich verachten mußte.
Wo willst du Worte finden, wo die Lüge,
(Die fernste taugt dir nicht) dies abzuläugnen?

Agrippina.

Noch einmal werf' ich mich vor dir zur Erde,
Nur flehen kann ich, nimmer mich entschuld'gen.
Dein ist das Recht, du hast mich so besiegt,
Daß mir die Kraft zum Leben selbst ermangelt,
So sticht mir jedes Wort ins Herz ein Messer.
Was mein Gewissen dunkel mir und leise
Oft zugeflüstert, ach, die bittre Reue,
Die ich betäubte, hast du nun erweckt,
Daß ihre Stimme laut und lauter mahnt,
Und mich ihr grauser Donnerton betäubt.
Ach, Andalosia, nicht fleh' ich dir
Um meinethalb, weil ich die Königstochter,
Daß du mich achten möchtest, ehren, schonen,
Nein, bei dir selbst, bei dem Gefühl im Busen,
Das einst geliebt die tief Unwürdige,
Bei deinem eignen Werth beschwör' ich dich,

Entweihe nicht das Herz, das mir geschlagen,
Wirf mich nicht hart der öden Wildniß zu,
Dem Wahnsinn, Thieren, noch der Krankheit Graun!
Nein, du erbarmst dich, denn du bist es noch,
Deß Auge Lieb' und Sehnsucht auf mich blickte.

Andalosia.

Elende, woran mahnst du mich? Dies Wort,
Es könnte wetzen meine Grausamkeit.
Doch nein, dir sei Verzeihung, doch auch Strafe,
Du sollst jezt nicht zurück zu deinen Eltern —

Agrippina.

Ich will es nicht, ich mag den Hof, die Stadt
Nicht wieder sehn, so lang' ich mir ein Scheusal,
Den Feinden Hohn, dem Volk Gelächter bin.

Andalosia.

Ja, dies Gefühl sei jezt noch deine Quaal,
Doch werd' ich deiner nicht vergessen, werde
Den Zauber dann dir lösen, wie ich kann.
Schau dort hinab, in jener Felsenbucht
Liegt einsam und versteckt ein armes Kloster
Von frommen Nonnen, allem abgeschieden
Sehn sie nicht Stadt, noch Dorf, noch Menschen je,
Denn keine Straße führt durch diese Schluchten,
Nur gegen über sich und fern erhaben
Auf dürren Klippen zwischen dunklem Wald
Des heiligen Patrizius Fegefeuer;
Hier sollst du büßen und bereuend wohnen,
Daß deine beßre Seele auferwache;
Dann führ' ich dich nach ein'ger Zeit zurück,
Und du wirst mir des Geistes Heilung danken.

Agrippina.

Ich danke dir schon jezt, wohlthät'ger Freund,
Daß Böses du mit Gutem willst vergelten.
Hier, fern von Menschen, lern' ich bald mich finden.

Andalosia.

So folge mir, das Kloster ist nicht weit.

sie gehn ab.

Neunte Scene.

Kloster. Sprachzimmer.

Aebtissin, Nonnen.

Aebtissin.

Ja, meine Kinder, immer dringender
Wird unsre Noth, und Hülfe seh ich nicht,
Wenn sie der Herr uns nicht in Gnaden sendet:
Des Landes Theurung und des Jahres Mißwachs,
Der Brand, der unsre Speicher aufgezehrt
Und schnell vernichtete den schmalen Vorrath;
Kein Reisender, der hieher Opfer brächte;
Die Felsen trennen uns von aller Welt,
Die wüste Einsamkeit verscheucht die Menschen;
Der Bischof ist, Ihr wißt es, selbst bedrängt: —
So weiß ich denn nicht Hülfe, Rath, noch Rettung.

Die Pförtnerin tritt herein.

Pförtnerin.

Ein fremder Herr will Euer Gnaden sprechen.

Aebtissin.

Entfernt Euch, meine Kinder. — Laß ihn ein.

Die Nonnen gehen ab, Andalosia kömmt.

Andalosia.

Hochwürd'ge Frau, verzeiht dem Weltlichen,
Der's wagt, die fromme Einsamkeit zu stören,
Im Namen einer Armen tret' ich ein,
Die Euren Trost begehrt und eine Zelle,
Um abgeschieden sich und Gott zu leben.

Aebtissin.

Mein edler Herr, Ihr seht ein armes Kloster,
Das Mißwachs, Unglück, Brand, noch ärmer machten;
Wir, selbst der Wohlthat dürftig, können nicht,
Wie unser Herz gebeut, Almosen spenden.

Andalosia.

Reich ist die Jungfrau und von edlem Stamm,
Sie schätzt es Glück genug, in Eurem Schutz
Nur Monden hier zu sein, und da sie schon
Die Kunde Eurer Leiden hat vernommen,
So sendet sie Euch hier Goldstück' Eintausend.

Aebtissin.

Die Hülfe kommt uns wie vom Himmel selbst.
Doch wird das zarte Bild die Einsamkeit
In früher Jugend auch ertragen können?

Andalosia.

Sie sucht die fern' und abgeschiedne Ruhe,
Denn wie sie auch mit Schönheit ist geschmückt,
Entstellen doch zwei Hörner wunderbar
Die edle Stirne, so daß sie sich scheut
Den Menschen zu begegnen, darum fleht sie,
Daß sie verschweigen darf der Eltern Namen,

Verhüllt gehn, daß ihr Niemand lästig falle,
Wenn sie nicht selbst entgegen geht den Schwestern,
Im Kloster und der Kirche, wie im Garten.

Aebtissin.

Sehr gern ist alles ihr von mir gewährt.

Andalosia.

So tretet ein, verehrte Agrippina.

Agrippina kömmt.

Aebtissin.

Wohlthäterin des Hauses, seid willkommen,
Naht freundlich uns, sucht Euch die Zelle selbst,
Die Ihr bewohnen wollt, befehlt, wie alles
Gehalten werde, daß Ihr gern hier weilt.

Agrippina.

Ich hoffe, Trost soll mir die Stille geben. —
Nicht ganz, mein Freund, vergeßt mich in der Ferne.

Andalosia.

Ich denke Eurer, so gehabt Euch wohl. geht ab.

Aebtissin.

Faßt nun Vertrauen, vielgeliebte Tochter,
Zu mir bejahrten Frau, die Euch so freundlich
Empfangen möchte wie ein holdes Kind.
Hinein geht und erfrischt Euch von der Reise,
Dann ruht am hellsten Ort, am freundlichsten,
Deß wir uns nur in unsern Mauern freun.

Agrippina.

Vielleicht kann ich an Eurem Busen weinen!

sie gehn ab.

Zehnte Scene.

Cypern. Zimmer.

Daniel, Benjamin.

Daniel.

Unbegreiflich und wundervoll! Nun ist der Herr Andalosia schon zum zweitenmale so plötzlich da, als wenn er vom Monde herunter gefallen wäre; kein Mensch denkt an ihn, und er steht mitten unter uns. Hast du denn gar nichts hören können, junger Mensch?

Benjamin.

Er hat sich gleich mit seinem Bruder Ampedo eingeschlossen und eingeriegelt. — Da kommen sie.

Ampedo und Andalosia kommen.

Andalosia.

Nun richtet gleich die Tafel prächtig zu,
Den besten Wein! Sucht aus der Garderobe
Für mich die reichsten Kleider! Wo es fehlt,
Da kauft, — nur schnell! — ich will sogleich nach Tisch,
Wie er uns einlud, hin zum jungen König.

die Diener ab.

Ja, Bruder, nun soll erst die Lust beginnen,
Nun ich mit vielen Schmerzen Klugheit lernte.
So nimm nun, Bester, beide Kleinod' hin,
Sie kommen dir jezt zu nach langer Zeit,
Behalte sie, so lang' du irgend magst,
Fürs erste bleib' ich hier im Vaterland.

Ampedo.

Nein, Bruder, alles, was du mir erzählt,

Die Noth, die Angst, die mancherlei Gefahren,
Die du und auch mein Vater habt erduldet
Um diesen Säckel, macht ihn mir zum Graun;
Ergötze dich mit ihm, so viel du magst,
Ich will ihn nie in meine Hände nehmen:
Auch hab' ich eingesehn, daß ich des Golds
Niemals bei unserm Schatz ermangeln kann,
Drum schien's mir klug gethan, dem Könige
Das große Darlehn willig hinzugeben.

Andalosia.

Sehr weislich.

Ampedo.

Ja, er ist seitdem so freundlich,
Wie nur sein Vorfahr gegen unsern Vater;
Schutz gilt oft mehr als volle Beutel Goldes.

Andalosia.

Mein Bruder hat an Weisheit zugenommen.

Ampedo.

Die Langeweile; darum bin ich froh
Den lieben Hut nun wieder hier zu haben,
Um meinen alten Spaß mit ihm zu treiben.

Andalosia.

Was macht denn unser Oheim, Limosin?

Ampedo.

Weißt du das nicht? Der ist nach England hin,
Um die Prinzeß zu frein für unsern König.

Andalosia.

Ei! So? Da kommt mir ein Gedanke. — Bruder —
Doch das hat noch ein Weilchen Zeit — Du leihst

Mir doch gewiß den Hut zum zweitenmal
Zu guter Absicht.

Ampedo.

Ja, wenn ich dir traute.

Andalosia.

Nicht jezt, nicht bald, vielleicht —

Ampedo.

Jezt laß uns essen,
Und aller Noth und Plane ganz vergessen.

gehn ab.

Fünfter Akt.

Erste Scene.

Pallast.

König von Cypern, Ampedo, Andalosia.

König.

Wie dank' ich Eure Freundschaft Euch, Ihr Edlen!
Ich habe nichts, das Euch belohnen könnte,
Will ich mit Euch mich messen, bin ich arm.
Du, Andalosia, hast seit sieben Monden
Gestrebt für mich, und sich, die schönste Braut,
Sie tritt nun heut auf dies beglückte Ufer.
Ihr theilt mir Euren Schatz, wie einem Bruder,
Daß ich die Schuld vom Vater mir vererbt,
Dem Spend' und Wohlthun Strafe ward und Plage,
Nun tilgen, meinen Freunden nützen kann,
Daß ich mit Pracht, wie es dem Kön'ge ziemt,
Der holden Fürstin heut entgegen gehe.

Andalosia.

Wie fühl' ich mich beglückt, wenn Ihr, mein König,
Mich würdigt, mich als Freund zu Euch zu heben.

König.

Verweile, Andalosia, denn ich gehe
Mich umzukleiden, um mit dir und andern
Der Edelsten der holden Fremdlingin
Entgegen bis zum Ankerplatz zu reiten. ab.

Andalosia.

Du willst uns nicht begleiten, Ampedo?

Ampedo.

Nein, Bruder, ich verweil' im stillen Hause;
Dies Lärmen, dieser Auflauf, Schrein des Volks,
Das Tummeln dieser Reiter, dieses Drängen,
Wo jeder eilt, die Eitelkeit zu zeigen,
Ist nicht für mich und macht mich nur betrübt.
Dann drängt sich mir des Lebens Nichtigkeit
So recht ins innre Herz, wenn ich dies Jauchzen,
Den Krampf der Freude seh der trunknen Menge,
Die niemals um sich weiß, und dies bedarf,
Des Lebens trüben Sumpf in Fluß zu bringen.

Andalosia.

Ich kenne dich nicht mehr, du bist verwandelt,
Und deine Weisheit wird Melankolie.

Ampedo.

Laß auch von diesem eitlen Prahlen, Bruder,
Warum willst du durch Pracht und frevlen Aufwand,
Thöricht Verschwenden, der gemeinen Seelen
Ergrimmten bösen Neid auf dich erregen?
Ob's gut gethan, daß du die Fürstin auch,
Die du gekränkt, was sie wohl nie vergißt,
Als Königin hieher bringst, steht zu zweifeln;
Zwar hast du sie geheilt, hast sie durch Zauber
Dem väterlichen Hof zurück gebracht,
Hast ihre Neigung dann zu unserm König,
Des königlichen Herrn zu ihr geweckt,
Du schenktest ihrem Stolz die Königskrone,
Ihm wendest du die reiche Mitgift zu;
Allein —

Andalosia.

Sei ohne Sorgen, liebster Freund,
Ihr Unglück und die lange Einsamkeit
Hat sie verwandelt ganz, sie fühlt durch Dank
Und Freundschaft mir auf immer sich verbunden.
Mit Thränen schwur am heiligen Altar
Sie feierlich, mir alles zu vergessen,
Auch nie ein Wort von diesem Zaubersäckel
Den Lippen unbedacht entfliehn zu lassen;
Wir sind gesichert, glücklicher als je.

Ampedo.

Es sei, doch weiß ich nicht, welch bange Furcht,
Welch trübes Ahnden meiner sich bemeistert;
Ich zittre jedem Laut, weiß nicht warum,
Und eben dies macht mich nur ängstlicher.

Der König kömmt angekleidet zurück.

König.

Jezt kommt, mein liebster Freund, so Arm in Arm
Laßt uns der schönen Braut entgegen eilen. —
Ihr geht nicht mit uns, wie ich höre, Freund?

Ampedo.

Ich wünsche meinem König alles Glück,
Doch paßt nicht mein Humor in dies Getümmel.

König.

Auf Wiedersehn also bei unserm Fest.

ab mit Andalosia.

Ampedo.

Wo ich viel wen'ger noch erscheinen werde. —
Ich muß den Doktor fragen, was mir fehlt,

Denn so ist mir im Leben nicht gewesen;
Es ist doch pur unmöglich, daß der Aufwand
Von Kleidern, Schmuck, das Silber-, Goldgeschirr,
Die blankgezäumten Pferde, all die Pracht,
Die aufgeputzten Tafeln, das Turniren
Und Stechen, und die kostbarlichen Preise,
Daß alles dies nur Albernheiten wären,
Das Leben selber nur ein schaaler Traum:
Nein, unser Doktor soll mir was verschreiben,
Daß anders wieder mir die Welt erscheine. geht ab.

Zweite Scene.

Marktplatz.

Volk, von allen Ständen und Altern, Diener um Weinfässer, die allen zu trinken geben, aufgehäufte Speisen, alles im Jubel.

1. Mann.

Habt Ihr sie wegreiten sehn, die Herren? Unsern gnädigsten König, und den jungen, lieben, freigebigen, prächtigen Andalosia?

2. Mann.

Ja wohl, das war ein Zug! Die Pferde, die Decken, die Kleider, die Diener! Man kann durch die Welt reisen, und sieht so was nicht wieder.

3. Mann.

Unser König kömmt doch nicht gegen den Andalosia, der ist doch die wahre ausgefütterte gediegene Pracht, selber nach Fleischergewicht, und ohne alle Beilage.

2. Mann.

Was der wieder schwatzt! Sein Bruder, der Duckmäuser Ampedo, der ist wie seine Beilage anzusehn.

1. Mann.

Auf den lass' ich nichts kommen; das ist ein guter, lieber, stiller Herr, der kein Wasser trübt und kein Kind beleidigt. Auch wohlthätig gegen die Armen.

2. Mann.

Hat sich was von Wohlthat: führt nicht der alte Spitzbube, der Daniel, Casse und Rechnung; der möchte lieber noch von den Armen nehmen, als ihnen geben.

Vierter.

Scheltet mir den Daniel nicht; es ist wahr, er ist ein Halunke, aber er sieht bei Gelegenheit doch auch durch die Finger.

Zweiter.

Gelt, bei deinen Lieferungen? Du nimmst die Hälfte zu viel, der Herr muß das vierfache bezahlen, und du quittirst nachher alles in allem.

Vierter.

Wenn ich nicht mehr bedächte, — es ist nur, daß es heut einen Festtag vorstellen soll, — und es schickte sich nicht, wenn die neue Königin so in unsre Prügelei hinein ritte —

Erster.

Narren allzusammen, seid ruhig und vergnügt darüber, daß wir so reiche Herren in unsrer Stadt haben, die brav aufgehn lassen und die Rechnungen des Bürgers nicht so genau durchsehn. Seht, da kommt der liebe Herr Ampedo aus dem Pallast.

Ampedo tritt auf.

Viele laut rufend.

Es lebe der Herr Ampedo! Hoch!

Andre.

Und der Herr Andalosia!

Ampedo.

Was giebt's? Was soll denn dies Geschrei, Ihr Freunde?

Dritter.

O gnäd'ger Herr, soll sich das Volk nicht freun?
Hat Euer theurer goldener Herr Bruder
Der Stadtgemeinde nicht ein ganzes Schiff
Von Malvasier und andern edlen Weinen
Geschenkt? Daß nun die lieben durst'gen Seelen
Das kostbare Gewächs wie Wasser saufen?
Sind drüber nicht schon jezt am frühen Tage
Betrunken viele, daß sie dort die Sonne
Für Vollmond halten? Speist er nicht mit Kuchen,
Geflügel und Confect, Trüffelpasteten,
Hier den gemeinsten wie den reichsten Bürger?

Ampedo.

O ja, ich weiß, mein Bruder ist ein Narr.

Ein Betrunkener taumelt heran.

Betrunkener.

Narr? Andalosia? Gotts Sakrament
Den hau' ich ja — ja so, Ihr seid's, Herr Ampel,
Das ist Eu'r Glück, sonst solltet Ihr mal sehn,
Wie Euch der Kopf in Scherben sollte fliegen.

Zweiter.

Hat er nicht alle Armuth heut gekleidet,

Und reich beschenkt, damit die Königin
Nur Freude säh' in unsrer ganzen Stadt?
Hat er nicht auf dem Weg, den sie soll reiten,
Auf mehr als tausend Schritt die Purpurdecken
Von Sammt gebreitet, die er dann dem Volk
Preis geben will? Habt Ihr die Bühnen nicht
Gesehn, die Gold und Seide glänzen, wo
Turnir und Stechen wird gehalten werden,
Umhängt mit Silberzindel?

Alle.

Darum hoch!
Herr Andalosia hoch und Ampedo!

Ampedo.

Nicht wahr, wenn Ihr Euch an mich machen dürftet,
Die Kehle ab mir schneiden und Euch dann
In alle meine Kostbarkeiten theilen,
Ihr würdet froher noch und lauter brüllen?

2. Betrunkener.

Ja, hol mich, Herr, da sprecht Ihr reine Wahrheit.
Ei, Satan! woher habt Ihr diesen schönen
Und ausgeschält ausbündigen Gedanken?

1. Betrunkener.

Wofür sieht uns Herr Ampedo denn an?
Für Meuchelmörder? Wie darf er uns denn
Die Reden bieten? — Warum räsonniren
Auf unsern Andalosia? Der mehr
Als Cäsar ist und Alexander magnus?
Was schimpft er denn auf unsern Ampedo?
Was geht's ihn an, daß der ein Gimpel ist?
Herr, ins drei Teufels Namen, er muß wissen —

Ampedo.

Ich gehe schon, mein guter edler Freund. geht ab.

1. Bürger.

Das säuft sich um Verstand und Aug' und Ohr.

Trompeter.

Alle.

Sie kommen! ha! sie kommen! laßt uns gehn!
Bis vor das Thor zum mindesten entgegen!
Das klingt ins Herz! Und horch! die Glocken läuten!

1. Mann.

Nun, Brüder, Freunde, haltet Euch gerade.
Respekt nun vor der hohen Herrschaft! Hört,
Um Gottes willen torkelt nicht! Hübsch ehrbar!
Betragt Euch edel, menschlich, nicht wie Säue,
Sonst leidet die Reputation der Stadt.

Volk.

Entgegen! Hoch! Die Kön'gin lebe! Hoch!

Alle mit Jauchzen und Getümmel ab.

Dritte Scene.

Zimmer.

Daniel allein.

Daniel.

Nun hab' ich einmal das Regiment allein, die Diener sind fort, Herr Ampedo ist im Walde, ich will heute mein Geld abzählen. Was will denn zu mir? Herein, nur herein; das kann die Thür nicht finden, es muß fremd sein.

Dietrich kömmt.

Daniel.

Dietrich! Sehn dich meine Augen einmal wieder? Herzenskind, es ist ja eine Ewigkeit, daß ich nichts von dir gehört habe.

Dietrich.

O lieber, lieber alter Vater —

Daniel.

Verschnaufe dich, Junge, sammle dich: — sieh, das kann ordentlich weinen, das hab' ich nie möglich machen können. Dietrich, die Thränen sollen dir baares Geld eintragen, denn so gerührt, wie jezt, bin ich in meinem Leben nicht gewesen.

Dietrich.

Ach, lieber Vater, man bleibt doch am Ende ein Mensch, wenn man auch ganz unmenschliche Schicksale erlebt hat.

Daniel.

Setz dich. Da, trink. Hast du viel erlebt? Mit wem kommst du?

Dietrich.

Mit einem Grafen Theodor; der bringt die Königin her.

Daniel.

Bleib jezt hier im Hause, es ist für alle Fälle besser. — Nun erzähle.

Dietrich.

Von meinem Herrn Andalosia ging ich weg, als er alles durchgebracht hatte.

Daniel.

Das weiß ich von ihm selbst.

Dietrich.

Ich kam zu dem Grafen Theodor, der mir schon lange gut war. Aber es war nicht so, wie ich gehofft hatte, der Herr war geizig, sah selbst nach allem, und mein Bischen, was ich mir erspart hatte, mußte ich ihm auch geben, es mir aufzuheben, wie er sagte. Ich soll's noch wieder kriegen.

Daniel.

Dummkopf! War's viel?

Dietrich.

Doch an zweitausend Goldstücke, die nach unserm Gelde mehr als viertausend Dukaten machen.

Daniel.

Teufel! Und der saubre Graf ist jezt hier?

Dietrich.

Als Gesandter; jezt könnt' er bezahlen, denn sein Vater ist gestorben, und er hat eine reiche Frau geheirathet.

Daniel.

Wart, hinter den will ich mich machen, ich versteh's; mit Winseln und Grobheit; mich einem seiner Freunde entdecken und laut heulen, ihn in Gesellschaften mahnen und so weiter. Es soll schon gehn. Nun?

Dietrich.

Ach, nun muß ich weinen, — seht, ich verliebte mich, und meine Geliebte war meine Braut, konnte mich aber nicht ausstehen, also, natürlich wie wir uns auch einmal stritten, faßt sie mich beim Kopfe und zwei starke lange Hörner schießen mir aus der Stirne vor.

Daniel.

Was?

Dietrich.

Wie Ihr mir geweissagt hattet, daß es so in unsrer Familie läge, nur daß sie bei mir doch wirklich hervorkamen.

Daniel.

Narr, vor der Hochzeit?

Dietrich.

Natürlich, sie wollte mich ja nicht haben. Wie ich nun böse wurde, und in die Thür gerieth, mußte mich ihr Liebhaber lossägen, ich schlief ein und wurde geknebelt, bei Nacht und Nebel fortgeschafft — ach! ach! — und nun zeigten sie mich für Geld in Flecken und Dörfern, und endlich auch in London selbst.

Daniel.

Wer denn?

Dietrich.

Denkt nur, wie fürchterlich; meine Braut und ihr Liebster. Ich passirte nämlich für eine Waldgottheit von der griechischen Kirche. Zum Glück kam ein Mensch mit einer langen Nase, der gab mir Pillen ein, und die Hörner fielen ab.

Daniel.

Dietrich! Dietrich! Daß du draußen in der Welt ein Windbeutel geworden bist, dagegen hätt' ich nicht so viel, aber daß du deinem eigenen Vater den Hals so voll lügst, und gleich in der ersten Rührung, das ist sündlich.

Dietrich.

Fragt doch den Grafen Theodor, wenn Ihr mir nicht

glauben wollt, der hat mich so gesehn und viele Millionen Menschen, — und da, hier sind ja die nämlichen Hörner noch, die ich zum ewigen Angedenken für Kind und Kindeskind aufheben will.

Daniel.

Zeig. Das wären also zwei Stücke von meinem leiblichen Sohn, Bein von seinem Bein gewesen?

Dietrich.

Nach meiner Cur wollte mich Graf Theodor nicht wieder in Dienste nehmen, weil er sich meiner schämte, er hatte aber selbst Hörner, troß dem Besten, bis ich ihn davon kurirte: nun hatt' ich keinen Groschen, denn noch andre tausend Goldstücke, die ich versteckt hielt, waren mir von meiner Braut gestohlen; nun nahm mich der rothe Doktor zu sich, ich mußte aber Hanswurst werden.

Daniel.

Sohn, was erleb' ich an dir?

Dietrich.

Vater, das war ein Dienst, daß ich gern wieder Waldteufel geworden wäre. Fasten und Schläge, und wieder Schläge und Fasten, dabei Narrenpossen machen und springen und Gesichter schneiden, und witzig sein; und daß ich meinen Herrn kurirte und mit Königen umging, machte die Sache um nichts besser. Mit einem male war der Rothnasige weg, als wenn er gen Himmel gefahren wäre; nun war ich kein Hanswurst mehr, sondern ein Bettler. Endlich erbarmte sich Herr Theodor, und hat mich für die Kost und ohne Lohn mit auf die Reise genommen, und nun bin ich hier.

Daniel.

Deine Erzählung ist zwar etwas konfuse, aber ich sehe doch, daß sich die Welt seit meiner Jugend sehr muß verändert haben, denn so was war damals nicht möglich. — Nein, Sohn, dagegen hab' ich einen andern Lebenswandel geführt. Was wirst du sagen? Ich habe in meinen alten Tagen noch wieder geheirathet; aber auch welche Frau! Eine Fremde, die mir ein fünf tausend Dukaten zugebracht hat; doch ist das nur das Wenigste. Sohn, ich dachte, ich könnte zusammen raffen, ersparen, erkneifen, mit Rechnungen umgehn, den Herrschaften was vormachen, — aber ein unschuldiges dummes Kind war ich, und habe von neuem in die Lehre gehn müssen. — Frau! Komm doch heraus, mein lieber, mein einziger Sohn ist angekommen.

Bertha tritt herein, sie und Dietrich fahren vor einander zurück.

Bertha.

Welches Schicksal!

Dietrich.

Es ist die Möglichkeit!

Daniel.

Nun? Was soll das? Sohn, umarme die Stiefmutter; Frau, sei zärtlich wie gegen einen Sohn.

Dietrich.

Papa — Vater — Alter, — das ist ja dieselbe, meine vorige Geliebte, — die mich für Geld hat sehn lassen, — davon hat sie ja das viele Geld; es ist Blutgeld, Papa, aus meiner Seele heraus gepreßt.

Daniel.

Also ist die ganze Geschichte doch wahr?

Bertha.

Verzeihung, lieber Alter, ich wurde dazu von meinem vorigen Manne verführt; vergieb mir, lieber Sohn; der böse Mensch ist dafür auch auf der See gestorben.

Daniel.

Vertragt Euch, umarmt Euch, alles vergeben und vergessen, im Grunde ist doch auch nichts Böses dabei; was ich habe, Dietrich, erbst du ja doch einmal alles. Sorgt nur, daß die dumme Geschichte nicht unter die Leute kommt, damit sie uns nicht auslachen.

Bertha.

Ja, mein guter Dietrich, ich will immer eine liebevolle Mutter gegen dich sein.

Dietrich.

Und ich ein folgsamer Sohn. Seht, es ist im Grunde so besser, Frau Mutter, denn nun bin ich sicher vor Euch, da Ihr einmal Inklinationen habt, die dem Manne Schaden bringen. Vater, Ihr seid, glaub ich, zu alt, bei Euch wächst wohl nichts mehr?

Daniel.

Deine Mutter ist jezt die Tugend selbst, und ich kann sicher sein.

Bertha.

Du wirst mich kennen und ehren lernen.

Benjamin kömmt herein.

Benjamin.

O Herr Daniel, was habt Ihr versäumt! Das war ein Aufzug! Und nun das Stechen und Turniren, und die Preise, und die Ritter, und das Jubeln des Volks —

Daniel.

Nun, nun, — da ist mein Sohn von seinen Reisen wieder gekommen —

Benjamin.

Gehorsamer Diener. — Und, Frau, die Damen hättet Ihr sehn sollen, und wie Herr Andalosia um alle her ist; und dann ist da ein englischer Graf, er stottert, der hat den höchsten Preis gewonnen, aber sie sagten alle, es wäre nur eine Artigkeit des Königs gegen die Königin und die Engländer, Herr Andalosia hätte den Preis erhalten sollen, der verdiente ihn, und das Volk brachte ihm ein Vivat, und der andre Herr fing an Reden herauszuwürgen, und da lachten alle. O das hättet Ihr sehn sollen, und die Pracht, und die Pferde —

Daniel.

Fang nur nicht wieder von vorn an. Wir müssen nun Dietrichs wegen eine andre Wirthschaft machen. Frau, richte alles mit Benjamin ein, ich komme gleich mit Dietrich nach, ich will erst nur mit ihm in Geschäften zum Herrn Theodor gehn.

Bertha.

Komm, Benjamin, hurtig. Adieu indessen, Dietrich.

geht mit Benjamin ab.

Dietrich.

Vater, nehmt Euch vor Benjamin in Acht, wegen der Familien-Krankheit.

Daniel.

Mein Benjamin sollte so an mir handeln? Meine liebe Frau? Nein, Sohn, mach dir keine unnütze Grillen. gehn ab.

Vierte Scene.

Garten.

Der König, Agrippina, Andalosia.

König.

Wie freu' ich mich, daß Ihr dem Sinn gebietet,
Und nicht allein dem Blut und Zorn vergönnt
Das Wort zu führen: edel nenn' ich den,
Der auch im Recht den Eifer zügeln kann,
Noch edler den, der um der Freunde Willen
Sich seines Rechtes selbst entäußern mag,
Er hat den Gegner und auch sich besiegt.

Andalosia.

Mein hoher Herr, Ihr rechnet viel zu hoch
Den leichten Sinn, der gern dem Mann verzeiht,
Der immer nur der Leidenschaft gehorcht;
Glaubt mir, er weiß nur selten, was er spricht,
Er findet nie das Wort, das er bedarf,
So muß er nehmen, was sich im Gedränge
Zuerst der ungelenken Zunge bietet:
Auch hat er kein so rohes Wort gesprochen,
Das nicht der Edelmann vergessen dürfte.

Agrippina.

Das Volk war Zeuge, Andalosia,
Daß Ihr den ersten Preis und Dank verdientet;
Man zweifelt nicht, wer von der edlen Jugend
Der beste Ritter sei in jeder Uebung,
Daß dies durch lauten allgemeinen Zuruf,
Daß Euch der Vorzug von den Damen all,

Ja selbst von seiner Gattin Dorothea
Einstimmig ward erkannt; das war es, was
Sein ungebändigt Herz nicht tragen konnte,
Denn eitel ist er, wie die Häßlichen.

Andalosia.

Holdsel'ge Fürstin, wie mein Alter wächst,
(Wenn meiner Jugend Ihr dies Wort vergönnt)
Erscheinen mir der Ritterspiele Kunst,
Der Rosse Tummeln, Ring- und Lanzenstechen,
Die Uebungen, die sonst wohl alle Stunden,
Und ganz den jungen Sinn gefangen nahmen,
Geringer; giebt es Augenblicke doch,
Wo ich mich still verwundre, wie mein Leben
Sich widmen konnte diesem leichten Tand;
Die trübe Stimmung zwar verschwindet mir
Schnell, wie sie kam, im fröhlichen Getümmel,
Doch kehrt sie wieder, weilet gastlich länger;
Und bald hat wohl des Ernstes dunkle Wolke
Mein Innres, still anwachsend, überschattet.
Drum gönn' ich ihm den Ruhm: geschah es nicht,
Euch, theure Fürstin, wie die Sitte heischt,
Mit Lanzenkampf und Spielen zu begrüßen,
Trat ich ihm nie als Nebenbuhl entgegen.

König.

Ich suche nochmals Euren Gegner auf,
Und führ' ihn her, daß er sich Euch versöhne.
Kein Groll soll dieser schönen Tage Glanz
Und dieser Feste Heiterkeit mir trüben,
Will nicht der rohe eigensinnige Mann
Vernehmen, was Vernunft und Sitte sprechen,

So soll er fühlen, daß ich König bin,
Und Ihr mein Freund, der nächste meinem Herzen.

geht ab.

Agrippina.

Ihr schlagt die Augen nieder, edler Ritter,
Oft trifft mein Blick in Euren Blick des Mißtrauns,
Ihr meidet meine Gegenwart, warum?

Andalosia.

Muß ich vor Euch nicht mit Beschämung stehn,
Mir stets bewußt, wie tief ich Euch verletzt?
So wie ein Morgentraum fiel von der Seele
Die irre Blendung, und ich fühle klar,
Wie tief ich mich und Euren Werth verkannt;
Nun peinigt mich die Sorge, Euer Herz
Verachte mich, da mich die stille Ahndung
Oft überschleicht, ich müßte mich verachten;
Dann ruft mein Genius: Wie? dieses Bild,
Vermochtest du mit Rache zu verfolgen?
Ihr habt verziehn, ich kann mir nicht verzeihn.

Agrippina.

Ich hör' Euch mit Betrübniß und mit Freude,
Ich sehe nun, daß Ihr mich achten könnt.
Ist Blendwerk nicht und Rausch der Jugend Zeit?
Wir schmeicheln uns mit Trefflichkeit, und irren,
Wir zürnen uns, und irren wiederum:
Sind wir wahrhaft erwacht, so sei vergessen
Der wilde Fiebertraum der kranken Nacht.
Drum kränke mich der Argwohn nicht, ich könne
In Rache, die nur kleinen Seelen ziemt,
Euch selbst und Eures Reichthums Heimlichkeit
Verrathen Euren Feinden.

Andalosia.

Das ist's nicht,
Was stets mein Herz mit Sorg und Gram erfüllt;
Daß ich vergessen konnte, was Ihr seid,
Daß ich so mein Gefühl vernichten konnte.

Agrippina.

So knüpfe denn Vertraun erneut und stärker
Nur unsre Freundschaft fest und immer fester;
Entweicht in dunkeln Stunden Muth und Glaube,
So rettet Euch mit Zuversicht zu mir.

Andalosia.

Welch eine Aussicht schließt dein schöner Mund
Auf Freundschaft, Glück, Vertraun holdselig auf!

Der König kömmt mit Theodor und Lady Dorothea.

König.

Hier, theurer Freund, naht Euch Graf Theodor,
Er fühlt, daß nur ein Mißverstand Euch trennte:
Graf Andalosia kennt Euren Werth;
Umarmt Euch herzlich und im Freundesdruck
Versiegelt diesen Bund, der mich beglückt,
Und werft den Zwist tief in den Schooß des Meers.

Andalosia.

Wenn meine Jugend unbedacht geirrt,
So seht Ihr nach als Freund, ich habe nie
Euch, edler Herr, und Euren Werth verkannt.

Theodor.

Das sag' ich auch, konträr, Ihr seid mir lieb;
Was thut's so groß, daß Ihr mal Flausen macht?

Es ist die Art des Südlands, spaßhaft sein:
Ich hab' Euch ja in London schon gekannt;
Kurios, wenn man's nicht endlich lernen sollte
Freundlich zu sein mit Leuten, die fatal:
Doch geht das Euch nichts an, mein liebster Graf,
Ich dachte jezt an Menschen dort in London,
Man schlägt den Sack und meint doch nur den Esel.

König.

Sehr wahr, mein Lieber; folgt uns Andalosia,
Ihr müßt die Bilder sehn, dort aufgestellt.

ab mit Agrippina und Andalosia.

L. Dorothea.

Tief, tief beschämt bin ich in Eurer Seele:
Ist das die Art, dem Edlen zu erwiedern?
Der sich verläugnet, selbst sich Unrecht giebt,
Da Ihr ihn grob und roh beleidigtet?
Verachten muß er Euch, die Frau beklagen,
Die solchem Ungethüm verbunden ist.

Theodor.

Papa ist todt, nun hofmeistert wer anders.
Frau, wißt, ich bin nun alt und groß genug,
Mir selber mein Gewissen auszukämmen
Wenn's Noth thut. Ja, der junge Naseweis,
Nicht wahr, der stünd' Euch besser an zum Mann?

L. Dorothea.

Ja, glücklich wär, ich sag' es unverholen,
Das Mädchen, der er sich ergeben wollte;
Die Zier, die Schönheit, Anmuth und Gewandtheit,
Der feine Sinn und leichte Scherz und Witz —

Theodor.

Potz Schwatzen! Wie 'ne aufgezogne Schleuse

Läuft nun und sprudelt das Lobpreisen her —
Seid's wohl schon wieder satt, mit glatter Stirn
Mich laufen sehn? Ihr denkt wohl schon daran
Mich neu zu equipiren, daß ich kann
Im Saal die Lichter ohne Stock anzünden,
Kronleuchter niederreißen? Sind wir nun,
Wie Ihr verlangtet, nicht recht weit gereist?
Wir geben Geld aus, mehr als ich nur habe,
Ich thu, was ich nur denke, daß es paßt,
Und immer kann ich nicht das Rechte treffen.
Nicht wahr? 'nen Stein am Hals und so ins Meer,
Daß mich die Fisch und Seegethiere fräßen,
Dann wär' ich angenehm und kompläsant?

L. Dorothea.

Auf solche Pöbelreden kann ich nur
Durch Schweigen und Entfernung Euch erwiedern.

geht ab.

Theodor.

Hm! Pöbel? Ja, das ist solch liebes Wort,
Ein Abgrund, alles dort hineinzuwerfen,
Was unsern Hochmuth wohl inkommodirt.
Wills mir auch angewöhnen: gut für Pöbel!
Der Pöbel denkt so! Sprecht Ihr mit dem Pöbel?
Dergleichen fehlt mir noch im Hausbedarf. —
Doch darin hat sie Recht, es mangelt Geld,
Die Reis' hieher war auch nur Zufallssache,
Italien hat sie drüber nicht gesehn,
Wie ich ihr doch versprochen. Ja, verdammt,
Sie braucht zu viel, das Geld ist ziemlich rar,
Im Grunde bin ich auch ein geiz'ger Hund. —
Ich spräche gern den Andalosia an —

Doch dessen: „kamt Ihr gestern" — „nächstens wohl" —
Et cetera ist mir in'n Tod verhaßt:
Man bringt 'nen frischen graden Wunsch ins Haus,
Und muß als Leichnam ihn zurücke schleppen. —
Auch hab' ich mich jezt mit dem Narrn gezankt,
Und also — jezt erleb' ich's an mir selbst,
Daß Stimmungen im besten Menschen sind,
In denen unsre englischen Highwaymen
Uns ganz natürlich dünken. Geld muß sein,
Sonst sieht sie mich nie wieder freundlich an,
Verliebt bin ich, und fehlt es ihr zu sehr,
Kriegt der da einen Stein bei ihr im Brett.

Limosin kömmt.

Limosin.

So spekulirend, lieber Einsiedler?

Theodor.

Man muß wohl spekuliren. Seid Ihr nie
Tiefsinnig, wenn das Geld Euch ausgegangen?

Limosin.

Nein, Bester, denn seit vierzig runden Jahren
Bin ich in dem Systeme eingewohnt,
Da stutzt man nicht mehr, findet es alltäglich.

Theodor.

Das lern' ich nimmermehr. — Sagt mal, mein Freund,
Würd' mir vielleicht der Andalosia helfen?

Limosin.

Der thut es nicht, bin ich sein Oheim doch,
Und nie hab' ich nur einen kleinen Thaler
Loseisen können vom erfrornen Filz;
Wo es nicht Prahlen gilt, da giebt er nicht.

Theodor.

Ein schändlicher, verdammlicher Charakter.

Limosin.

Dazu habt Ihr Euch kürzlich erst entzweit,
Da könnt Ihr Ehren halb ihn nicht ansprechen.

Theodor.

Wohl habt Ihr recht, das will sich nicht recht passen.

Limosin.

Ihr seid von ihm beleidigt und gekränkt,
Ihr, Graf, der beßre Mann, der junge Fant
Schlüg's Euch mit Hochmuth ab, und macht' Euch doch
Nachher zum Mährchen unsers ganzen Hofs.

Theodor.

So bräch' ich ihm den Hals.

Limosin.

Ihr kennt ihn nicht,
Er ist sehr stark, im Land der beste Fechter,
Und tolldreist schon von Kindesbeinen auf.

Theodor.

Das ist ja wahre Höllenbrut.

Limosin.

Ihr wißt
Zugleich, wie sehr ihn unser König liebt;
Habt Ihr den Blick vergessen, den beim Streit
Er auf uns beide warf?

Theodor.

Wie ein Skorpion.
So bin ich denn und bleib' auch auf dem Trocknen.

Limosin.

Ich habe diesen Neffen stets gehaßt.

Theodor.

Mein Abscheu ist er. Gern tränkt' ich ihm ein,
Was er an mir verschuldet, seinen Hohn,
Den Uebermuth, mit dem er mich beschimpft,
Sein Prahlen, sein Herabsehn, seinen Geiz;
Nun stellt er obenein nach meiner Frau,
Sie lächelt ihn schon an, sie winken sich, —
Höll'! Element! Wie kommt man ihm nur bei?
Ist es erlaubt, so bestialisch reich,
So ungeheuer — ei, wie sag' ich doch?
Es fehlt ja nichts, als daß er rings umher
Die ganze Atmosphär' in Gold verwandelt —
Und ich — und ihr — todtschlagen wär' das Beste.

Limosin.

Nein, mäßigt Euch, mit Hitz' und mit Gewalt
Ist hier nichts auszurichten. List! Verstellung!
Wir legen ihm wohl einen Hinterhalt,
Doch müßt Ihr klug sein, daß Verdacht uns nicht
Und die Entdeckung trifft.

Theodor.

Klug wie der Teufel.

Limosin.

Ich wüßte wohl, wie wir ihn fangen könnten.

Theodor.

O sagt! O sprecht! Mir wässert schon der Mund.

Limosin.

Er hat ein Liebchen wohnen dort im Park,
Drei Stunden von der Stadt, und reitet oft

Des Abends hin mit wenigem Gefolge,
Im Hohlweg kann man ihn bequem erlauern;
Die fremden Diener, die Ihr mitgebracht,
Erkennt hier Niemand, man verlarvt sie noch;
Was ihn begleitet, schlägt man todt, ihn selbst
Schleppt man gebunden fort in dunkler Nacht.

Theodor.

Allein wohin?

Limosin.

Fern an der Meeresküste,
In Wald und Fels versteckt, liegt mir ein Schloß,
Veraltet und Ruine, wen'ge Zimmer
Sind nur noch wohnlich, doch ein großer Thurm
Steht fest und kann zum Kerker dienlich sein.
Dahin verirrt sich Niemand, wen'ge wissen
Um dies Gebäu, ich selbst besuch' es selten;
Ein alter Eisenfresser sitzt mir dort,
Der meinethalb wohl Rad und Galgen wagt.

Theodor.

Laßt Euch umarmen, das nenn' ich Verstand!

Limosin.

Wir bleiben dann hier in des Königs Nähe,
Daß man uns nicht vermißt. Er muß bekennen,
Woher der unermeßne Schatz ihm kommt.
Dann theilen wir als Brüder und als Freunde.

Theodor.

Das sagte mir mein Herz, als ich zuerst
Am Hof' Euch sah, wir müßten Freunde werden.
Kommt nun zum König, zu den läpp'schen Festen.

gehn ab.

Fünfte Scene.

Zimmer.

Bertha, Benjamin.

Bertha.

Mußt du denn fort?

Benjamin.

Herr Andalosia will es, ich muß mit den Pferden vor der Stadt halten.

Bertha.

Aber in später Nacht? Er geht seinem Vergnügen nach und kümmert sich nicht weiter um den armen Diener.

Benjamin.

Neulich sagte er mir, diese Geschichte würde bald ein Ende haben; ich glaube, er sähe es gern, wenn ein Mensch das gute Thierchen heirathete, es würde ihm gewiß auf eine gute Aussteuer nicht ankommen.

Bertha.

Dem Herrn Benjamin sticht der Schatz und die Mitgift wohl in die Augen? Geh, elender Mensch!

Benjamin.

Wie du nun bist! Ich denke ja nicht daran.

Bertha.

Ich würde dir, Ehrloser, auch die Augen auskratzen.

Daniel kömmt.

Daniel.

Mach, mach, daß du fort kommst, Benjaminchen!

Andalosia ist ein ungeduldiger Herr, es ist schon ganz finster, und wir kriegen eine regnigte stürmische Nacht. Mein Sohn Dietrich hat den Schnupfen, Herr Ampedo ist auch nicht wohl, der will ihn bei sich behalten. Bestelle das, mein Söhnchen.

Benjamin ab.

Bertha.

Es ist doch grausam, die Leute so in der finstern Nacht herum zu jagen.

Daniel.

Daran denken die Vornehmen nicht, reitet ja der Herr doch selber auch mit. Der fängt nun auch an, solider zu werden, das will mir gar nicht gefallen, er spricht schon davon, sich einzuschränken. — Auch etliche Bediente will er abdanken; nur will ich bitten, nicht meinen Benjamin, denn der ist der treuste, nützlichste, beste im ganzen Hause, und unermüdet; nicht wahr, liebe Frau?

Bertha.

Der Mensch ist gut genug.

Daniel.

Aber was sagst du zum Ampedo? Spricht der nicht manchmal so vernünftig, daß man erstaunen muß? Das ist bedenklich. Solche Leute leben nicht lange mehr, wenn sie erst verständig werden. — Hu! was das für ein Wetter da draußen wird! Wer heut im Zimmer sitzen kann, der ist geborgen.

Bertha.

Der arme Benjamin.

Daniel.

Nun, die Hexen, die in der Luft herum reiten, werden ihn nicht gleich davon führen.

Bertha.

Ich bin verdrüßlich, ich will mich schlafen legen.

Daniel.

Werde nicht krank, mein Mäuschen, mein Kindchen, betrübe deinen armen Daniel nicht so: komm, lege dich nieder, ich will dir die Nachtsuppe bringen, etwas Wein; ruhe aus, mein Herz.

gehn ab.

Sechste Scene.

Pallast.

Agrippina, Limosin, Theodor, Gefolge.

Agrippina.

Hat Niemand Andalosia gesehn?
Seitdem er neulich unsern Hof verließ,
Wird er vermißt: nach Hause kam er nicht;
Ist er verreist? Ein Unglück ihm begegnet?

Limosin.

Ich hab' ihn nicht gesehn, denn seit dem Fest
Verließ ich nicht den Pallast und den Hof.

Theodor.

Wir blieben hier in unsrer Fürstin Nähe.

Limosin.

Doch muß die Königin sich d'rum nicht ängsten,
Es ist der Brüder sonderbare Art
Oft plötzlich zu verschwinden; Niemand weiß
Wo sie geblieben, doch so unvermuthet
Sind sie in ihrem Pallast wieder da.

Der König kömmt herein.

König.

Bei Gott! kenn' ich den Urheber des Frevels,
Soll meine schärfste Ahndung ihn ereilen!
So eben hör' ich, daß des Freundes Diener
Im Wald erschlagen ist gefunden worden,
Von Andalosia selbst erfährt man nichts.

Limosin.

Ist's möglich? Armer, unglücksel'ger Neffe!

König.

Nach allen Seiten sandt' ich schon die Boten,
Er ist auf keinem seiner vielen Güter,
Es weiß kein Freund von ihm, wie ich auch fragte:
Soll er verloren sein, wer tröstet mich?
Graf Limosin, Euch ist er nah verwandt,
Vereinigt Euer Forschen mit dem meinen;
Wer Nachricht von ihm bringt, wer ihn entdeckt,
Zurück ihn führt, sei königlich belohnt.

Limosin.

Mein König, schon das Blut ruft es mir zu
Auch ohne Euer Mahnen, unermüdet
Die Spur des theuren Neffen zu verfolgen.

geht ab.

Theodor.

Soll mir so bald der neu erworbne Freund
So grausam aus dem Arm gerissen werden?
Erlaubt, daß ich zugleich die Späher sende,
Und selbst umher in Wald und Felsen forsche.

geht ab.

Agrippina.

So traurig soll das schönste Fest beschließen?

König.

Noch hoff' ich, denn ich wüßte keinen Feind,
Der ihn verfolgte, der es wagen dürfte.
Vielleicht kehrt er zurück. — Doch wer erschlug
Den Diener ihm? — Laß uns zum Garten gehn,
Auch will ich aus noch neue Boten senden.

sie gehn ab.

Siebente Scene.

Gefängniß.

Andalosia allein.

Wo bin ich? Wie bin ich hieher gekommen?
Ich seh' mich zwischen diesen feuchten Wänden
Und finde mich und das Verständniß nicht.
Wer ist's, der mich verfolgt? Und, wenn ein Feind,
Warum nicht Tod, wie meinem Diener, dort?
Ein Irrthum? Oder Plan? Wozu? — —
Es wirft das Schicksal, glaub' ich, mich hieher,
Das Dasein kärglich nur mit Nahrung fristend,
Der Stunden Wechsel nur an der Gedanken
Fortgang ermessend, um den Blick ins Innre
Des tief verdorbnen Herzens mir zu richten,
Daß ich hier lerne, was das Leben sei.
Wie hab' ich meine Zeit, wie meinen Geist,
Wie allen Reichthum, den das Glück mir gönnte,
In sündenvoller Eitelkeit vergeudet!
Wem hat mein Dasein fruchtend wohlgethan?

War mein Erglänzen mehr als kalte Pracht
Des heitern Wintertages, der in Zacken
Gefrornen Eises blitzt in Baum und Strauch,
Liebäugelnd mit der starren todten Erde,
Indeß ohnmächt'ger Mücken nicht'ger Schwarm
Im kalten Strahl ein kurzes Stündchen spielt,
Wie nachgeträumter Sommer? War der Landmann,
Deß saurer Schweiß ihm seine Nahrung schuf,
Nicht besser, reicher, glücklicher als ich?
Dem Sohn vererbt er nur die kleine Summe,
Fleiß und Gerechtigkeit: auf den Besitz
Der eng gezog'nen Gränzen läßt der Himmel
Mit allen Segenskräften sich hernieder,
Und blüht Gesundheit aus der Enkel Glück.
Indessen ich, ein wesenlos Gespenst,
Umzieh' wie nicht'ge schwache Frühlingsfäden,
Die jeder Windhauch wirft, und meine Gaben
Wie ungreifbarer Schaum des Golds zerflattern.
Und du, du wagtest es, mit wildem Sinn
Der Liebsten Bild mit Strenge zu verfolgen,
Verachtung ihr zu bieten, wie Apostel
Ihr Buße, Demuth, Bess'rung predigend?
Du dünktest dich mit reichem Geist geschmückt,
Und spieltest lusterfüllt das Abentheuer.
Und nun? — Gesteh' es dir, du liebst sie noch:
Gesteh' es dir, sie hätte dich geliebt,
Wärst du mit sehnsuchtsvollem, liebeschwangern
Gemüth und Herz entgegen ihr getreten.
Sie fühlte deine nicht'ge Eitelkeit —
Da setzte sie der Larve Larv' entgegen —
Zwei Todte spielten die Lebendigen; —
Nun wär' ich glücklich, hätt' ich Glück verdient.

Die Kraft der Liebe, wenn sie würdig uns
Für ihren Dienst befunden, hätte wohl
Die Hindernisse all hinweg gehoben.
Doch nun — da stehst du vor der nackten Mauer
Des Lebens, die sich weit und weiter dehnt,
Der Blick auf Gärten, auf die freie Landschaft
Dir stets gehemmt, und Angst an deiner Seite.

Barnabas tritt ein mit Brod und Wasser.

Andalosia.

Da kommt mein stummer melankol'scher Pfleger,
Die karge ungewohnte Nahrung reichend. —
Mein Freund, ermuth'ge dich und laß mich los,
Du kennst mich nicht, doch sicher meinen Namen,
Man nennt mich nur den reichen Andalosia,
Begehre, was du willst, für deinen Dienst. —
Du schüttelst? Glaube mir, ich bin im Stande,
Den kühnsten Traum im Lohn zu übertreffen,
Ein Landgut sei das deine; liebst du Gold,
Ein Regen soll dich strahlend überschütten.

Barnabas.

Ich kenn' Euch nicht; ja, hättet Ihr es baar,
Hier in der Hand, — doch leicht verspricht der Mensch;
Seid Ihr erst draußen, lacht Ihr nur des Thoren,
Der Euch geglaubt.

Andalosia.

Geh mit nach meinem Hause.

Barnabas schüttelt den Kopf, geht und verschließt die Thür.

Andalosia.

Ich darf in seiner Gegenwart des Säckels

Geheime Wunderkräfte nicht erproben,
Und doch vielleicht — — welch Irrsaal hält mich fest?
Er kehrt zurück, — ich wag's auf Tod und Leben.

Limosin tritt herein.

Andalosia.

Mein Oheim! Ach, ein theures Angesicht!
Ihr habt mich aufgefunden? Welche Treue!
Führt mich hinweg! Wer brachte mich hieher?
Wie freudig grüß' ich nun das Licht des Tages.

Limosin.

Mein guter, guter Neffe, armes Kind,
Was mußt du in der Zeit gelitten haben,
Denn du bist solches Lebens nicht gewohnt.

Andalosia.

Laßt uns der dumpfen Kerkerluft entfliehn.

Limosin.

Mein guter Sohn, das wird so schnell nicht gehn.

Andalosia.

Wer darf sein frevelnd Spiel noch mit mir treiben,
Da Ihr mich fandet, es dem König meldet,
Wenn Euer Arm vielleicht nicht stark genug?

Limosin.

Mit einem Wort, mein lieber guter Sohn,
Du bist bei mir in diesem Thurm zu Gaste.

Andalosia.

Bei Euch? Ich träume doch, ich rase nicht?

Limosin.

Nein, junger Mensch; doch faßt Euch in Geduld —

Andalosia.

Ihr, Oheim? Ist es möglich? Dürft Ihr's sagen?
Mir in die Augen blicken? Nicht verschlingt
Die Erd' Euch, und kein Blitz fällt her vom Himmel?
Was wollt Ihr denn, was denn mit mir beginnen?

Limosin.

Mein guter Ungestüm, du wirst sogleich
Befreit, erfüllst du, was ich von dir fordre.

Andalosia.

So nennt es denn!

Limosin.

So harsch nicht, lieber Jüngling.
Gieb mir, woher du dein Vermögen schöpfest.

Andalosia.

Nun kenn' ich Euch. Und wenn ich's Euch verweigre?

Limosin.

Bleibst du in diesem Thurm, bis Gott dich ruft.

Andalosia.

Gemeiner Schurke! wagst du Gott zu nennen
Bei diesem Bubenstück?

Limosin.

Tobt Euch nur aus.

Andalosia.

Und wenn ich Euch erfasse, Euch erwürge —

Limosin.

Draus stehn zwölf Knechte, wartend meines Winks,
Sie reißen dich in Stücke.

Andalosia.

O der Arglist!
Verzeiht denn, Oheim, meinen raschen Sinn,
Ich seh', ich muß mich fügen, also wißt:
Mein Vater hat in seinem großen Hause
Im untersten der Keller einen Bronn,
Der ist voll Gold, den hat er mir gelassen;
Man schöpfe nun so viel, so oft man will,
Er bleibt gefüllt. Dies Wunder sei das Eure
Halb oder ganz, wie Ihr es wollt, drum kommt
Mit mir zur Stadt —

Limosin.

Mein Freund, du möchtest wohl
Mit diesem plumpen Mährchen Bauern täuschen,
Doch mich nicht, deinen Ohm. Ich kenn' das Haus,
Von oben, unten, alle Gäng' und Winkel.
Kind, sei gescheit, thu dir nicht selbst zu nah.

Andalosia.

Ihr glaubt nicht, und ich spreche nun kein Wort.

Limosin.

Du sagst mir nicht, wie es beschaffen?

Andalosia.

Nein!

Limosin öffnet eine Thür nach innen.

Mein guter Sohn, besinne dich, ich bitte,
Dort stehn die Knechte, sieh, und auch daneben
Die Folterbank. Du hast doch selbst wohl neulich
Gesehn, wie man den Räuber inquirirte,
Daß seiner Glieder Bande fast zerrissen,

Bis er gestand? Was war damit gewonnen?
Bekenne du mein Freund mit ganzen Gliedern.

Andalosia.

Ich schaudre, bin gefangen, seh' es wohl.
Doch wenn ich mich entdeckt, so bin ich frei?

Limosin.

Natürlich.

Andalosia.

Nun so scheid' ich denn von dir
Du reiche Gabe, die das Glück mir gönnte.
Es muß sein, — also sei's — es war ein Traum;
Bleibt mir doch Lebenskraft, Gesundheitsfülle. —
Seht, Oheim, dieser unscheinbare Säckel
Enthält, was nur die Habsucht wünschen mag.

Limosin.

Reich' her; weshalb ist er so wunderbar?

Andalosia.

Faßt nur hinein, die Hand füllt sich mit Gold,
Und Ihr ermüdet, doch die Tasche nicht.

Limosin.

Es ist — ja warlich, diesmal sprichst du wahr.

Andalosia.

So lebt denn wohl.

Limosin.

Wohin, mein Sohn?

Andalosia.

Nach Hause.

Limosin.

Mein guter, junger, unerfahrner Mensch,

Du siehst wohl ein, daß das mit Sicherheit
Und mit Vernunft unmöglich kann bestehn.
Herbei, Ihr Knechte!

die Knechte treten mit Ketten herein.

Drinnen schließt ihn fest,
Daß er kein Glied bewegen kann und regen,
Der Kloß ist da und auch die Bank von Stein!
Die Nahrung, lieber Freund, wirst du erhalten.

Andalosia.

Nein, Bösewicht, Verruchter, nimmermehr —

Limosin.

Führt ihn hinweg, ich bin des Redens müde.

er geht, die Knechte schleppen Andalosia mit Gewalt nach dem innern Gemach.

Achte Scene.

Zimmer.

Daniel, Dietrich.

Dietrich.

Weint nicht, weint nicht so sehr, lieber Vater. Wir sind alle sterblich.

Daniel.

Aber daß sie so in der Blüte ihrer Jahre davon mußte!

Dietrich.

Ja, Vater; wißt Ihr nicht? wie die Blumen des Feldes, heute Blüte, morgen Heu; ich sage Euch, es that's der Gram um den Benjamin.

Daniel.

Das ist wahr, seit dem Tage war sie wie von sich, nannte mich auch fast immer Benjamin.

Dietrich.

Drum ist sie vielleicht zur rechten Zeit gestorben. Seht, Vater, wenn Ihr auf Eure alten Tage in das Unglück gerathen wärt.

Daniel.

Hast gewissermaßen Recht. Ach, lieber Gott, wenn ich noch in die Jalusie hätte verfallen müssen, ich hätt' es ja nicht überlebt. — Da, Dietrich, hab' ich endlich von Theodor dein Geld bekommen.

Dietrich.

Seht, das ist doch auch ein kleiner Trost.

Daniel.

Still, da kommt unser kranker Herr.

Ampedo kömmt.

Ampedo.

Und keine Nachricht, keine Spur und Ahndung —
Der König weinte, so sehr liebt' er ihn —
Macht Feuer im Kamin, es ist heut kalt. —

Daniel.

Ihr Gnaden, Gegentheil, recht Hundstagshitze.

Ampedo.

Mach' Feuer, sag' ich dir, recht stark, mich friert. —

Daniel.

Wie Ihr befehlt, — viel Glück zur heißen Stube —

Ampedo.

Es brennt, — nun geht, ich will alleine sein.

die Diener ab.

Ja, Bruder, wie ich immer ahndete,
Des Säckels wegen ward dir nachgestellt,
Das hat Verderben dir und Tod gebracht.
Scheint's doch, als wären tück'sche Höllengeister
In seinem engen Raum gebannt, den Eigner
In Todesnoth, Verzweifelnsangst zu reißen.
Das ist der Segen böser Zauberei,
Die nicht'gen Güter, die vergänglichen,
Gönnt sie uns täuschend, das Unsterbliche,
Der theuren, theuren Seele höchstes Kleinod,
Das einzige wahre Gut, die Seele selbst,
Sie wird verspielt den aberwitz'gen Künsten.
Weh mir! daß je mein Sinn sich so befleckt!
Weh mir! daß ich dem falschen Würfelspiel
Gefällig mich gesellte. Ja, du Hölle,
Ihr Schlangen und ihr grausen Geisterlarven,
Ich sag' mich von euch los, ich will befreit sein. —
Hier diesen Zauberhut — nehmt ihn zurück,
Nur weicht aus meinem Blut und Eingeweide —
Also zerstück' ich und zerschneid' ich ihn,
So werf' ich in das Feu'r die morschen Trümmer,
So wend' ich mich dem Himmel wieder zu. —
Nun lach' ich aller Bosheit, — kommt denn an,
Und sucht und forscht bei mir das Zauberstück —
Der Eigennutz, die Habsucht kommt zu spät —
Wie ist mir? Dreht sich Wand und Fenster um?
Empfange, Himmel, nun die müde Seele.

er stürzt vom Stuhl.

Daniel und Dietrich kommen schnell herein.

Daniel.

Was macht Ihr denn? Gott! kalt und starr wie Stein. —
Der Schlag hat ihn gerührt — die heiße Stube. —
Der Gram, die Angst — hilf tragen, Sohn, faſſ' an,
Wir legen ihn zu Bett.

Dietrich.

Er ist starr todt,
Dem hilft nichts mehr als nur der Todtengräber.

Daniel.

Wir thun das Unsre. — Dann hinweg von hier,
Die besten Kostbarkeiten eingepackt,
Auf unser Vorwerk eilig hingeschafft,
Eh die Gerichte kommen und versiegeln.

sie tragen den Leichnam hinaus.

Neunte Scene.

Gewölbe.

Limosin, Theodor.

Limosin.

Ich bin nicht Eurer Meinung, Theodor,
Es ist gewagt, es wird vielleicht entdeckt —

Theodor.

Und wenn er lebt, ist die Gefahr noch größer,
Ich kann nicht ruhig sein, so lang' er athmet.

Limosin.

Thut was Ihr wollt, doch will ich nicht drum wissen.

Theodor.

Von heut ist Euer Monat um, der Beutel
Verläßt Euch auf vier Wochen, kommt zu mir.

Limosin.

Doch wenn ich was bedarf —

Theodor.

Nun, das versteht sich,
Ihr habt mir ja auch freundlich mitgetheilt.

Limosin.

Die meisten meiner Schulden sind bezahlt,
Doch dürfen wir viel Geld nicht blicken lassen,
Daß nicht der König etwa Argwohn faßt.

Theodor.

Nun, nach und nach gewöhnt man sich die Leute.

Limosin.

He! Barnabas!

Barnabas kömmt.

Limosin.

Was macht Euer Gefangner?

Barnabas.

Daß Gott erbarm, es geht mit ihm zu Ende.
Schwach ist er, ausgemergelt, und führt Reden —
Seht, so ein barscher Kerl ich bin, vielmals
Hab' ich sein Elend schon beweinen müssen.

Limosin.

Schließ' auf den innern Raum, der Graf, mein Freund,
Will ihn besuchen. — Ich verlass' Euch jezt.

geht ab.

Barnabas schließt auf, man sieht Andalosia in Ketten, blaß und abgezehrt auf der Steinbank sitzen; sein Haar und Bart ist verwildert, die Kleidung zerrissen.

Theodor.

Ich will doch hören, was er sagen mag.

Andalosia.

O Lichtstrahl! wirst du nimmer mich besuchen?
O Menschenantlitz, seh' ich nie dich mehr?
Nicht mehr den feuchten Blick des Auges, Freundschaft
Und holde Lieb' in seinem Glanze schwimmend?
Kann mich der König, alle, so vergessen?
O Bruder, warum kommst du nicht zu mir,
Und bringst das Wort der Freiheit und Erlösung?
Wie leicht ist's dir, im Abgrund mich zu finden.
Wie, bist du todt? Ein Opfer auch der Bosheit?
Da droben tobt und rast mein wildes Gold,
Kuppelt Verbrechen mit dem Laster, düngt
Die fette Bosheit und Verworfenheit,
Mordet der Jungfrau Tugend, hetzt die Freunde
Zu Gift und teuflischem Verrath: denn schnaubend
Sucht es, der Kette los, nach Beute gierig,
Trägt sie im Rachen hin in Höll' und Tod;
Gebändigt nur, erzogen thut es wohl,
Doch unbewahrt erwacht der alte Blutdurst.
Indeß verlassen, mit dem Tode ringend,
Mit Hunger kämpfend und von Durst gepeinigt,
Schlaflos, zermalmt, gequält von hundert Wunden,
Der vor'ge Eigner hier auf Steinen ruht,
Sein scheuer Knecht ihm nicht ein Lager Stroh,
Nicht einen Tropfen Weins den Gaum zu netzen,
In felsenharter Grausamkeit vergönnt.
Zu gräßlich rächst du es, du rother Sklav,

Zu wild, daß ich dich nicht bezähmen konnte. —
Und darf ich klagen? Sah ich wohl, geblendet,
Die Noth der Millionen, meiner Brüder,
Die ohne Schuld im härtsten Elend büßen?
Ein Gottesbote konnt' ich ihnen sein,
Mit einem Wink Durst, Hunger, Krankheit, Angst,
Vom Lager scheuchen, daß Hoffen, Freude, Glauben,
Auf Himmelsleitern ihnen niederstiegen.
Ich sah nur mich, der Eitelkeit Gespenster,
Sie flatterten mit irrem Flügelschlage
Um Haupt und Busen; lacht' ich doch und scherzte —
Ja, schon als beßre Kraft in mir gerungen,
Sah ich nicht lüstern noch zur Königin,
Und spiegelte mich gern im Schmeichlertraum?
Und als die kind'sche Dorothea mir
Entgegen lachte und den stumpfen Mann
Verhöhnte, winkt' ich ihr nicht schadenfroh,
Mein schwaches Herz dem Schlamm gern untertauchend.

Theodor vortretend.

Wie geht's, mein Freund?

Andalosia.

Ach, bester Theodor,
Kommt Ihr zu der trübseligen Behausung?
Mich zu erlösen? Helft mir aus den Mauern,
Daß ich in Gottes freier Luft doch sterbe:
Die Ketten haben Arm und Bein zerrieben,
Die Wunden schmerzen, alle Kraft ist hin.

Theodor.

Nicht wahr? Ihr könntet nicht zu Rosse sitzen,
Die Lanze führen, springen, voltigiren;

Wenn Euch die Weiber jezo sehen sollten,
So zeigten sie die Zähne nicht wie Affen,
Bewunderten nicht Eure bunte Jacke,
Am Hut die großen Federn? Ach, was ist
Der Mensch im Elend, losgelassen ganz
Vom Nichtigen, für ein erbärmlich Wesen!·

Andalosia.

Helft mir zur Freiheit, nachher scheltet mich.

Theodor.

Ihr sollt ja können Zauberkünste treiben,
Euch durch die Luft auf viele Meilen schwingen;
Man munkelt ja, daß Ihr's gewesen seid,
Der uns die saubern Aepfel hat verkauft,
Ihr wart so fein und lustig als der Arzt —
Nun helft Euch doch! macht Euch durch Euern Witz
Von diesen Paar armsel'gen Ketten los.
Ha! Barnabas!

Barnabas.

Mein gnäd'ger Herr.

Theodor.

Mach's Ende,
Erdroßl' ihn hier, er fängt mich an zu dauern.

Barnabas.

Ich, mein Herr Graf? Nein, wär' ich auch ein Mörder,
Wie ich es nicht bin, diesem Jammerbilde
Könnt' ich die Hand nicht zur Gewalt erheben.
Ach, laßt ihn so hinscheiden und vergehn,
Wär' er auch frei, er würde nimmer besser.

Theodor.

Du Memme! wirf mir deine Schärpe her.

Barnabas.

Da habt Ihr sie, und nehmt sie hin auf immer;
Sie soll an meinen Leib nie wieder kommen.

geht ab.

Andalosia.

Das wollt Ihr thun, Herr Theodor? Wie, Ihr?

Theodor,
legt ihm die Schärpe um.

Hör', sieh mich nicht so an, verdammter Hund,
Ich werde rasend, drehst du so die Augen!
Fest — fester! — sieh, nun wirst du nicht die Blicke
Mehr bittend werfen, — ja, er hat geendigt —
Nun ist mir wieder wohl: — sein Haupt verdeck' ich
Mit dieser Binde, — fordre nun den Beutel,
Und weit damit hinweg in alle Welt!
Weit! so vergess' ich dieses hagre Scheusal,
Bin frei, dann mag mich Graf und König suchen,
Ich lache ihrer! — Graf! Graf Limosin!

Limosin kömmt herein.

Limosin.

Ihr habt es —?

Theodor.

Ja.

Limosin.

Wär's ungeschehen.

Theodor.

Schweigt!

Den Beutel her, mein Freund, den Zauberbeutel!

Limosin.

Hier ist er.

Theodor faßt hinein, sieht ihn an.

Wie?

Limosin.

Was meint Ihr?

Theodor.

Ihr Halunke!
Ihr lump'ger Schuft! Zum Henkersknecht, zum Mörder
War ich Euch gut genug, nun, nach der That
Habt Ihr die freche Stirn, mir diesen Quark,
Dies Leder herzuwerfen? Meint Ihr denn
Ich sei noch dummer, als der Blödsinn selbst?

Limosin.

Herr Theodor, ich habe kaltes Blut,
Allein die Worte, — zeigt den Beutel her —
Beim Himmel, bei dem Heiligsten beschwör' ich,
So eben schöpft' ich noch das Gold heraus —
Und nun —

Theodor zieht.

Kein Wort, Ihr Schurke! dieser Degen
Soll Euch den Weg zur Hölle plötzlich zeigen,
Nun geht's in einem hin! —

Limosin.

Zwar bin ich alt,
Doch ist mein Schwerdt so spitz und scharf wie deins!

Theodor.

Todt! Todt! Du mußt von meiner Hand hier fallen.

Limosin zieht.

So gelt' es denn, das wilde Spiel des Mords!

sie fechten, draußen Getümmel.

König draußen.

Schlagt ein! brecht ein die Thür!

die Thür wird aufgebrochen.

Es treten ein der König, Agrippina, Gefolge.

König.

Ha! was ist das?
Wo ist mein Andalosia? Weh! zu spät!
Er ist ermordet. — Wer hat das gethan?

Limosin auf Theodor zeigend.

Der Bösewicht. — O, ich bin hin!

Theodor.

Ich war's,
Doch nach der That hat mich der Schuft betrogen. —
Ha! daß ein Lump, ein Katzenbuckelnder,
So ein bleichsücht'ger, hagrer, lungenkranker —
Ich falle — sterbe — jener Säckel — falsch) —

König.

Werft sie hinaus, die todten Bösewichter! —
Die unten dort die Hölle strafen wird! —
Den edlen Jüngling nehmt, daß seinen Ahnen
Wir ihn gesellen, und an seinem Grabe
Ihn unsre Trauer ehre. — Ungern nehm' ich
Zurück die Lehen dieser guten Brüder,
Die nach erloschnem Stamme mir verfallen.

Agrippina.

Dies ist der Zaubersäckel, ich erkenn' ihn:
Die Bösen haben selber sich gerichtet,

Denn nach der Brüder Tod starb seine Kraft,
Das hatten die Verräther nicht gewußt.

König.

O warum kam der Knecht des fremden Mörders
Zu spät, vom Tode meinen Freund zu retten!
Mit Thränen kehren wir zur Stadt zurück:
So schnell erstirbt des Lebens Lust und Glück.

alle gehn ab.

FSC
www.fsc.org
MIX
Papier | Fördert gute Waldnutzung
FSC® C083411

Kolibri 360 GmbH
Ferdinand-Jühlke-Straße 7
99095 Erfurt, Deutschland
produktsicherheit@kolibri360.de